职业教育精品规划教材

电子技术基础技能

杨清德　柯世民　吴　雄　主　编

林　红　杨卓伟　兰远见　副主编

林安全　主　审

電子工業出版社

Publishing House of Electronics Industry

北京・BEIJING

内 容 简 介

本教材是根据近年来部分省（市）中职生参加专业技能高考、电子产品装配与调试项目技能大赛的内容及要求而编写的。全书共 6 个项目，包括技术文件识读和元器件检测、电子产品手工装配工艺、常用仪表与单元电路安装与检测、小型电子产品制作与测试、电路原理图绘制及 PCB 设计基础、对口高考技能考试模拟训练等内容。

本教材充分考虑了学生参加技能高考和技能大赛两个层次的需要，重点在于技能操作的多角度呈现，突出技能传授与提高的特点，具有“互联网+教材+配套实训器材+同步操作视频”的鲜明特色。

本教材是中职学校、技工学校电子技术类专业学生教学用书，也可作为高职院校电类专业学生教学用书，也适合电子技术爱好者阅读。

图书在版编目（CIP）数据

电子技术基础技能 / 杨清德，柯世民，吴雄主编．—北京：电子工业出版社，2016.1

ISBN 978-7-121-27671-2

Ⅰ．①电… Ⅱ．①杨… ②柯… ③吴… Ⅲ．①电子技术—中等专业学校—教材 Ⅳ．①TN

中国版本图书馆 CIP 数据核字（2015）第 285530 号

策划编辑：白　楠
责任编辑：郑　华
印　　刷：北京捷迅佳彩印刷有限公司
装　　订：北京捷迅佳彩印刷有限公司
出版发行：电子工业出版社
　　　　　北京市海淀区万寿路 173 信箱　邮编　100036
开　　本：787×1 092　1/16　印张：13　字数：332 千字
版　　次：2016 年 1 月第 1 版
印　　次：2022 年 6 月第 9 次印刷
定　　价：33.80 元

凡所购买电子工业出版社图书有缺损问题，请向购买书店调换。若书店售缺，请与本社发行部联系，联系及邮购电话：（010）88254888，88258888

质量投诉请发邮件至 zlts@phei.com.cn，盗版侵权举报请发邮件至 dbqq@phei.com.cn。

本书咨询联系方式：（010）88254592，bain@phei.com.cn。

前　言

目前，我国已经成为全世界最重要的电子产品制造与加工生产大国，PC、手机和电视机产量已经稳居世界第一。电子制造业的迅速发展，必然带来对专业技术人才需求的增长；电子技术的进步，必然要求专业技术人员素质的提高。这促使我们针对电子产品制造与加工业劳动力市场亟需大批对工业生产过程具有真知灼见的工程技术人员和熟练掌握电子产品制造技能的技术工人的现状，以培养技能型人才为出发点，编写一套适应电类行业快速发展和职业院校电类专业教学改革需要的教材。

本教材根据近年来全国部分省（市）普通高校对口招收中职毕业生专业技能考试说明（电子技术类）的内容及要求，结合全国职业院校技能大赛中职电子产品装配与调试项目的内容及要求，并结合电子产品装配与维修工技能鉴定的要求编写。

职业教育的目标是培养学生的综合能力，是面向全体学生的技能型教育。学好电子技术，重在基础和兴趣。本书作为技能型教材，在内容上避免了与《电子技术基础与技能》等专业课程的重复，特别注重了与本专业系列课程的有机衔接。本教材具有对电子技术专业学生启蒙教学的作用，使学生爱上电子，爱上自己的专业，并终生为电子事业奋斗。

本教材分为技术文件识读和元器件检测、电子产品手工装配工艺、常用仪器仪表与基本单元电路安装调试与检测、小型电子产品制作、电路原理图绘制与PCB设计、对口高考技能考试专项训练 6 个项目，以工作学习任务为载体完成电子技术基础技能的训练。在各个任务讲解中，根据初学者认知的特点，摒弃复杂的原理介绍，将重点放在电路安装调试与检测方法以及不同仪器在实际检测中的应用技巧上，以便学生更好掌握。为突出动手能力，本书的侧重点放在实际操作的环节上，有一定难度的测试过程均给出参考数据或图片示例，以帮助学生快速入门。

本教材的最大特点有两个：一是精选贴近生活的实用电路，所有训练项目均提供实训的 PCB 及安装元器件，且确保这些套件设计合理、性价比高，多数套件的价格控制在 10 元以内，以减轻学校及学生的经济负担；二是有全程同步配套视频 VCD，教师操作，边示范边讲解，方便学生在课前或课后观看，以掌握其操作步骤及方法。本教材具有“互联网+教材+配套实训器材+同步操作视频”的鲜明特色，具有交互式，开放式，看、听、读、思、悟等功能。

本书由特级教师杨清德、高级教师柯世民、吴雄主编，高级讲师林红、杨卓伟、兰远见担任副主编。其中，项目一、三由柯世民编写，项目二由兰远见编写，项目四的任务 1～3 由吴雄编写，项目四的任务 4 由邱绍峰编写、项目四的任务 5 由张川编写，项目五由林红、杨卓伟编写，项目六由赵顺洪编写，其他参编人员有赵争召、谭定轩、丁汝玲、乐发明、陈廷燎、向勇、张正健、罗发云、鲁世金、彭贞容、兰晓军、周筱。全书由杨清德制定编写大纲，并完成统稿，由中专研究员林安全主审。

本书编写过程中，得到参编学校领导的高度重视和大力支持，得到淘宝网、聚零电子等企业的技术支持，本书视频录制使用的多数电子产品套件由聚零电子提供。对上述单位的鼎力相助，编者在此一并表示感谢。

本教材教学时间建议 100 学时，可安排在一年级与《电子技术基础与技能》并行教学，也可安排在二年级与其他专业课并行教学。

本教材适用于中职学校、技工学校学生参加普通高校对口招收中职毕业生专业技能考试迎考阶段的系统学习与提高训练，也可作为学生参加国家级、省市级电子产品装配与调试项目技能大赛赛前集中训练，还可作为职业院校相关专业的实训用书。

由于编者学识及水平有限，加之全国各地技能高考还处于改革探索与推进阶段，因此书中难免有疏漏及不当之处，恳请广大师生批评与指正，以便进一步修改，使其更符合中职教学的实际。

编　者

目　　录

项目一　技术文件识读和元器件检测

任务1　电子装配技术文件识读

任务目标

（1）了解电子线路框图的作用，能理解同一电路可能有不同形式的框图。

（2）会分析常用电子电路工作原理图，并能根据框图指出各单元电路的作用。

（3）能看懂 PCB 印制电路图，能根据印制电路的实物画出部分单元电路原理图。

任务分解

我们在电子产品的制作和装配过程中使用的图纸有许多种，主要有框图、原理图和 PCB 印制电路图三种。

一、电路框图的识读

框图是将组成电子设备的单元电路用正方形或长方形的方框表示，并用线段和箭头把它们连接起来，表示设备各组成部分之间的相互关系。带箭头的线段表示电信号的走向，框图也起信号流程图的作用。

框图可分为整机电路框图、单元电路框图和集成电路的内电路框图。

在分析电路原理时，我们首先要看电路框图。由分立元件组成的半导体超外差式收音机，由变频、中放、检波、自动增益控制、前置低放、功放等 6 个单元电路组成，如图 1.1.1 中图（a）和（b）所示。这两个框图虽然实现的功能相同，但二者的详略程度是不同的。也可用图 1.1.2 来表示，但变频级与中放级更加详细。

识读框图的注意事项如下：

（1）框图粗略表达了某电路的组成情况，给出了这一电路的主要单元电路的位置、名称及各部分之间的相互连接关系。在识图中要注意各单元电路之间信号传输方向，即电路中箭头所指的方向，箭头方向表示了信号传输的方向。

（2）框图还表示了信号在各部分单元电路之间的传输次序，特别是控制电路系统，要看出控制信号的来路和控制对象。

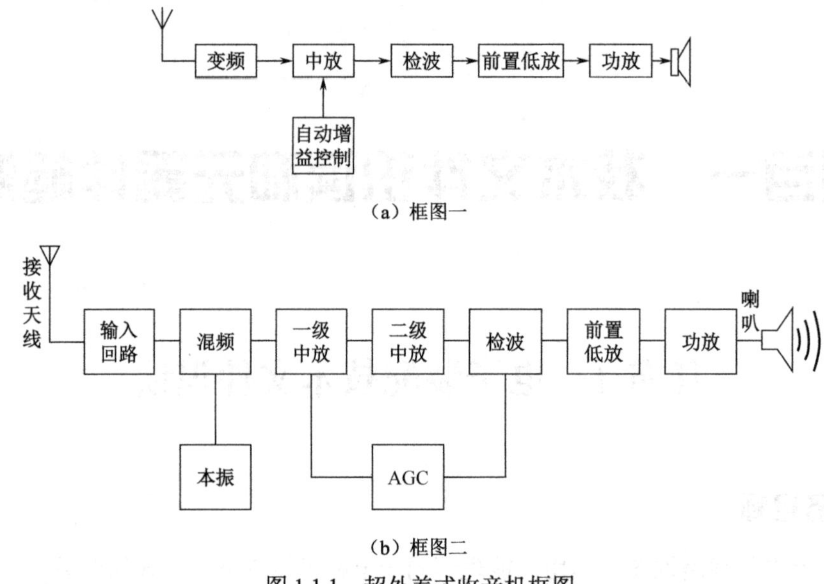

图 1.1.1 超外差式收音机框图

二、电路原理图的识读

电路原理图也叫整机电路图，是用元件符号、代号表示元件实物，用来表示电子设备的工作原理。原理图表明了整个机器的电路结构、各单元电路具体形式和它们之间的连接方式。在原理图中，给出了电路中各元器件的具体参数，如型号、标称值和其他重要数据。有些图中还给出了测试点的工作电压，为检修电路故障提供了方便。

在《电子技术基础与技能》一书中，我们接触的电路原理图不多，较复杂的有三个，即功放电路、直流串联稳压电源、收音机电路。但本书提供的电路原理图较多，且有比较详细的工作过程分析，同学们在识读这些电路原理图时，应注意以下事项：

（1）先要熟悉基本单元电路，比如基本整流电路、滤波电路、放大电路、分压式偏置电路等，为识读复杂电路打好基础。

（2）对整机电路图的分析主要是找出各部分单元电路在整机电路图中的位置、单元电路的类型、直流工作电压供给电路分析、交流信号传输分析。直流工作电压供给电路识图的大方向一般是从右向左进行，对某一级放大器电路的直流电路识图方向是从上而下，对交流信号传输分析识图的方向一般是从左侧开始向右侧进行的。

（3）能正确分析各分立元件在电路中的作用。比如电阻在电路中主要起限流、分压、产生电压降等作用。电阻与电阻串联连接并从中间引出抽头，一般情况进行分压，如图 1.1.2（a）所示；电阻与稳压二极管串联，是为稳压二极管的限流，如图 1.1.2（b）所示；电阻与电容并联，电阻成为电容放电的回路，用于确定放电时间，如图 1.1.2（c）所示；电阻与电容串联，组成微分电路，如图 1.1.2（d）所示；在如图 1.1.2（e）所示放大电路中，电阻与晶体管基极相连，一般情况下为晶体管基极偏置电阻；与集电极串接则为集电极负载电阻；与发射极串接则为发射极电阻。

电容器在电路中的主要作用是储能、滤波、耦合信号等，它的特点是通交流、隔直流。电容器与晶体管放大电路的输入、输出端连接，电容器起输入、输出耦合作用；电容器与晶体管的发射极串接，一般情况下起交流旁路的作用。

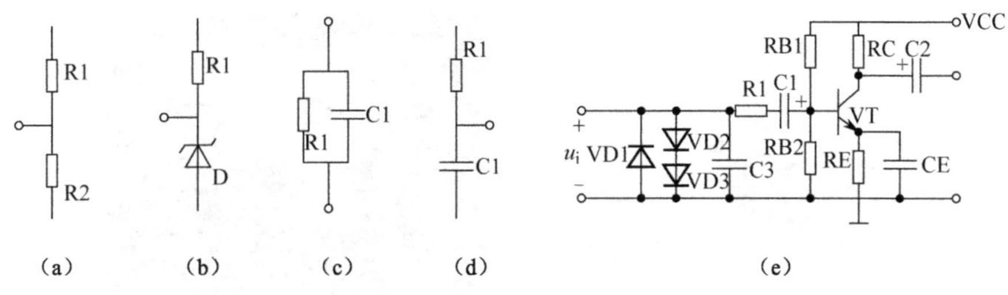

图 1.1.2 部分单元电路原理图

电感器在电路中的作用为滤波、储能，电感器的主要特点是通直流、隔交流。

二极管在电路中的主要作用为整流，与放大电路的输入信号并联接入晶体管的基极端，VD1、VD2、VD3 起到输入电路限幅和钳位作用。晶体管 VT 在电路中的主要作用为放大信号，在模拟或数字电路中有时还起开关作用，工作在截止和饱和两种状态下。

（4）对于集成电路，只需弄清它的功能和各引脚的作用即可。LM7805 三端稳压集成电路的典型应用电路如图 1.1.3 所示。

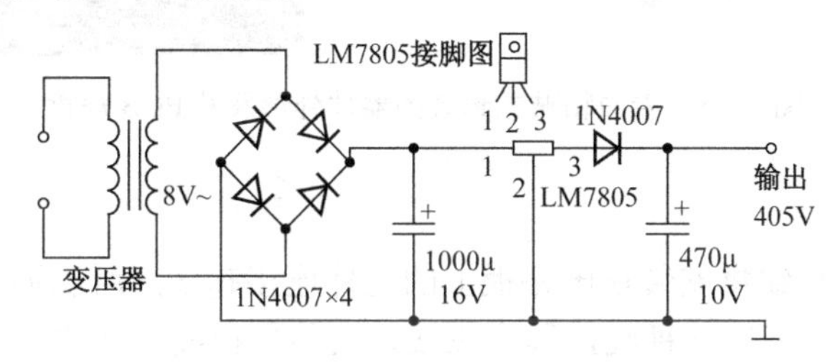

图 1.1.3 LM7805 三端稳压集成电路的典型应用电路

三、印制电路板图的识读

印制电路板英文简称为 PCB，它是根据电路原理图设计的一种布线图。在塑料板上印制导电铜箔，用铜箔取代导线，只要将各种元件安装在 PCB 上，铜箔就可以将它们连接起来组成一个电路。

1. 单面板和双面板

电子制作时使用的 PCB 主要有单面板和双面板。

在使用单面板时，通常在没有导电铜箔的一面安装元件，将元件引脚通过插孔穿到有导电铜箔的一面，导电铜箔将元件引脚连接起来就可以构成电路或电子设备。

双面板的两层都有导电铜箔，每层都可以直接焊接元件，两层之间可以通过穿过的元件引脚连接，也可以采用过孔实现连接。过孔是一种穿透 PCB 并将两层的铜箔连接起来的金属化导电圆孔。

2. 元件的封装

典型直插式元件的封装外形及其 PCB 上的焊接点如图 1.1.4 所示。

典型的表面粘贴式封装的 PCB 图如图 1.1.5 所示。此类封装的焊盘只限于表面板层，即顶层或底层，采用这种封装的元件的引脚占用板上的空间小，不影响其他层的布线，但是这种封装的元件手工焊接难度相对较大。

图 1.1.4 直插式元件的封装外形及 PCB 上的焊接点

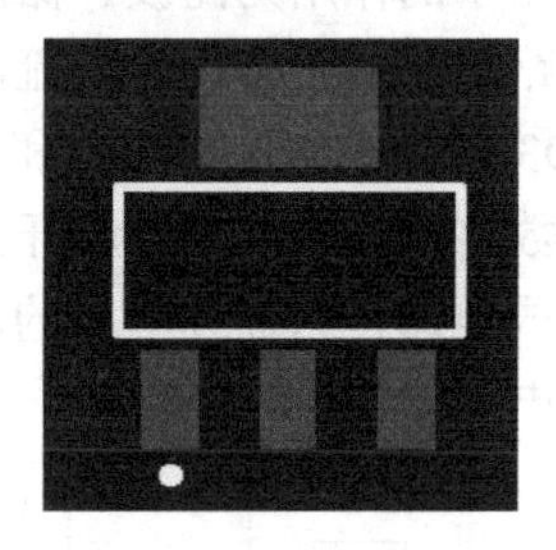

图 1.1.5 表面粘贴式封装的器件外形及其 PCB 焊盘

3. 导线

PCB 以铜箔作为导线将安装在电路板上的元件连接起来，所以铜箔导线简称为导线。

与铜箔导线类似的还有一种线，称为飞线，又称预拉线。飞线主要用于表示各个焊盘的连接关系，指引铜箔导线的布置，它不是实际的导线。

4. 焊盘

焊盘的作用是在焊接元件时放置焊锡，将元件引脚与铜箔导线连接起来。焊盘的形式有圆形、方形和八角形，常见的焊盘如图 1.1.6 所示。焊盘有针脚式和表面粘贴式两种，表面粘贴式焊盘无须钻孔，而针脚式焊盘要求钻孔。

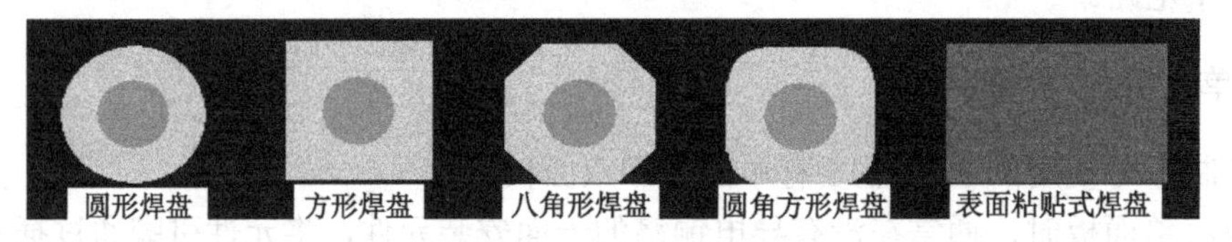

图 1.1.6 常见的焊盘

5. 助焊膜和阻焊膜

为了使 PCB 的焊盘更容易粘上焊锡，通常在焊盘上涂一层助焊膜。

为了防止 PCB 上的铜箔不小心粘上焊锡，在这些铜箔上一般要涂一层绝缘层（通常是绿色透明的膜），这层膜称为阻焊膜。

6. 丝印层

丝印层主要采用丝印印刷的方法在 PCB 的顶层和底层印制元件的标号、外形和一些厂家的信息。

识读 PCB 图时，首先要找到图中供电电源的两条线，即 PCB 图中的地线和电源正极线，这两条线要向电路的各级提供能量。地线一般都布满了整个 PCB。图 1.1.7 所示的是 PCB 图的举例。

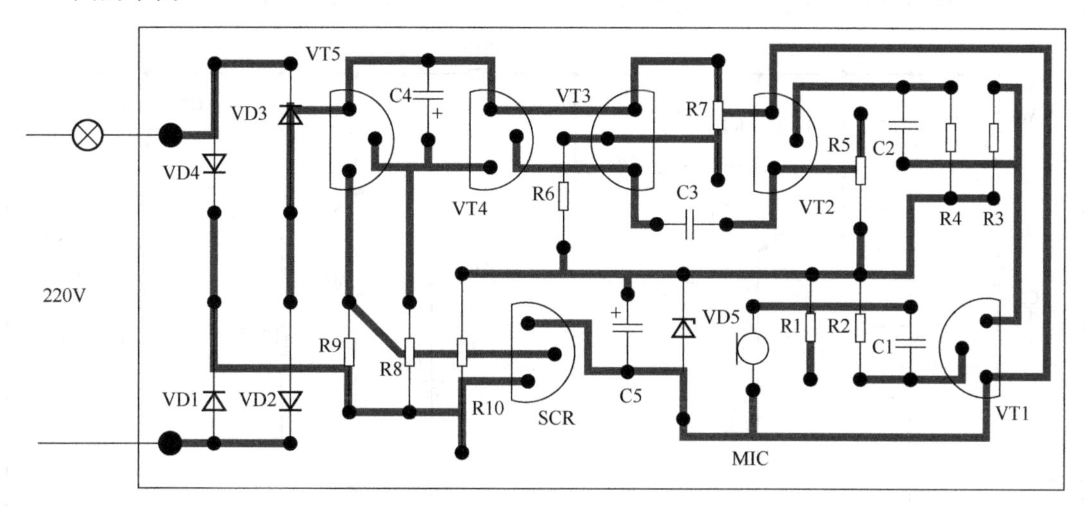

图 1.1.7　PCB 图举例

根据 PCB 图，可以找出各元件之间的关系。如果是电源，就要找到整流滤波的元件；如果是放大电路，就要以三极管为核心，明确三极管的集电极、基极和发射极，同时找到信号的输入与输出端口；如果是集成运算放大电路，就一定要找到同相、反相和输出端；如果是数字逻辑电路，就一定要找到每个逻辑门。如图 1.1.8 所示的是收音机的 PCB 图，首先要查找的就是电源的正极+GB 与负极-GB 的印制连线，然后才是以三极管为核心分析每一个单元电路。

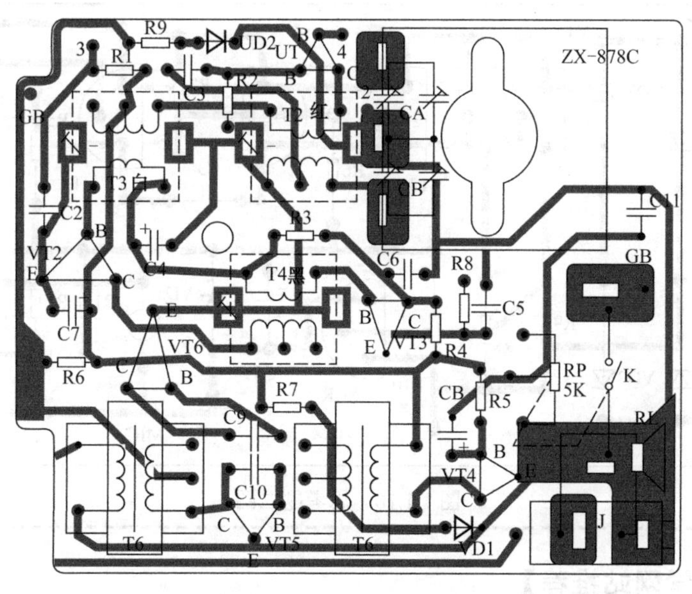

图 1.1.8　收音机的 PCB 图

【思考与提高】

1. 正确指出如图 1.1.9 所示电路的单元电路，并说明部分元件的作用。

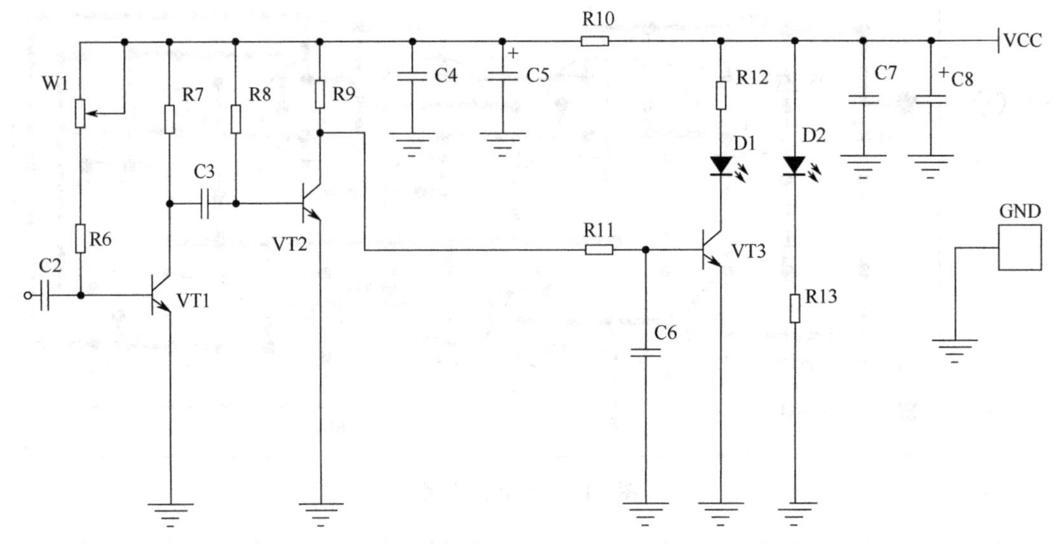

图 1.1.9 思考题一图

（1）R10 的作用，C4、C5、C7、C8 的作用。

（2）D2 与 R13 的作用。

（3）W1 及 C2、C3 的作用。

2. 根据如图 1.1.10 所示印刷电路板图，画出电路原理图。

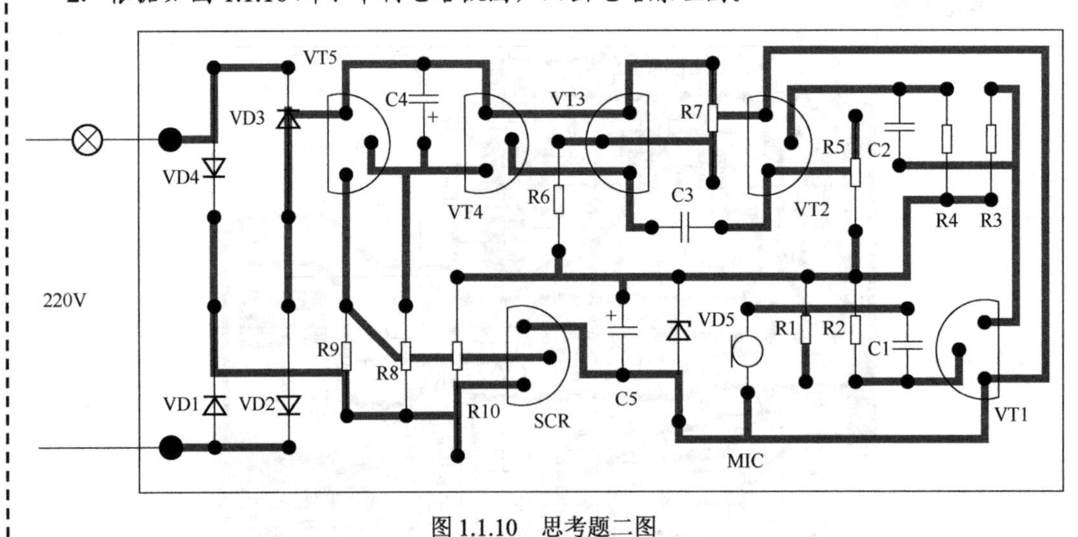

图 1.1.10 思考题二图

【助学网站推荐】

1. 实训材料（编号 201-221）电子表：http://00dz.com/00/00.xls

2. 电路图的识读与常用工艺文件：http://00dz.com/00/12.doc

任务 2　电阻器的识别与检测

任务目标

（1）能用目视法判断识别各类电阻器，对电阻器上标识的主要参数能正确识读。
（2）会使用万用表对常用电阻器和电位器进行测量，并能正确判断其质量的好坏。

任务分解

一、认识电阻器

电阻器从结构上看，可分为固定电阻、可变电阻、电位器三大类，其外形差异较大，识别时请注意观察各类电阻器的外形特征。如图 1.2.1 所示为常用电阻器的实物图。

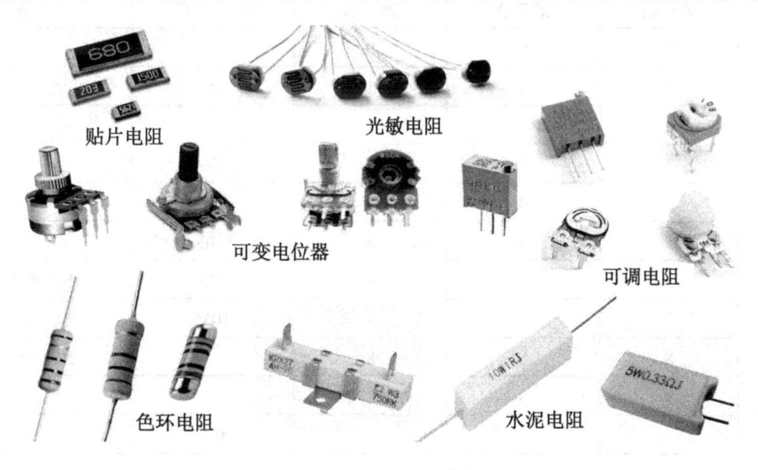

图 1.2.1　常用电阻器实物图

二、知道电阻器的主要参数

固定电阻器的主要参数有标称阻值、允许误差和额定功率。

1. 标称阻值与允许误差

电阻器上所标注的阻值称为标称阻值，电阻器上的标称阻值是按照国家规定的阻值系列标注的。

电阻器的实际阻值和标称阻值之差除以标称阻值所得到的百分数，称为电阻器的允许误差。电阻允许误差等级有±1%、±5%、±10%、±20%等。

电阻器的标称阻值和允许误差标注在电阻器表面，最常用的标注方法有直标法和色标法。

（1）直标法。直标法是指直接将电阻的标称阻值和允许误差用阿拉伯数字和单位符号印刷在电阻器表面。允许误差的标注方法有百分数法和字母法，二者的含义是一致的。如图 1.2.2 中左图所示，该电阻器的标称阻值为 6.8kΩ，允许误差为±5%，图 1.2.2 中右图为贴片电阻。

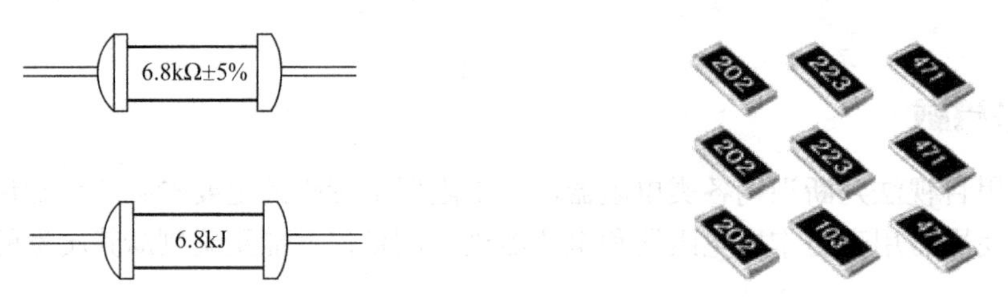

图 1.2.2 直标法

（2）色环法。对于体积较小电阻器的标注，国际上广泛采用色环标注法，色环标注法有四色环和五色环两种。每道色环规定有相应的意义，具体情况详见表 1.2.1，我们可以根据规定的意义来计算每个电阻的阻值。

表 1.2.1 色环的含义

颜　色	第一条	第二条	第三条	倍　数	误　差	
黑色	0	0	0	1		
棕色	1	1	1	10	±1%	F
红色	2	2	2	100	±2%	G
橙色	3	3	3	1K		
黄色	4	4	4	10K		
绿色	5	5	5	100K	±0.5%	D
蓝色	6	6	6	1M	±0.25%	C
紫色	7	7	7	10M	±0.10%	B
灰色	8	8	8		±0.05%	A
白色	9	9	9			
金色				0.1	±5%	J
银色				0.01	±10%	K
无					±20%	M

① 四色环法（如图 1.2.3）。前面两环为有效数，第三环为倍率，单位为Ω，第四环代表误差（常见为金色或银色误差）。例如，某电阻的色环依次为“红、红、黑、银”，则该电阻阻值为 22Ω，误差±10%。

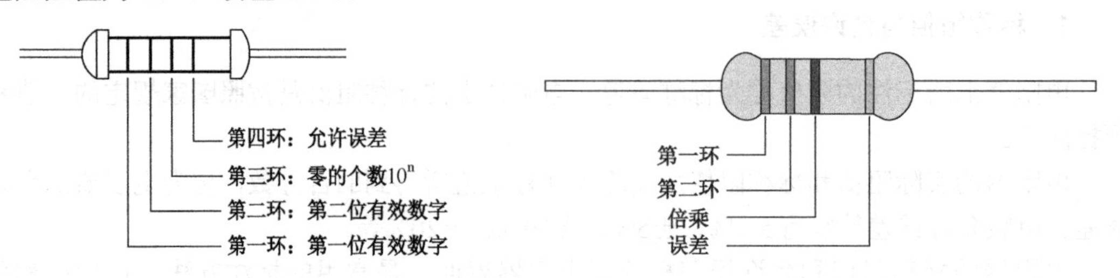

图 1.2.3 四色环法

② 五色环法（如图 1.2.4）。前面三环为有效数，第四环为倍率，单位为欧姆，第五环代表误差（常为棕色±1%误差）。例如，某电阻的色环依次为“黄、紫、黑、黄、棕”，则该电阻的阻值为 4700 kΩ，误差为±1%。

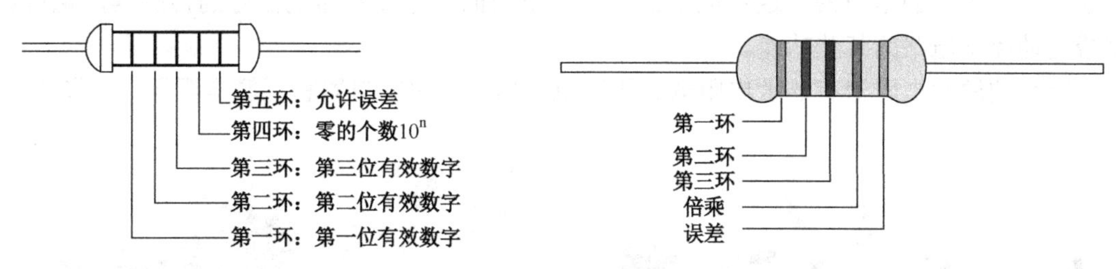

图 1.2.4　五色环法

③ 在用色环法标注电阻时，五色环的电阻误差较小，最后一道色环一般用“棕色”，在万用表中常用五色环电阻；而四色环电阻误差较大一些，最后一道色环一般用“金色”或“银色”。在识别色环电阻时，最好先找到最后一条，然后确定顺序，根据有效数字，得出色环电阻的大小。

2. 电阻的额定功率

电阻长时间连续工作允许消耗的最大功率叫做额定功率。电阻额定功率常用的有：1/8W、1/4W、1/2W、1W、2W、3W、5W、10W、20W 等。常用功率电阻器在电路图中的标注功率的符号如图 1.2.5 所示。

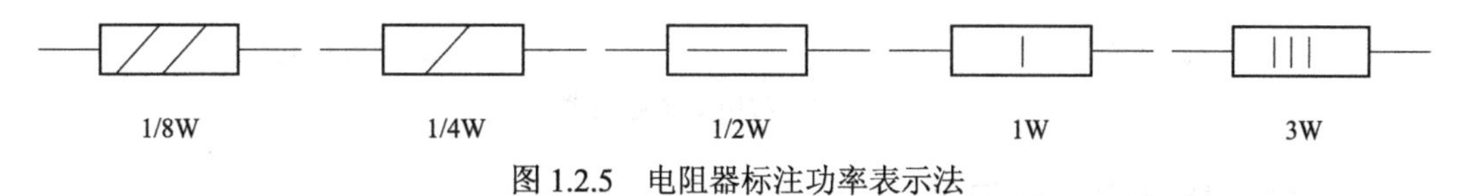

图 1.2.5　电阻器标注功率表示法

在电子线路中，常用电阻器一般为 1/8W。

三、了解特殊电阻元件

1. 熔断电阻器

熔断电阻器又称为保险丝电阻，是一种具有电阻和保险丝双重功能的元件。熔断电阻器的底色大多为灰色，用色环或数字表示其电阻值。如图 1.2.6 所示为几种熔断电阻器的外形。

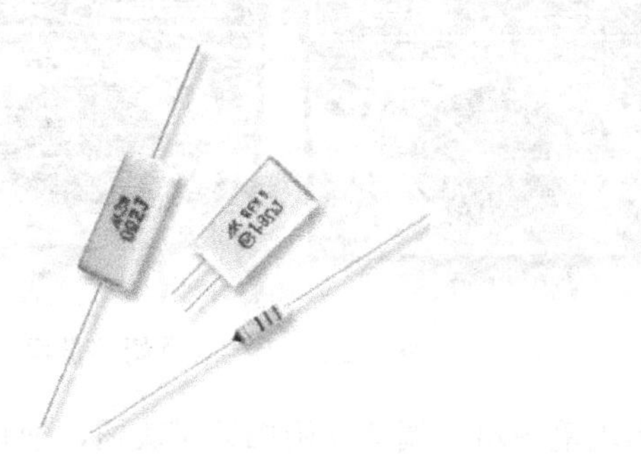

图 1.2.6　熔断电阻器的外形

2. 敏感电阻器

敏感电阻器是指对温度、湿度、电压、光通量、气体流量、磁通量或机械力等外界因素表现比较敏感的电阻器。这些电阻器既可以作为把非电量变为电信号的传感器，也可以完成自动控制电路的某些功能。

常用的敏感电阻器有热敏电阻器、压敏电阻器、光敏电阻器和湿敏电阻器，如图 1.2.7 所示。

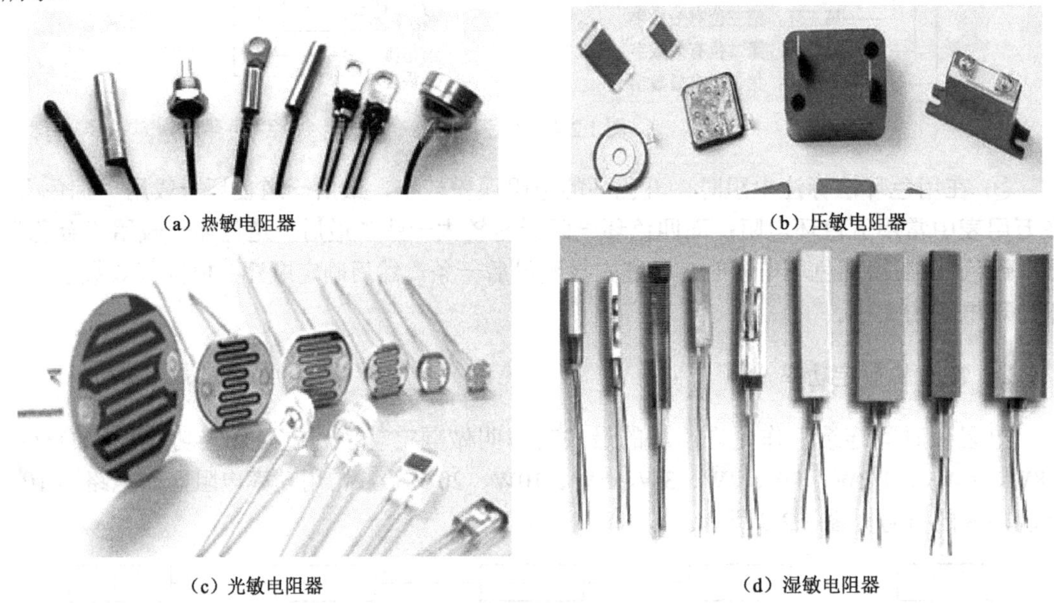

（a）热敏电阻器　（b）压敏电阻器

（c）光敏电阻器　（d）湿敏电阻器

图 1.2.7　常用敏感电阻器

四、学会检测固定电阻器

（1）选挡。选择合适的量程，使万用表指针尽量指到刻度的中部或偏右（如图 1.2.8）。

图 1.2.8　万用表欧姆挡量程

（2）调零。红黑表笔短路，调节欧姆挡调零旋钮，使指针向右偏转指到 0 刻度线（如图 1.2.9）。

步骤 1：两支表笔短接；

步骤 2：左或右调节“Ω”旋钮；

步骤 3：在调节“Ω”旋钮时，观察指针是否指到 0 刻度线上。

图 1.2.9　万用表欧姆挡调零

（3）测量。红黑表笔与被测元件引脚接触良好后，再进行测量（如图 1.2.10）。

（4）读数。根据指针所指的刻度和所选用的量程，计算读出电阻的阻值，阻值=刻度×量程（如图 1.2.10）。

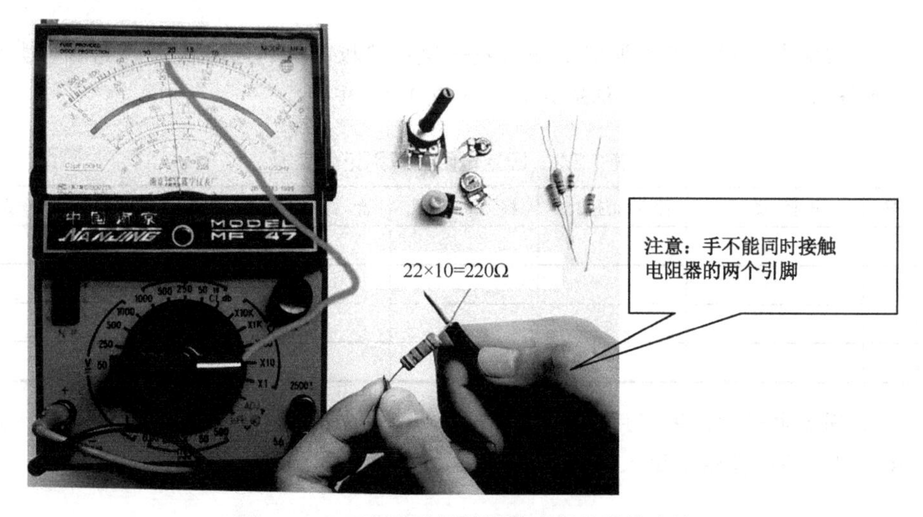

图 1.2.10　万用表欧姆挡测量电阻读数的方法

五、学会检测可变电阻器

选择万用表欧姆挡的适当量程，首先测量两个定片之间的电阻，此时为标称阻值（最大阻值）。再用一支表笔接动片、另一支表笔接某一个定片，顺时针或逆时针缓慢旋转动片，此时表针应从 0Ω 连续变化到标称阻值。同样方法再测量另一个定片与动片之间的阻值变化情况，测量方法和测量结果应相同。这样，说明可调电阻器是好的，否则可调电阻已经损坏（如图 1.2.11 所示）。

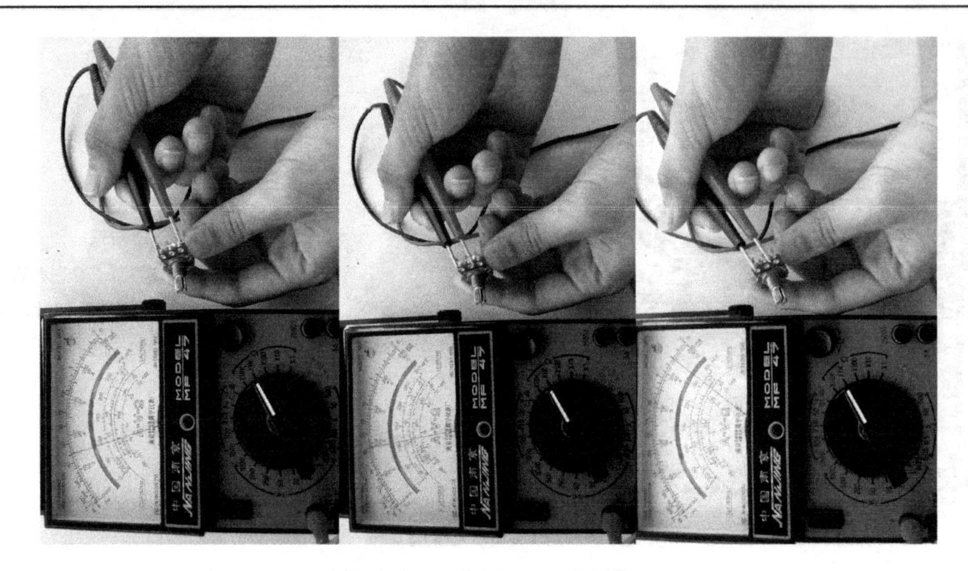

测最大阻值　　测滑动端与其中一端电阻　　匀均改变阻值

图 1.2.11　万用表检测可变电阻器

【思考与提高】

1. 识别固定电阻器。在实训室中任意找一块电路板，识别电路板上的电阻器类别、阻值大小及允许误差、功率大小，识别结果填入表 1.2.2 中。

表 1.2.2　固定电阻器识别记录表

序　号	电 阻 类 别	阻值标注方法	标 称 阻 值	允 许 误 差	误差表示方法	功 率 大 小
1						
2						
3						
4						

2. 检测固定电阻器。用万用表分别检测四色环电阻、五色环电阻、水泥电阻、热敏电阻、压敏电阻，将测量结果填入表 1.2.3 中。

表 1.2.3　固定电阻器检测记录表

序　号	电 阻 类 别	标 称 阻 值	实际测量值	标称阻值误差	实际阻值误差
1					
2					
3					
4					
5					

3. 写出下列电阻器的标称阻值和允许误差。

102k　　4R7　　223J　　68

红黄棕金　　橙白棕银　　紫红棕红绿

【助学网站推荐】

1．实训材料（编号 201）电子表：http://00dz.com/00/00.xls
2．色环电阻识别法：http://00dz.com/00/14.doc
3．色环电阻查询器：http://00dz.com/00/16.exe

任务 3　电容器的识别与检测

任务目标

（1）能正确识读电容器上标识的主要参数。
（2）会使用万用表对电容器进行检测，并能正确判断其质量的好坏。

任务分解

一、认识电容器

1．电容器的结构及分类

电容器是由两个相互绝缘的极板形成的一个整体，具有存储电荷的功能。电容器的种类很多，按结构形式来分，有固定电容、半可变电容、可变电容等；按有无极性分，可分为有极电容（电解电容）和无极电容（瓷片电容和涤纶电容等）两类。如图 1.3.1 所示为一些常见的电容器的实物图。

注意：有极电容的引脚有正负之分，而无极电容的引脚没有正负之分。

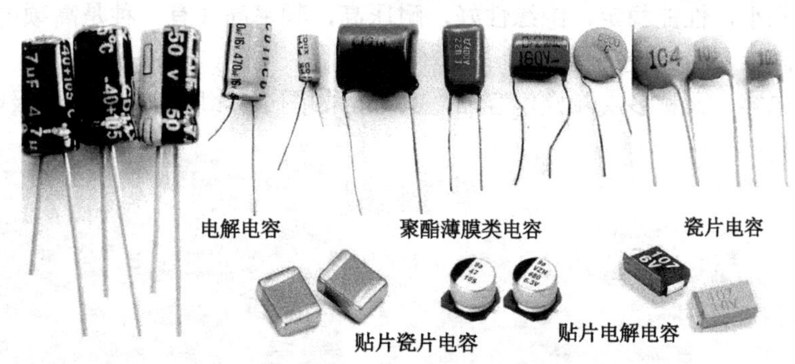

图 1.3.1　常见电容器

2．几种常见电容器的介绍

从介质材料上进行类型区分，电容器可以分为：CBB（聚丙烯）电容、涤纶电容、瓷片电容、云母电容、独石电容、（铝）电解电容、钽电容等，下面是各种电容的优缺点。

（1）CBB 电容，它是无极电容，由 2 层聚丙烯塑料和 2 层金属箔交替夹杂然后捆绑而成，其外形如图 1.3.2 所示。其电容量为 1000pF—10μF，额定电压为 63—2000V。

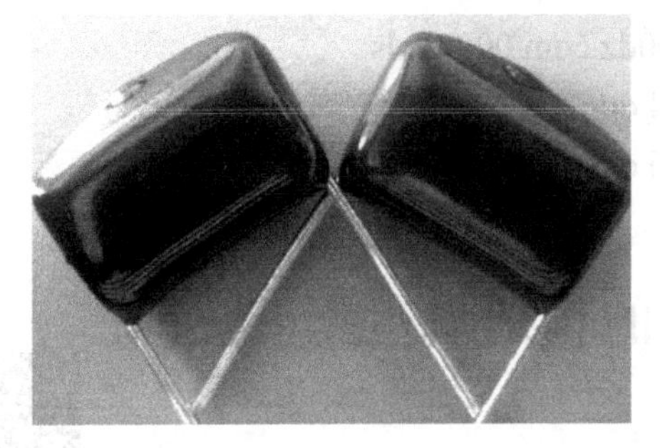
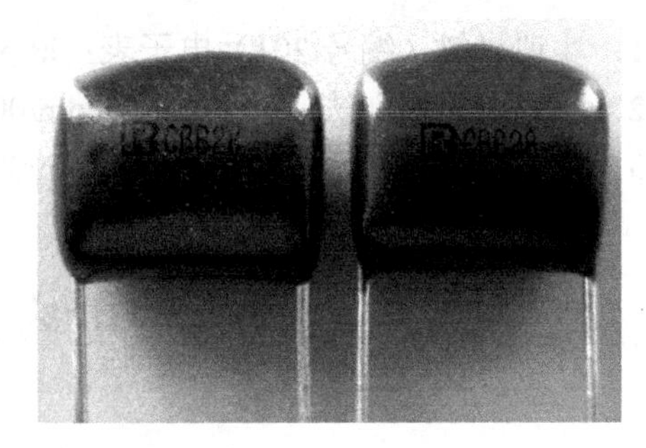

图 1.3.2　CBB 电容的外形

优点：高频特性好，体积较小（代替大部分聚苯或云母电容，用于要求较高的电路）。

缺点：容量较小，耐热性能较差（温度系数大）。

（2）瓷片电容，它是无极电容，由薄瓷片两面镀金属银膜而成，其外形如图 1.3.3 所示。

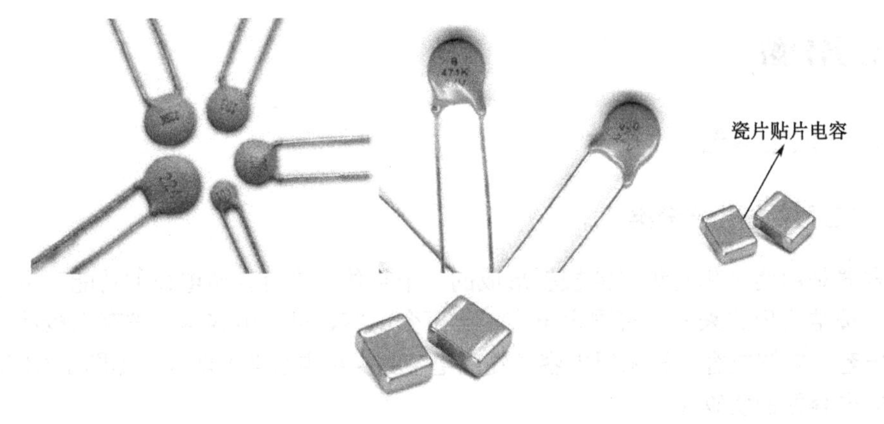

图 1.3.3　瓷片电容的外形

优点：体积小，性能稳定，绝缘性好，耐压高，频率高（有一种是高频电容）。

缺点：易碎，容量比较小。

（3）独石电容，又称多层陶瓷电容器，其外形如图 1.3.4 所示，属于无极电容。

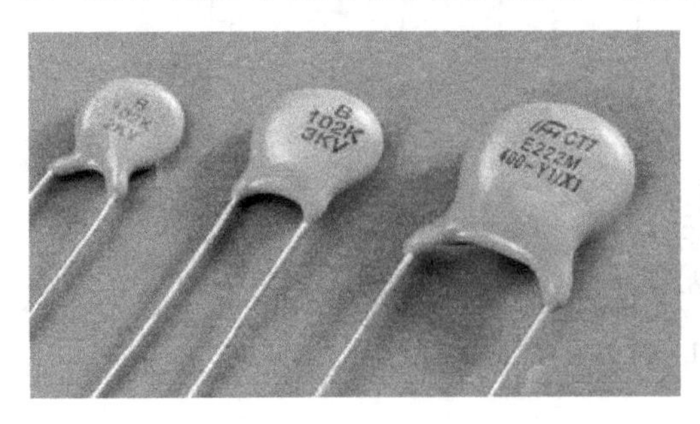

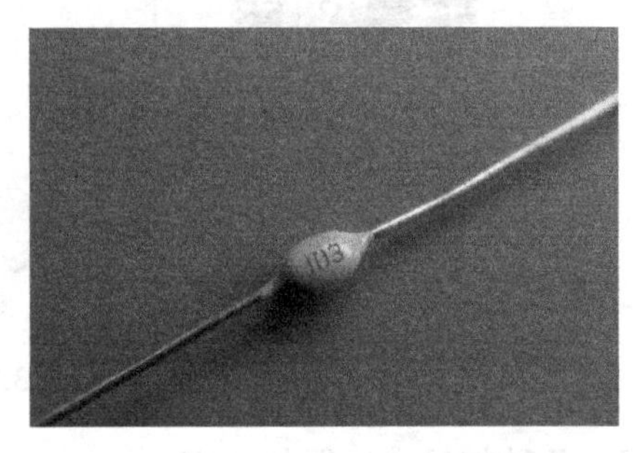

图 1.3.4　独石电容的外形

优点：电容量大、体积小、频率特性好、可靠性高、电容量稳定、耐高温、绝缘性好、成本低。

缺点：有电感。

（4）云母电容，它是无极电容，在云母片上镀两层金属薄膜制成，其外形如图 1.3.5 所示。

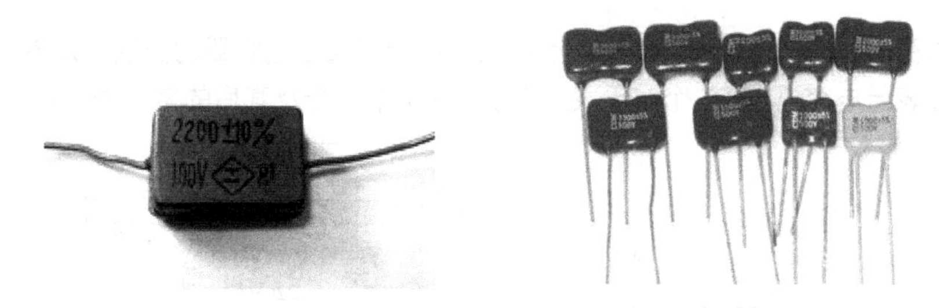

图 1.3.5　云母电容的外形

优点：介质损耗小，绝缘电阻大，温度系数小，适宜用于高频电路。

缺点：体积大，容量小，造价高（图 1.3.5 左边是老款的云母电容，体积大；图右边是新款的，体积小一点）。

（5）铝电容（全称铝电解电容），它是有极电容，由两片铝带和两层绝缘膜相互层叠，转捆后浸泡在电解液（含酸性的合成溶液）中形成，其外形如图 1.3.6 所示。

图 1.3.6　电解电容的外形

优点：容量大。

缺点：高频特性不好。

（6）钽电容，全称钽电解电容，它是有极电容，用金属钽作为正极，在电解质外喷上金属作为负极，其外形如图 1.3.7 所示。

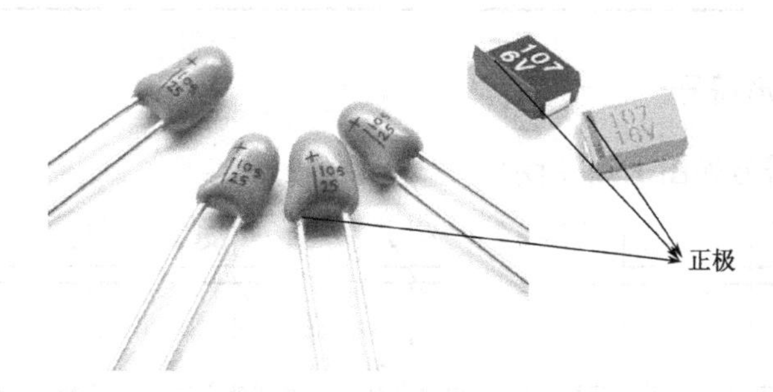

图 1.3.7　钽电容的外形

优点：稳定性好，容量大，高频特性好。
缺点：造价高。

3. 电容器类型及材料的标注方法

电容器的种类很多，为了区别开来，常用拉丁字母来表示电容器的类别，如图 1.3.8 所示。第一个字母 C 表示电容器，第二个字母表示介质材料，第三个及其后的字母表示形状、结构等。

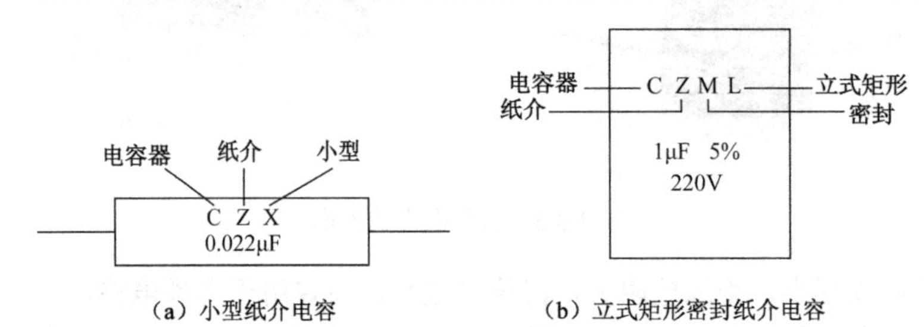

（a）小型纸介电容　（b）立式矩形密封纸介电容

图 1.3.8 电容器类型及材料的标注

电容器标注字母含义见表 1.3.1。

表 1.3.1 电容器标注字母的含义

顺　序	类　别	名　称	简　称	符　号
第一个字母	主称	电容器	电容	C
第二个字母	介质材料	纸质	纸	Z
		电解	电	D
		云母	云	Y
		高频瓷介	瓷	C
		低频瓷介		T
		金属化纸介		J
		聚苯乙烯有机薄膜		B
		涤纶有机薄膜		L
第三个及以后字母	形状	管状	管	G
		立式矩形	立	L
		圆片状	圆	Y
	结构	密封	密	M
	大小	小型	小	X

4. 电容器的图形符号

电容器的图形符号如图 1.3.9 所示。

一般电容　电解电容　可变电容　半可变电容　双联可变电容

图 1.3.9 电容器的图形符号

二、电容器的主要参数

电容器的主要参数有标称容量和额定耐压。

1. 电容器的标称容量

标称容量用于反映电容器加电后储存电荷的能力或储存电荷的多少。电容器的标称容量和它的实际容量之间也会有误差，电容器的容量标注方法有以下三种。

（1）直标法。它是将电容器的标称容量及允许误差等直接标在电容器外壳上的标注方法。如图 1.3.10 所示，这是一只电解电容器，其外壳上直接标注出其容量为 22μF，耐压为 400V，以及电容的正、负极。

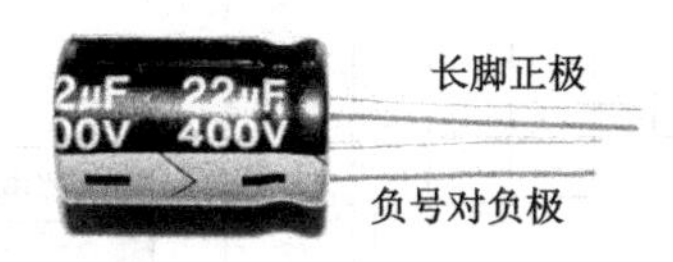

图 1.3.10　直标法标注电容器

（2）数字表示法。它是只用数字而不标单位的直接表示法，一般不在电解电容器上标注。所标数字小于 1 时的单位一般为 μF，大于 1 时的单位一般是 pF，如图 1.3.11 所示。

如，普通电容器上标注的“4700”“120”“12”分别表示“4700pF”“120 pF”“12 pF”。

如，普通电容器上标注的“0.47”“0.15”分别表示“0.47μF”“0.15μF”。

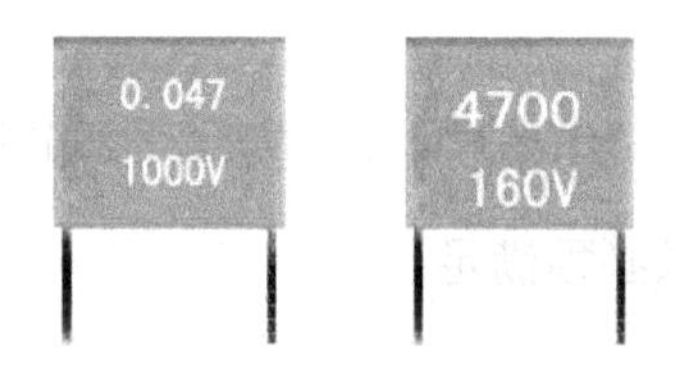

图 1.3.11　数字法标注电容器

（3）数码表示法。通常为三位数，从左算起，第一、第二位为有效数字位，表示电容容量的有效数字，第三位数字为倍率数，表示有效数字后面加零的个数，单位均为“pF”。例如，电容上标注的“472”“103”，它表示电容的容量分别为“4700pF”和“10000pF”。

在瓷片或聚酯类电容器中，有时用“n”来表示电容单位为 nF，但此单位一般换算成 pF 使用，因此，“n”在末尾时表示末尾有 3 个零，在中间时表示末尾有 2 个零，其单位仍然使用 pF。例如：电容上标注“56n”“10n”“4n7”，它们的容量大小分别是“56000pF”“10000pF”　“4700 pF”。

在标注普通电容器的容量时，一只电容有多种标注方法。比如：0.0047μF 可以标注为“472”“4n7”“4700”等，如图 1.3.12 所示分别为 4700pF 和 10000pF 两只电容容量的标注。

2. 电容器的额定耐压

电容器长期可靠地工作，它能承受的最大直流电压，叫做电容器的耐压，也称为电容器的直流工作电压。如果在交流电路中，要注意所加的交流电压最大值不能超过电容器的直流工作电压值。

图 1.3.12　数码标注电容

电容器的耐压通常有：6.3 V，10 V，16 V，25 V，63 V，100 V，160 V，400 V，630V，1000 V 等。

陶瓷贴片电容器的容量及额定电压范围如图 1.3.13 所示。

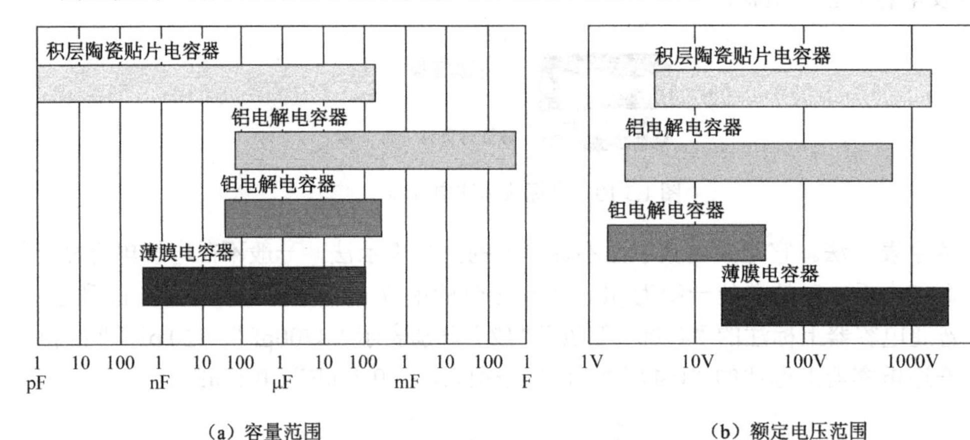

（a）容量范围　　（b）额定电压范围

图 1.3.13　陶瓷贴片电容器的容量和额定电压范围

在选用电容器时，耐压要求必须满足。

三、学会检测电容器

1. 用万用表电阻挡检查电解电容器的好坏

电解电容器的两根引线有正、负之分。在检查它的好坏时，对耐压较低的电解电容器（6V 或 10V），电阻挡应放在 R×10 或 R×100 挡，把红表笔接电容器的负端，黑表笔接正端。若这时万用表指针先摆动，然后恢复到零位或零位附近，则说明这样的电解电容器是好的。电解电容器的容量越大，充电时间越长，指针摆动得也越慢，测试过程如图 1.3.14 所示。

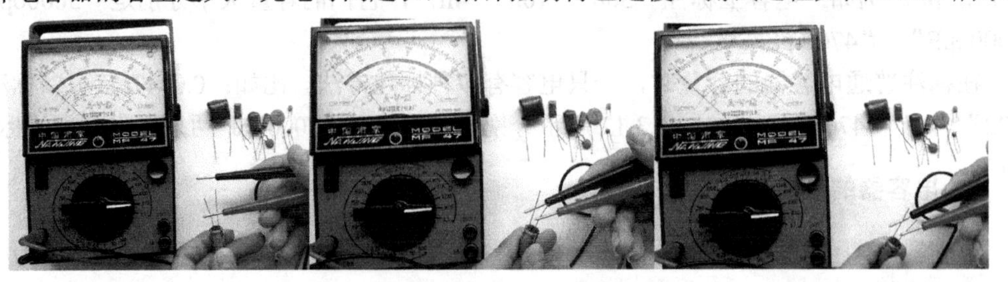

（a）电解电容器放电　　（b）用 R×10Ω 挡测量　　（c）指针回到无穷大

图 1.3.14　电解电容器的测量步骤

2．用万用表电阻挡粗略鉴别 5000pF 以上容量无极电容器的好坏

用万用表电阻挡可大致鉴别 5000pF 以上电容器的好坏。检查时选择 R×1k 挡，将两表笔分别与电容器两端接触，这时指针快速地摆动一下然后复原，反向连接，摆动的幅度比第一次更大，而后又复原，这样的电容器是好的。具体步骤如图 1.3.15 所示。电容器的容量越大，测量时电表指针摆动越大，指针复原的时间也越长，我们可以根据电表指针摆动的大小来比较两个电容器容量的大小。

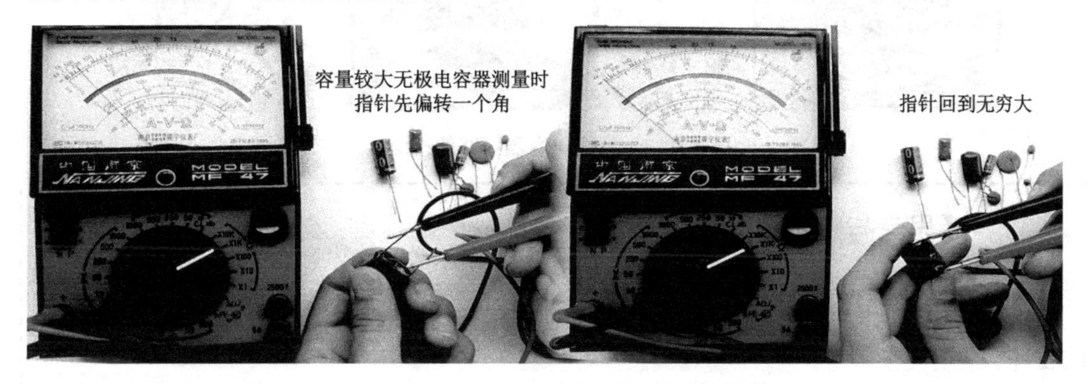

图 1.3.15　容量较大的无极电容器的检测

3．用电阻挡粗略鉴别 5000pF 以下容量无极电容器的好坏

用万用表电阻挡测量 5000pF 以下电容器时，一般选用 R×10k 挡，此时指针几乎不偏转，如发生偏转，则电容器已损坏，具体步骤如图 1.3.16 所示。

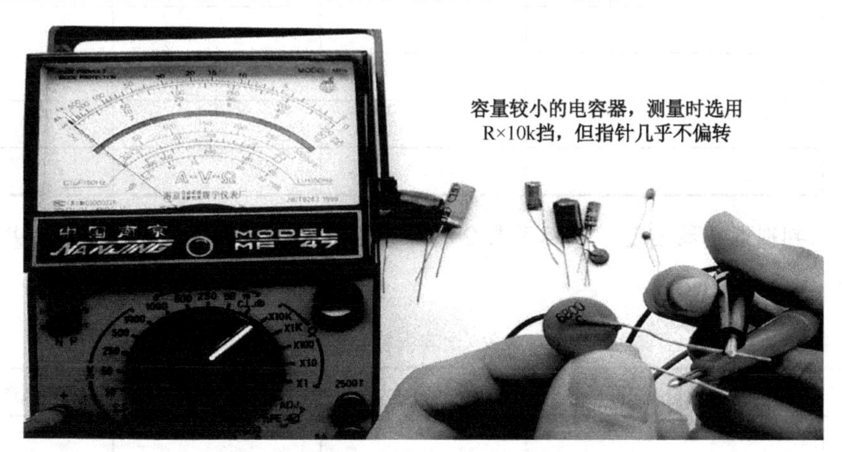

图 1.3.16　容量较小的无极电容器的检测

4．用万用表检查可变电容器

可变电容器有一组定片和一组动片。用万用表电阻挡可检查它动、定片之间有否碰片，用红、黑表笔分别接动片和定片，旋转轴柄，电表指针不动，说明动、定片之间无短路（碰片）处；若指针摆动，说明电容器有短路的地方，可变电容器已坏，具体步骤如图 1.3.17 所示。

图 1.3.17　可变电容器短路的检测

【思考与提高】

1. 识别不同种类的电容器。在实训室中准备不同种类的电容器，把识别结果填入表 1.3.2 中。

表 1.3.2　电容器识别记录表

序　号	电容器类别（介质）	容量标注数值	实际容量大小	电容器耐压（V）
1				
2				
3				
4				
5				
6				

2. 检测判别电容器质量。用万用表分别检测电解电容器、涤纶电容器、瓷片电容器等的电阻值，填入表 1.3.3 中。

表 1.3.3　电容器检测记录表

序　号	电容器类别（介质）	电容器容量大小	电阻大小	万用表选择量程
1				
2				
3				
4				
5				
6				

3. 请写出图 1.3.18 中各电容器的参数。

图 1.3.18　各种电容器的实物图

【助学网站推荐】

1．实训材料（编号 218）电子表：http://00dz.com/00/00.xls
2．电容的分类及标称值：http://00dz.com/00/17.doc
3．电容器介绍：http://00dz.com/00/18.doc

任务 4　电感器与变压器的识别与检测

任务目标

（1）能正确识别常用电感器和变压器。
（2）会使用万用表对电感器、变压器进行检测，并能正确判断其质量的好坏。

任务分解

一、认识电感器

电感器也叫电感或电感线圈，它是利用电磁感应原理制成的元件。在电路中起阻交流、通直流、变压、谐振、阻抗变换等作用，常用电感器的外形如图 1.4.1 所示。

图 1.4.1　常用电感器的外形

用电感器还可以制成变压器、中周等特殊元件，其外形如图 1.4.2 所示。

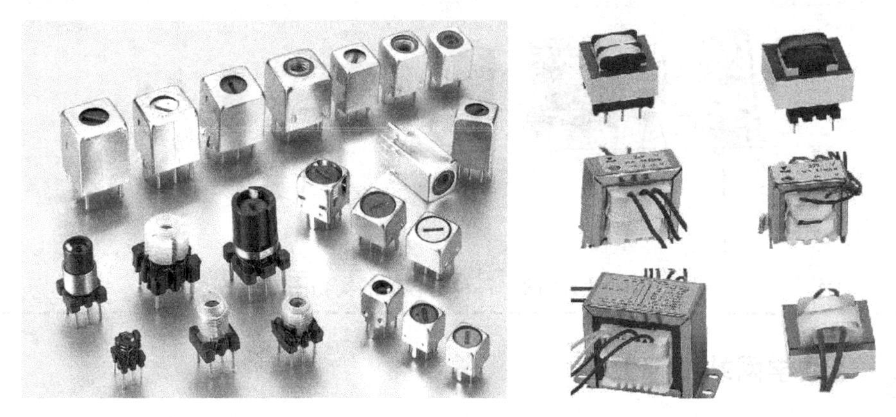

图 1.4.2　中周及变压器的实物图

在电路中，电感器的图形符号如图 1.4.3 所示。

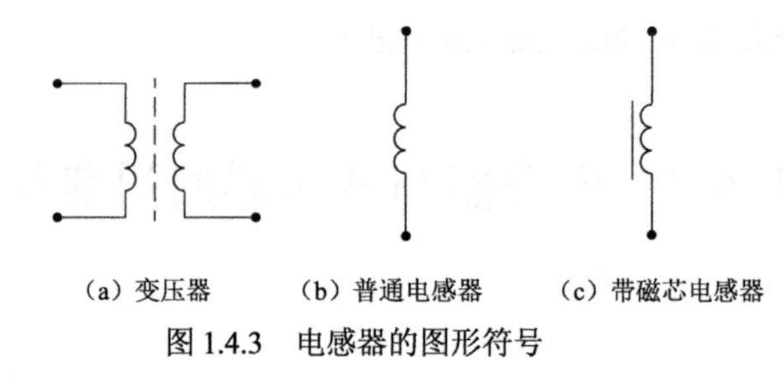

（a）变压器　　（b）普通电感器　　（c）带磁芯电感器

图 1.4.3　电感器的图形符号

二、电感器、变压器的主要参数

1．电感器的主要参数

（1）电感量。电感量 L 表示线圈本身的固有特性，与电流大小无关。除专门的电感线圈（色码电感）外，电感量一般不专门标注在线圈上，而以特定的名称标注。

（2）感抗。电感线圈对交流电流阻碍作用的大小称感抗，单位是 Ω。

（3）额定电流。额定电流是指可以流过电感器的最大电流。

2．变压器的主要参数

（1）变压比。变压比是指变压器一次侧电压和二次侧电压的比值。在忽略铁芯、线圈损耗的前提下，变压器的变压比和变压器的一次线圈匝数与二次线圈匝数之比是相等的，即变压比等于匝数比。

（2）额定功率。额定功率是指在规定的频率和电压下，变压器正常工作时所能够输出的最大功率。

三、电感器的主要作用

1．电感线圈有阻交通直的性质

电感线圈具有阻碍交流电流的性质，交流电流的频率越大，电感线圈的阻碍能力越强。

它的这个性质在电路中常用于电源滤波，阻止波纹电压经过，扼流线圈在电路中就起到这个作用。

2. 信号的耦合和变压作用

利用线圈的互感，在电路中可以对交流信号（不能是直流信号）进行耦合和变压。

3. 选频特性

电感线圈和电容一起形成振荡电路，可以对信号进行选频。

四、学会检测电感器

1. 色码电感器的检测

将万用表置于 R×1 挡，红、黑表笔各接色码电感器的任一引出端，此时指针应向右摆动，如图 1.4.4 所示。根据测出的电阻值大小，可进行以下鉴别：

① 测得电阻值为零，说明其内部有短路性故障（有时阻值很小，电感器也是正常的）。

② 只要能测出电阻值，则判定被测色码电感器是正常的。

检测 R×1Ω 挡好坏　　　　R×1Ω 挡检测电感器

图 1.4.4　电感器的检测

2. 中周变压器的检测

（1）绕组的检测。将万用表拨至 R×1 挡，按照中周变压器的各绕组引脚排列规律，逐一检查各绕组的通断情况，进而判断其是否正常，如图 1.4.5 所示。

（2）检测绝缘性能。如图 1.4.6，将万用表置于 R×10k 挡，做如下几种状态测试：

① 一次绕组与二次绕组之间的电阻值；

② 一次绕组与外壳之间的电阻值；

③ 二次绕组与外壳之间的电阻值。

上述测试结果，可能会出现以下三种情况：

① 阻值为无穷大，说明正常；

② 阻值为零，说明有短路性故障；

③ 阻值小于无穷大但大于零，说明有漏电性故障。

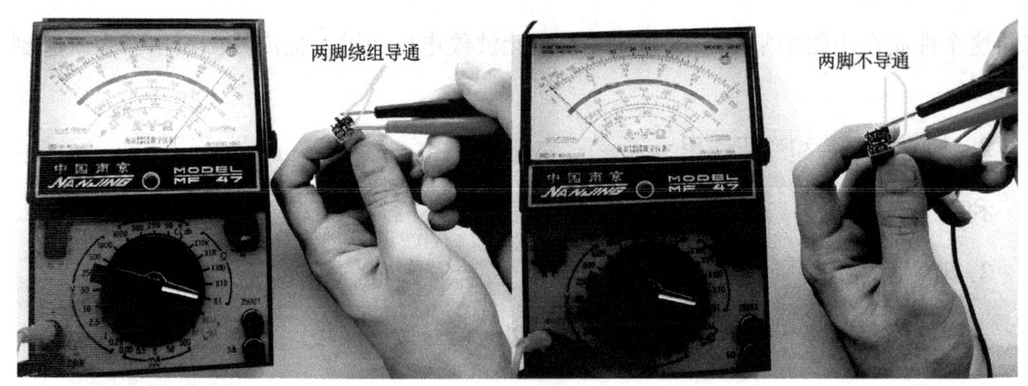

图 1.4.5　绕组的检测

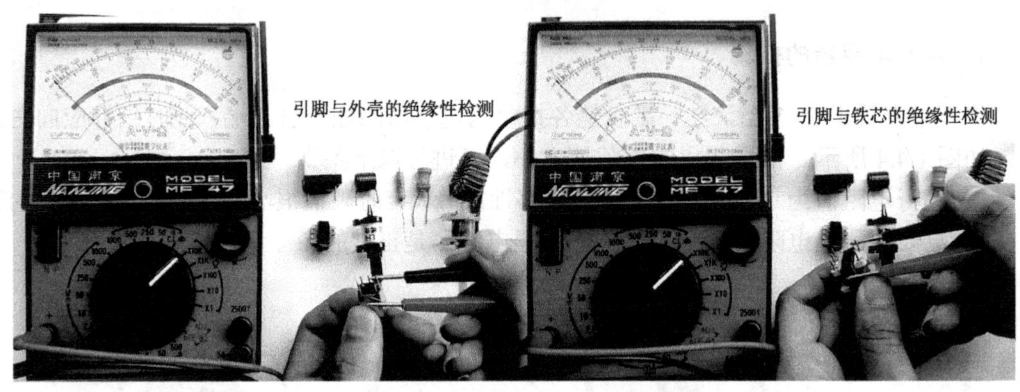

图 1.4.6　绝缘性能的检测

3. 电源变压器的检测

（1）外观检查。通过观察变压器的外观，检查其是否有明显异常现象，如线圈引线是否断裂、脱焊，绝缘材料是否有烧焦痕迹，铁芯紧固螺杆是否松动，硅钢片有无锈蚀，绕组线圈是否有外露，等等。

（2）判别一、二次线圈。电源变压器一次引脚和二次引脚一般都是分别从两侧引出的，并且一次绕组多标有 220V 字样，二次绕组则标出额定电压值，如 15V、24V、35V 等，可根据这些标记进行识别。

（3）线圈通断检测。将万用表置于 R×1 挡，各个绕组均应有一定的电阻值，若某个绕组的电阻值为无穷大，则说明该绕组有断路性故障。

（4）绝缘性测试。用万用表 R×10k 挡分别测量铁芯与一次，一次与各二次，铁芯与各二次，静电屏蔽层与一次、二次各绕组间的电阻值，万用表指针均应指在无穷大位置不动。否则，说明变压器绝缘性能不良。

（5）空载电流的检测。将二次所有绕组全部开路，把万用表置于交流电流 500mA 挡，串入一次绕组中。当一次绕组接入 220V 交流电时，万用表所指示的电流便是空载电流值。此值不应大于变压器满载电流的 10%～20%，一般常见电子设备电源变压器的正常空载电流应在 100mA 左右。如果超出太多，则说明变压器有短路性故障。

（6）电源变压器短路性故障的综合检测判别。电源变压器发生短路性故障后的主要症状是发热严重和二次绕组输出电压失常。通常，线圈内部匝间短路点越多，短路电流就越大，而变压器发热就越严重。检测判断电源变压器是否有短路性故障的简单方法是测量空载电流。存在短路性故障的变压器，其空载电流值将远大于满载电流的 10%。当短路严重时，变压器在空载加电后几十秒钟之内便会迅速发热，用手触摸铁芯会有烫手的感觉，此时不用测量空载电流便可断定变压器有短路故障存在。

【思考与提高】

1. 识别不同种类的电感器、中周及变压器。在实训室中准备不同种类的电感器、中周及变压器，把识别结果填入表 1.4.1 中。

表 1.4.1　识别记录表

序　号	类别（电感器、中周、变压器）	作　用
1		
2		
3		
4		
5		
6		

2. 检测判别质量。用万用表分别检测电感器、中周及变压器，并将检测结果填入表 1.4.2 中。

表 1.4.2　检测记录表

序　号	类别（电感器、中周、变压器）	检测结果记录
1		
2		
3		
4		
5		
6		

【助学网站推荐】

1. 实训材料（编号 221）电子表：http://00dz.com/00/00.xls
2. 电感的性质：http://00dz.com/00/20.doc

任务 5　二极管的识别与检测

任务目标

（1）能正确识别不同类型的二极管，并能够分清其正负电极。
（2）会使用万用表对二极管进行检测，并能正确判断其正负电极与质量的好坏。

任务分解

一、认识二极管

1. 二极管的结构及类型

二极管是在 PN 结芯片的 P 区和 N 区加上相应的电极引线，P 区引出的电极为二极管的正极，N 区引出的电极为二极管的负极，再用外壳封装，就构成了晶体二极管，简称二极管，如图 1.5.1 所示。二极管通常用塑料、玻璃或金属材料作为封装外壳。

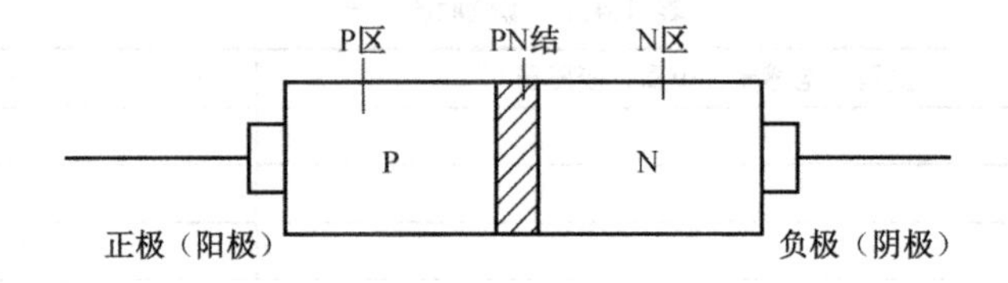

图 1.5.1 二极管的结构

按用途分，二极管有整流二极管、检波二极管、发光二极管（简称 LED）、光敏二极管等类型，其外形如图 1.5.2 所示。

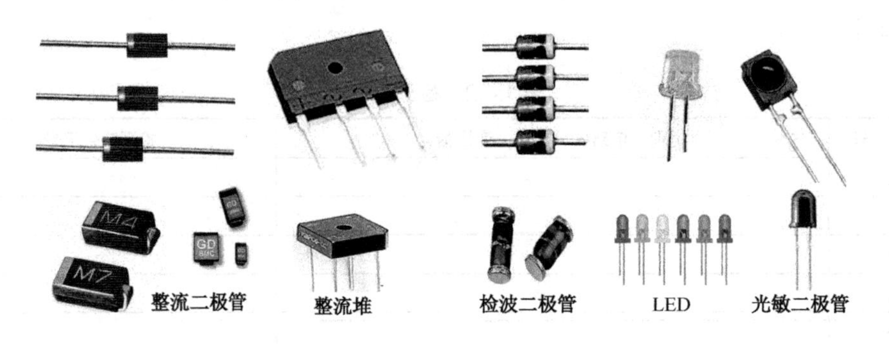

图 1.5.2 二极管的实物外形图

2. 二极管引脚极性的识别

二极管的正、负引脚通常在它的外壳上都有标志，一般分为四种情况（如图 1.5.3 所示）：一是用二极管的图形符号标注；二是用色环标注（有色环端为负极）；三是用色点标注（有色点的端为正极）；四是引脚长短不同（例如，发光二极管长脚为正极）。

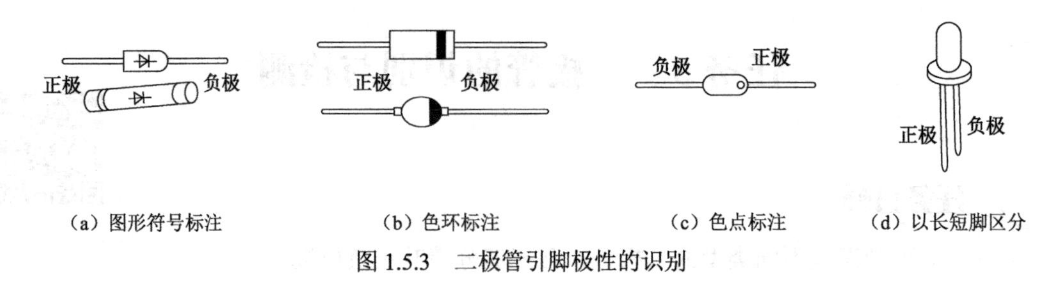

图 1.5.3 二极管引脚极性的识别

3．二极管的图形符号

在电路中，二极管的符号如图 1.5.4 所示。

普通二极管　稳压二极管　发光二极管　光电二极管

图 1.5.4　二极管的图形符号

4．大功率 LED

普通 LED 功率一般为 0.05W、工作电流为 20mA，而大功率 LED 的功率可以达到 1W、2W，甚至数十 W，工作电流可以是几十 mA 到几百 mA 不等，目前被广泛应用于汽车灯、手电筒、照明灯具等领域。

目前，市场上有普通型和集成型大功率 LED 两种，如图 1.5.5 所示。而普通型大功率 LED 分为单色光与 RGB 全彩两种，集成型大功率 LED 一般均为单色，RGB 全彩的极少。

（a）普通型　（b）集成型

图 1.5.5　普通型和集成型大功率 LED

5．LED 数码管

LED 数码管由多个发光二极管封装在一起组成“8”字形的器件，引线已在内部连接完成，只须引出它们的各个笔画、公共电极。

数码管实际上是由 7 个发光管组成 8 字形构成的，加上小数点就是 8 个。这些段分别由字母 A、B、C、D、E、F、G、DP 来表示，如图 1.5.6 所示。

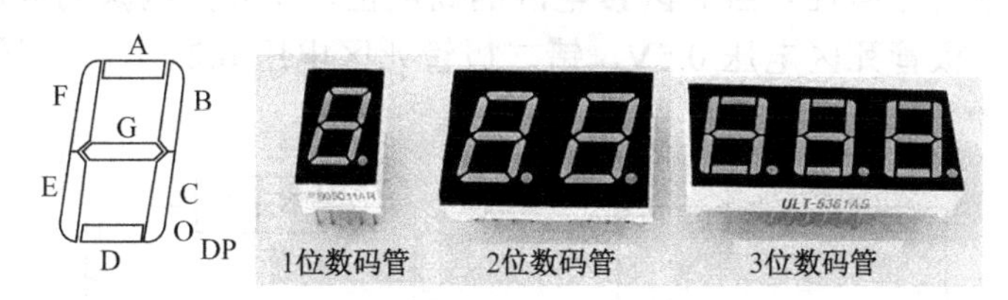

图 1.5.6　LED 数码管

当数码管特定的段加上电压后，这些特定的段就会发亮，以形成我们眼睛看到的字样。常用 LED 数码管显示的数字和字符是 0、1、2、3、4、5、6、7、8、9、A、B、C、D、E、F。

6．点阵 LED

点阵 LED 作为一种现代电子媒体，具有灵活的显示面积（可分割、任意拼装）、高亮度、长寿命、数字化、实时性等特点，应用非常广泛。

一个数码管由 8 个 LED 组成，同理，一个 8×8 的点阵是由 64 个 LED 小灯组成。图 1.5.7 是一个 8×8 点阵 LED 的内部结构，这是一个点阵 LED 的最小单元。

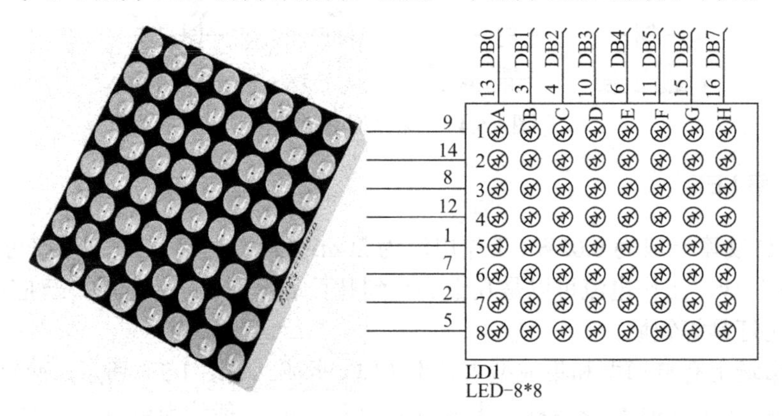

图 1.5.7　点阵 LED

二、熟悉二极管的主要参数及特性

1. 二极管的主要参数

（1）最大整流电流 I_{CM}。I_{CM} 是指二极管长期正常工作时，允许通过的最大电流。使用时，通过二极管的最大正向平均电流不能超过此值，否则会使 PN 结的结温超过额定值（锗管为 80℃，硅管为 150℃）而烧坏。

（2）最高反向耐压 U_{RM}。U_{RM} 是指二极管长时间正常工作时所能承受的最高反向峰值电压。一般厂家提供的反向工作电压为反向击穿电压的 1/2 或 2/3。

（3）最高工作频率 f_{max}。f_{max} 是指保证二极管正常工作时允许的最高工作频率。使用时，通过二极管电流的频率不得超过最高工作频率，否则二极管将失去单向导电性。

2. 二极管的特性

二极管具有单向导电性。当 P 区接电源的高电位、N 区接电源的低电位时，如果大于死区电压（硅二极管死区电压 0.5V，锗二极管死区电压 0.2V），二极管就导通，如图 1.5.8 所示。

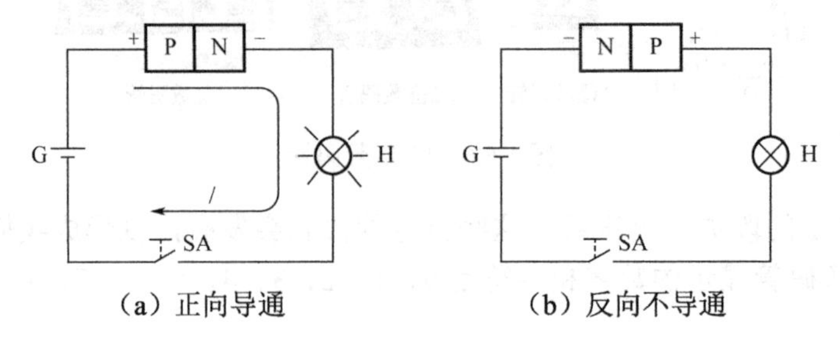

（a）正向导通　　（b）反向不导通

图 1.5.8　二极管单向导电性

在电路中，通常利用二极管的单向导电性形成整流电路（把交流电转变成直流电）、限幅电路、检波电路等。利用二极管的反向击穿特性，形成稳压电路。

三、学会检测二极管

1．整流二极管的检测

选择万用表的 R×1k 或 R×100 两个量程都可以，分别测量二极管的正向与反向电阻各一次，如果其中一次的阻值很大（接近无穷大），而另一次较小（只有几 kΩ），则这只二极管是好的，如图 1.5.9 所示。否则，如果两次测量的阻值都很大，二极管内部开路；如果两次测量的阻值都很小，二极管内部短路。

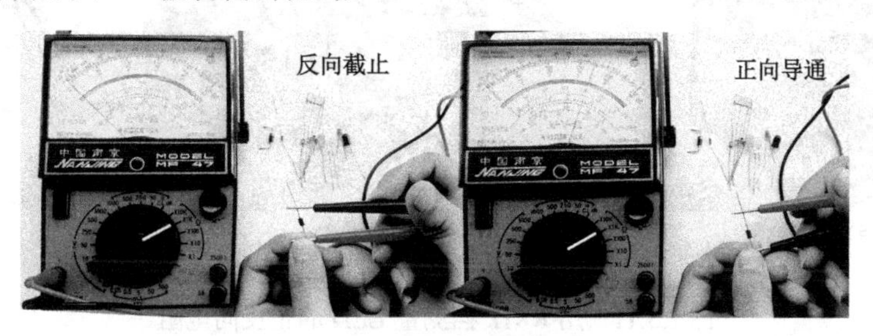

图 1.5.9　整流二极管的检测

2．稳压二极管的检测

稳压二极管的检测步骤与一般二极管相同，用万用表 R×1k 挡测量其正、反向电阻，正常时反向电阻阻值很大，若发现表针摆动或其他异常现象，就说明该稳压管性能不良甚至损坏。

如果稳压二极管的稳压值小于 10V，可用 MF47 型万用表辨别是检波二极管还是稳压二极管。辨别时，稳压二极管只要使用 R×10k 挡测量其反向电阻，它就会反向击穿，反向电阻会变小；而用 R×1k 挡测量，反向电阻仍然很大，如图 1.5.10 所示。

图 1.5.10　稳压二极管的检测

用在路通电的方法也可以大致测得稳压二极管的好坏，其方法是用万用表直流电压挡测量稳压二极管两端的直流电压，若接近该稳压管的稳压值，说明该稳压二极管基本完好；若电压偏离标称稳压值太多或不稳定，说明该稳压二极管损坏。

3．LED 的检测

LED 是一种将电能转换成光能的特殊二极管，是一种新型的冷光源，常用于电子设备的电平指示、模拟显示等场合，近年来，大功率高亮度 LED 已经用于制造照明灯具。

用 R×1k 挡测量 LED 正向与反向电阻时，阻值均为无穷大，如图 1.5.11 所示。

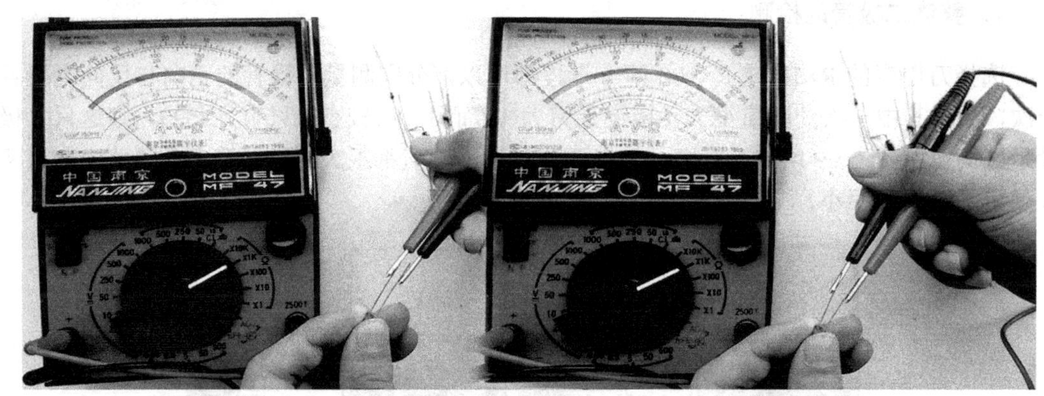

（R×1k挡）正向电阻　　（R×1k挡）反向电阻

图 1.5.11　用 R×1k 挡测量 LED 的正反向电阻

用万用表的 R×10k 挡检测 LED 时，正常测量结果仍然是正向导通，反向截止（LED 的正向、反向电阻均比普通二极管大得多）。在测量其正向电阻时，可以看到 LED 有微弱的发光现象，如图 1.5.12 所示。

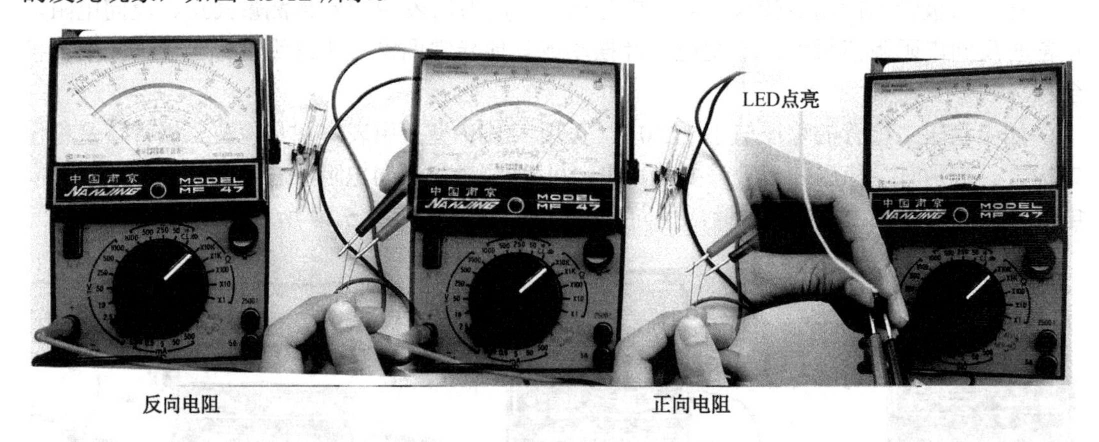

反向电阻　　正向电阻

图 1.5.12　用 R×10k 挡测量 LED 的正反向电阻

【思考与提高】

1. 识别不同类型的二极管，判断其正负电极。

2. 在实训室中准备不同种类的二极管，用万用表测量正反向电阻，并把识别测量结果填入表 1.5.1 中。

表 1.5.1　二极管识别检测记录表

序　号	二极管类型	符　号	正向电阻（万用表量程）	反向电阻（万用表量程）
1				
2				
3				
4				
5				
6				

【助学网站推荐】

1．实训材料（编号 208）电子表：http://00dz.com/00/00.xls

2．二极管的检测：http://00dz.com/00/22.doc

任务 6　三极管的识别与检测

任务目标

（1）能正确识读三极管，并根据所标型号确定其管型。

（2）会使用万用表对三极管的管型、管脚进行判别检测，并能正确判断其质量好坏。

任务分解

一、认识三极管

1．三极管结构、符号及类型

晶体三极管，简称晶体管，俗称三极管，它是在一块半导体基片上制作的两个相距很近的 PN 结，排列方式有 PNP 和 NPN 两种。两个 PN 结把整块半导体分成三部分，中间部分是基区，两侧部分是发射区和集电区，基区很薄，而发射区较厚、杂质浓度较大。发射区和基区之间的 PN 结叫发射结，集电区和基区之间的 PN 结叫集电结。从 3 个区引出相应的电极，分别为基极 b、发射极 e 和集电极 c，其结构及符号如图 1.6.1 所示。

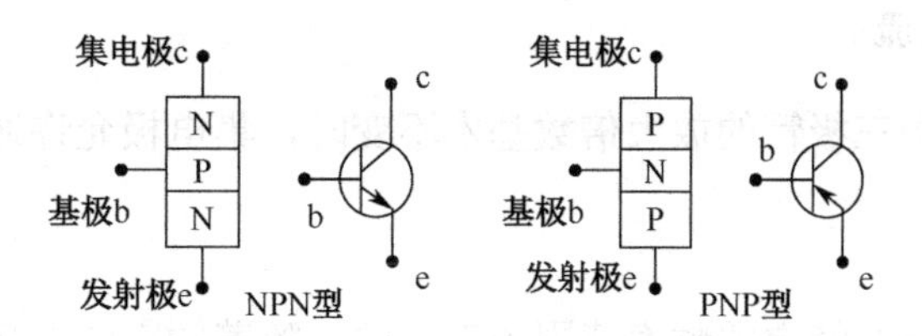

图 1.6.1　三极管的结构及符号

三极管有 PNP 型和 NPN 型两种类型。PNP 型三极管发射极箭头向里，NPN 型三极管发射极箭头向外。发射极箭头指向也是 PN 结在正向电压下的导通方向。

常用 NPN 三极管型号有 3DG6、3DG12、3DG201、C9013、C9014、C9018、C1815、C8050、2N5551、3DD15D、DD03A 等，PNP 型号有 C9012、C9015、C1015、C8580 等。

2．三极管的外形

常用三极管的封装形式有金属封装和塑料封装两大类，引脚的排列方式具有一定的规律，图 1.6.2 所示为一些常见三极管的外形。

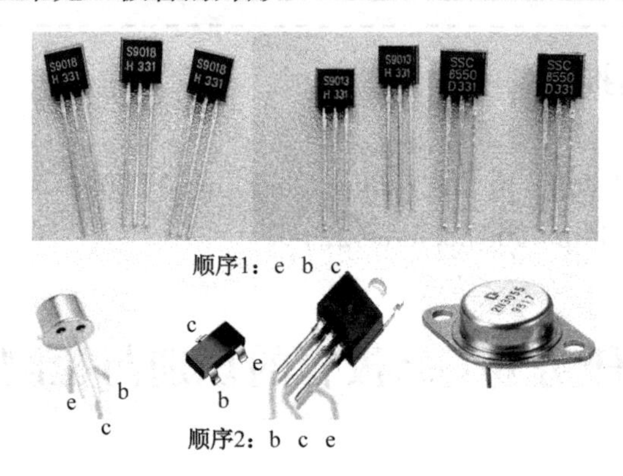

图 1.6.2　常见三极管的外形

3．三极管在电路中的作用

三极管具有电流放大作用，在电路中通常有三个状态，即截止、放大、饱和。表现出两种作用，一是放大信号；二是利用其截止和饱和作为无触点电子开关。

二、三极管的参数

1．放大倍数

放大倍数一般用字母 β 表示，β 值通常在 20 倍～200 倍之间，它是表征三极管电流放大作用的主要参数。

2．最高反向击穿电压

最高反向击穿电压指三极管基极开路时，加在三极管 c 与 e 两端的最大允许电压，一般为几十 V，高压大功率管可达 1kV 以上。

3．最大集电极电流

最大集电极电流指三极管的放大倍数基本不变时，集电极允许通过的电流。

4．特征频率

每一只三极管都是在特定的频率范围内工作的，随着频率的改变，它的放大倍数 β 将会降低，当 β 下降到 1 时，所对应的工作频率称为特征频率。

三、学会三极管的检测

1. 找基极

大家知道，三极管是含有两个 PN 结的半导体器件。根据两个 PN 结连接方式的不同，可以分为 NPN 型和 PNP 型两种不同导电类型的三极管。

使用指针式万用表测试三极管，并选择 R×100 或 R×1k 挡位。

（1）第一种方法。直接用万用表测量三极管的任意两只脚的电阻，其中有两只引脚的正反向电阻值都接近无穷大，这两只脚一定不是基极，那么另一只脚就为基极，如图 1.6.3 所示。

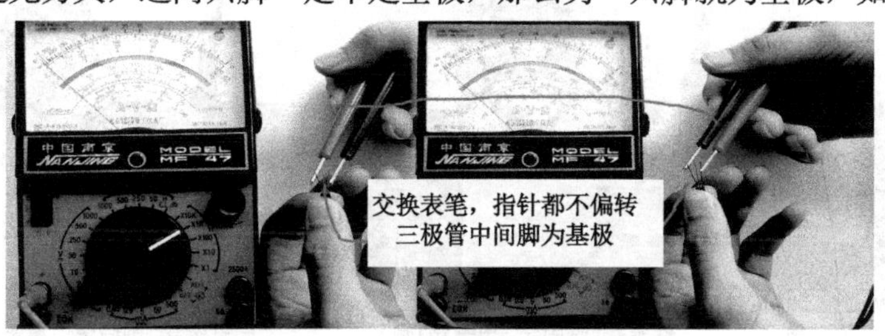

图 1.6.3　找基极

（2）第二种方法（如图 1.6.4 所示）。先假设一只脚为基极，比如图中的 2 脚，再用一支表笔与它固定不动（如图黑笔），用剩下的一支表笔连接另外两脚（如图 1、3 脚），分别测量另外两脚的电阻。如果阻值都小（或都大），需要再次交换表笔与假设脚 2 脚固定（如下图红笔），再重复上面过程。只不过剩下的为黑笔了，再用黑笔分别连接另外两脚（如图 1、3 脚），测量另外两脚的电阻，此时测量的阻值如果与上次相反，是都大（或都小），那假设脚就一定是基极。如果在四次测量的过程中，表笔与假设脚固定测量时，出现阻值一大一小，那就要重新假设，直到出现阻值都大或都小。满足前面两次的结论时，假设脚才是基极。

2. 定管型

找出三极管的基极后，我们就可以根据基极与另外两个电极之间 PN 结的方向来确定管子的导电类型。将万用表的黑表笔接触基极，红表笔接触另外两个电极中的任一电极。若表头指针偏转角度很大，则说明被测三极管为 NPN 型管；若表头指针偏转角度很小，则被测管为 PNP 型，如图 1.6.4 所示。

3. 确定三极管的集电极与发射极

找出了基极 b，我们可以用测穿透电流 I_{CEO} 的方法确定集电极 c 和发射极 e。方法如下：

（1）对于 NPN 型三极管，用手按基极和黑表笔所接的脚，用黑、红表笔颠倒测量两极间的正、反向电阻 R_{ce} 和 R_{ec}，两次测量中有一次偏转角度稍大，此时黑表笔所接的是集电极 c，红表笔所接的是发射极 e。

（2）对于 PNP 型的三极管，测量方法类似于 NPN 型，用手轻轻按住基极和红表笔接的那只脚，此时黑表笔所接的是发射极 e，红表笔所接的是集电极 c，如图 1.6.5 所示。

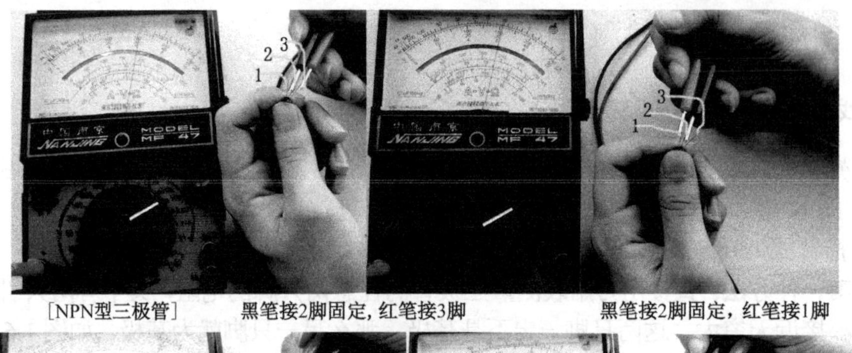

[NPN型三极管]　黑笔接2脚固定，红笔接3脚　黑笔接2脚固定，红笔接1脚

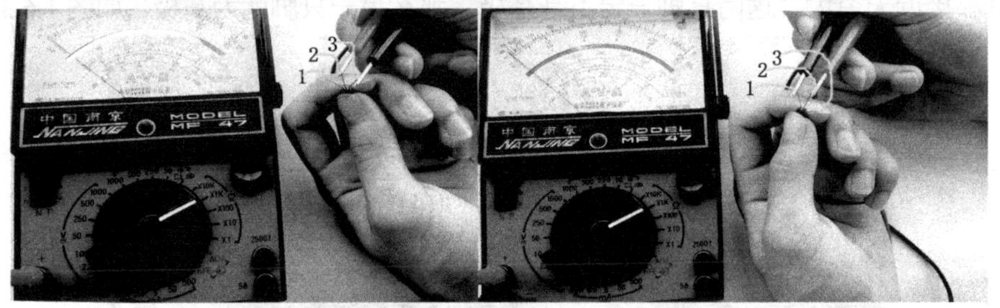

[NPN型三极管]　红笔接2脚固定，黑笔接3脚　红笔接2脚固定，黑笔接1脚

图 1.6.4　找基极、定类型

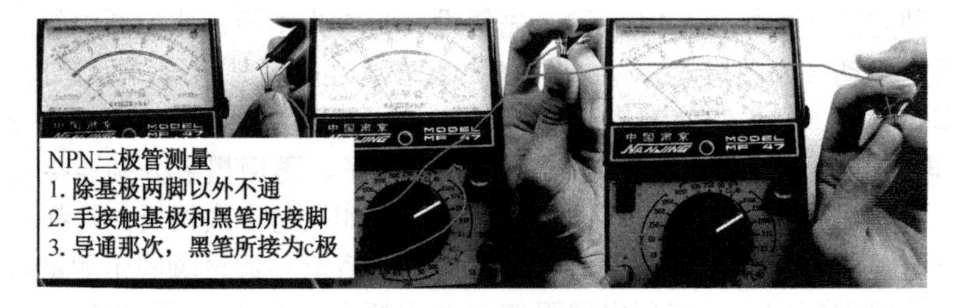

图 1.6.5　确定集电极与发射极

【思考与提高】

1. 在实训室中准备不同种类的三极管，用万用表判断类型和各管脚，画出三极管的管脚图，并把识别测量的结果填入表 1.6.1 中。

表 1.6.1　识别记录表

序　号	型　号	类型（NPN、PNP）	管脚排列图	万用表黑表笔接基极，红表笔分别接另两脚的阻值
1				
2				
3				
4				
5				
6				

【助学网站推荐】

1．实训材料（编号 217）电子表：http://00dz.com/00/00.xls
2．三极管性质介绍：http://00dz.com/00/23.doc

任务 7　光电器件的识别与检测

任务目标

1．能正确识别常用光电器件。
2．会使用万用表对光电器件进行检测，并能正确判断其质量的好坏。

任务分解

光电器件是指利用半导体光敏特性工作的光电导器件，它是能将光信号转变为电信号的元件。与发光管配合，可以实现电→光、光→电的相互转换。常见的光电器件有光敏电阻、光敏二极管、光敏三极管和光电耦合器。

一、认识光敏电阻

光敏电阻是在陶瓷基片上沉积一层光敏半导体，再接上两根引线作电极而制成。它的外壳上有玻璃窗口或透镜，使光线能够入射到光敏半导体薄层上。随着入射光的增强或减弱，半导体的特征激发强度也不一样，使半导体内部的载流子数量发生变化，从而使光敏电阻的阻值跟着改变。

常见的光敏电阻有紫外光敏电阻器、可见光敏电阻器、红外光敏电阻器几种，它们各自对应的波长不同，使用时不能混淆。

光敏电阻广泛应用于各种自动控制电路（如自动照明灯控制电路、自动报警电路等）、家用电器（如电视机中的亮度自动调节、照相机的自动曝光控制等）及各种测量仪器中。

1．光敏电阻的外形及电路图形符号

光敏电阻的外形及电路图形符号如图 17.1 所示。

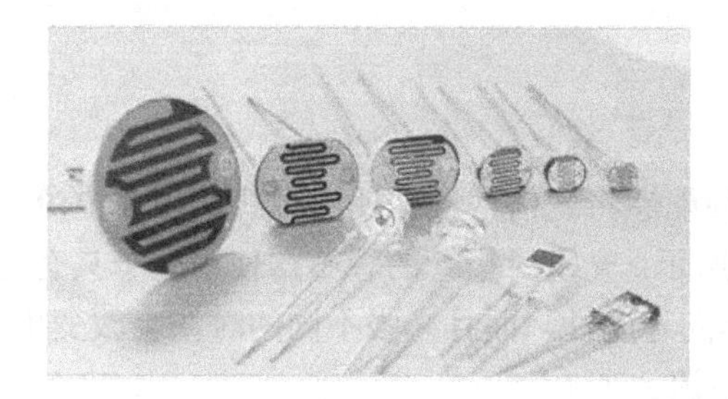

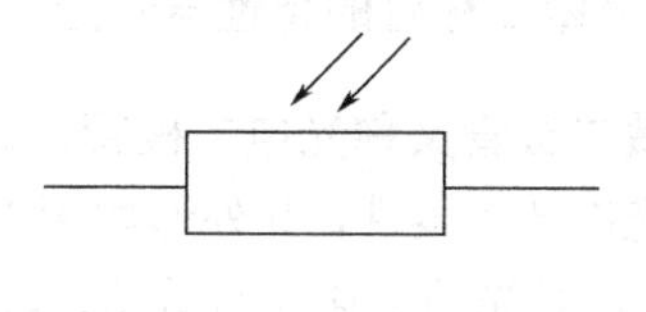

图 1.7.1　光敏电阻的外形及电路图形符号

光敏电阻器在电路中用字母“R”或“RL”、“RG”表示。

2. 光敏电阻的主要参数

（1）暗电阻（RD）：光敏电阻器在无光照射时的电阻值称为暗电阻。
（2）亮电阻（RL）：光敏电阻器在受到光照射时所具有的阻值称为亮电阻。
（3）亮电流：指光敏电阻器在规定的外加电压下受到光照射时所通过的电流。
（4）暗电流：指在无光照射时，光敏电阻器在规定的外加电压下通过的电流。
（5）时间常数：指光敏电阻器从光照跃变开始到稳定亮电流的63%时所需的时间。
（6）灵敏度：指光敏电阻器在有光照射和无光照射时电阻值的相对变化。

3. 光敏电阻的检测

（1）亮电阻测量。将一光源对准光敏电阻的透光窗口，此时万用表指针有较大幅度的摆动，阻值停留在几kΩ的位置，如图1.7.2（a）所示。此电阻值越小，说明光敏电阻性能越好。若此值很大甚至无穷大，表明光敏电阻内部开路损坏，不能再继续使用。

（2）暗电阻测量。用一黑纸片将光敏电阻的透光窗口遮住，此时万用表的指针基本保持不动，阻值接近无穷大，如图1.7.2（b）所示。此值越大说明光敏电阻性能越好。若此值很小或接近为零，说明光敏电阻已烧穿损坏，不能再继续使用。

（3）将光敏电阻透光窗口对准入射光线，用小黑纸片在光敏电阻的遮光窗上部晃动，使其间断受光，此时万用表指针应随黑纸片的晃动而左右摆动。如果万用表指针始终停在某一位置不随纸片晃动而摆动，说明光敏电阻的光敏材料已经损坏。

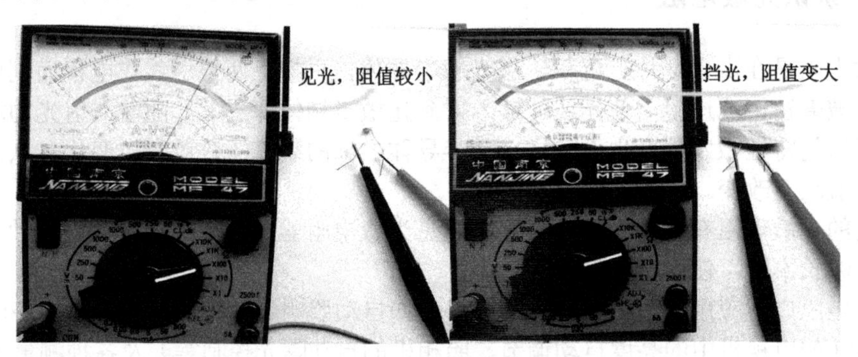

（a）亮电阻测量　　（b）暗电阻测量

图1.7.2　光敏电阻的检测

二、认识光敏二极管

1. 光敏二极管的特性与外形

光敏二极管又称光电二极管，是一种能够将光信号根据使用方式转换成电流或者电压信号的光电转换器件，其外形如图1.7.3所示。光敏二极管的管芯常使用一个具有光敏特征的PN结，对光的变化非常敏感，具有单向导电性，而且光强不同的时候会改变电学特性，因此可以利用光照强弱来改变电路中的电流。

光敏二极管是在反向电压下工作的。在黑暗状态下，反向电流（此时电流称为暗电流）

很小。当有光照时，反向电流迅速增大到几十微安，此时的电流称为光电流。在入射光照强度一定时，光敏二极管的反向电流为恒值，与所加反向电压大小基本无关。

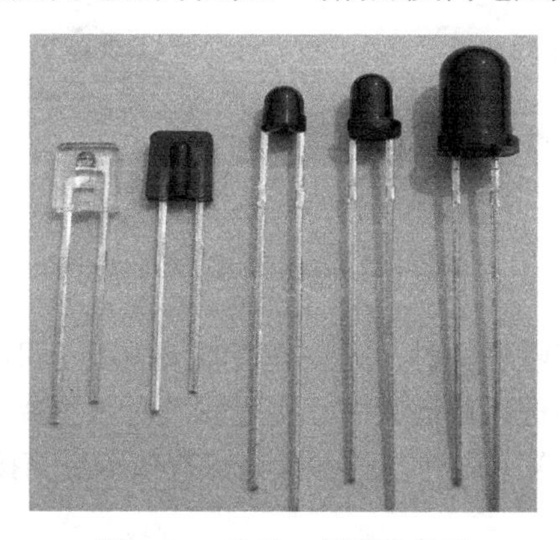

图 1.7.3　光敏二极管的外形

2．光敏二极管的检测

（1）用万用表 R×100 或 R×1k 挡，测量光敏二极管的正、反向电阻值，如图 1.7.4 所示。

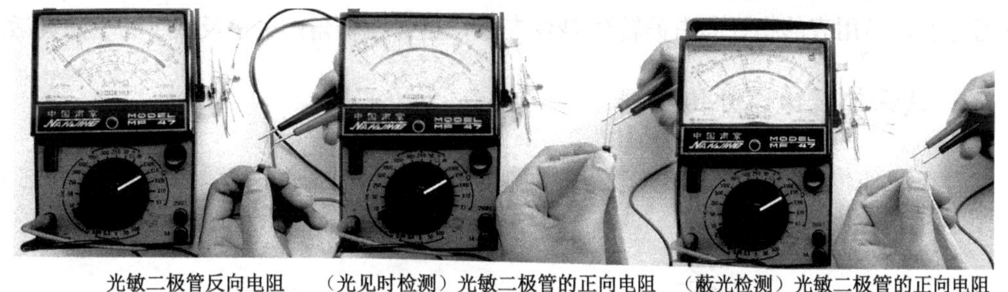

光敏二极管反向电阻　（光见时检测）光敏二极管的正向电阻　（蔽光检测）光敏二极管的正向电阻

图 1.7.4　光敏二极管电阻值的检测

（2）用黑纸或黑布遮住光敏二极管的光信号接收窗口，正常时，正向电阻值在 10～20kΩ 之间，反向电阻值为无穷大。若测得正、反向电阻值均很小或均为无穷大，则是该光敏二极管漏电或开路损坏。

（3）去掉黑纸或黑布，使光敏二极管的光信号接收窗口对准光源，然后观察其正、反向电阻值的变化。正常时，正、反向电阻值均应变小；阻值变化越大，说明该光敏二极管的灵敏度越高。若测得的正反向电阻都是无穷大或零，说明管子已损坏。

三、认识光敏三极管

1．光敏三极管的特性及外形

光敏三极管又称光电三极管，它和普通三极管类似，也有电流放大作用，只是它的集电极电流不只是受基极电路的电流控制，也可以受光的控制。

光敏三极管和半导体三极管的结构相类似。不同之处是光敏三极管必须有一个对光敏感的 PN 结作为感光面。光敏三极管的引出电极通常只有两个，也有三个的，其外形如图 1.7.5 所示。

图 1.7.5　光敏三极管的外形

应用光敏三极管作为接收器件时，为提高接收灵敏度，可给它一个适当的偏置电流，即施加一个附加光照，使其进入浅放大区。实际安装时，不要挡住光敏三极管的受光面，以免影响遥控信号的接收。采用这种办法可以非常有效地提高接收灵敏度，增大遥控距离。

2. 光敏三极管的检测

（1）用遮光物遮住光敏三极管的窗口，没有光照，光敏三极管没有电流，测得 c 与 e 之间的正反电阻阻值应为无穷大。

（2）去掉遮光物，使光敏三极管的窗口朝向光源，黑表笔接 c 极，红表笔接 e 极，光敏三极管导通，万用表的指针向右偏转至 1kΩ 左右，指针偏转角的大小反映了管子的灵敏度。

四、认识热释电红外传感器

热释电红外传感器是基于热电效应原理制成的热电型红外传感器，其结构及内部电路如图 1.7.6 所示。

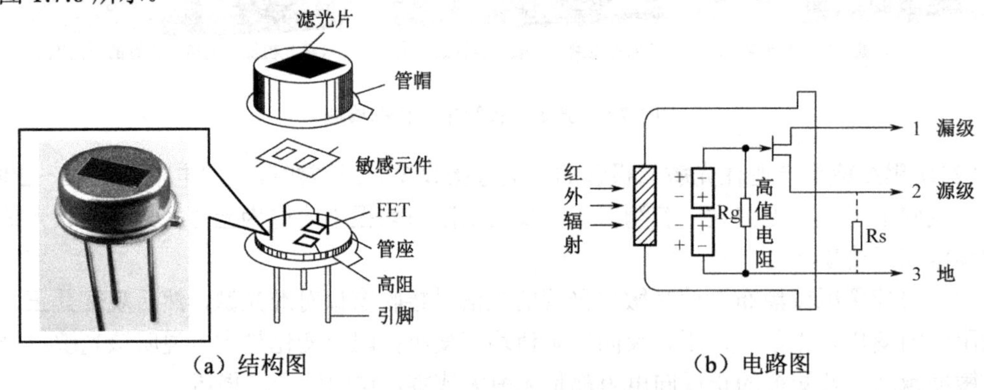

图 1.7.6　热释电红外传感器的结构及内部电路

在其每个探测器内装入一个或两个探测元件，并将两个探测元件以反极性串联，以抑制由于自身温度升高而产生的干扰。由探测元件将探测并接收到的红外辐射转变成微弱的电压信号，经装在探头内的场效应管放大后向外输出。在探测器的前方装设一个菲涅尔透镜，它和放大电路相配合，可将信号放大，这样能测出 10～20m 范围内人的行动。当有人从透镜前走过时，人体发出的红外线就不断地交替从“盲区”进入“高灵敏区”，从而产生信号。

由于红外线是不可见光，有很强的隐蔽性和保密性，因此热释电红外传感器在防盗、警戒等安保装置中得到了广泛的应用。

五、认识光电耦合器

光电耦合器简称光耦，是一种以光作为媒介，把输入端的电信号耦合到输出端去的新型半导体“电—光—电”转换器件。换句话讲，它具有把电子信号转换成相应变化规律的光学信号，然后又重新转换成为变化规律相同的电信号的单向传输功能，并且能够有效地隔离噪声和抑制干扰，实现输入与输出之间的电绝缘。

光电耦合器的优点是单向传输信号、输入端与输出端在电气上完全隔离、输出信号对输入端无影响、抗干扰能力强、工作稳定、无触点、体积小、使用寿命长、传输效率高等，因而在隔离电路、开关电路、数模转换、逻辑电路、过流保护、长线传输、高压控制及电平匹配等电路中得到了越来越广泛的应用。

目前，光电耦合器已发展成为种类最多、用途最广的光电器件之一，几种常用光电耦合器的外形及引脚识别方法如图 1.7.7 所示。

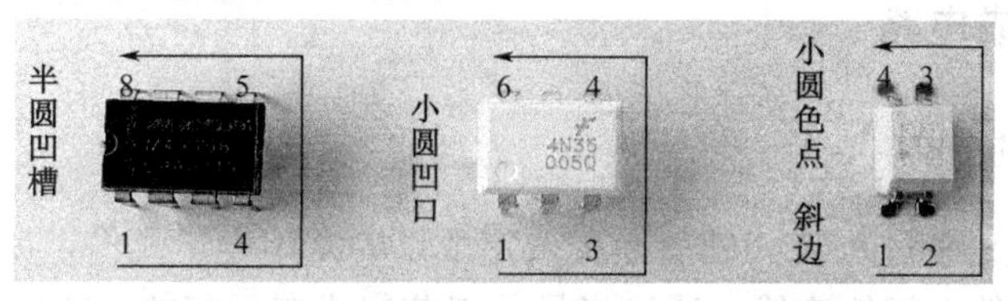

图 1.7.7　光电耦合器实物图及引脚识别方法

【思考与提高】

1. 识别不同种类的光敏器件，并用万用表初步检测性能。

2. 在实训室中准备光敏电阻、光敏二极管、光敏三极管以及红外传感器和光电耦合器，熟悉它们的外形，用万用表进行检测，把识别测量的结果填入表 1.7.1 中。

表 1.7.1　识别记录表

型　号	画 出 外 形	见光时正反向电阻		不见光时正反向电阻	
		正　向	反　向	正　向	反　向
光敏电阻					
光敏二极管					
光敏三极管					
红外传感器					
光电耦合器					

【助学网站推荐】

1．实训材料（编号 203）电子表：http://00dz.com/00/00.xls

2．光敏元件介绍：http://00dz.com/00/25.doc

任务8 其他常用元器件的识别

任务目标

（1）能正确识别电子产品制作中的一些常用元器件。

（2）知道常用元器件的主要功能。

任务分解

一、认识集成电路

1. 集成电路的分类

集成电路，英文缩写为IC。它就是把一定数量的常用电子元件，如电阻、电容、晶体管等，以及这些元件之间的连线，通过半导体工艺集成在一起的具有特定功能的电路。

集成电路按其功能、结构的不同，可以分为模拟集成电路、数字集成电路和数/模混合集成电路三大类，按制作工艺可分为半导体集成电路和膜集成电路。按集成度高低的不同，可分为小规模、中规模、大规模、超大规模和特大规模集成电路。

2. 集成电路引脚序号识别

集成电路通常有扁平、双列直插、单列直插等几种封装形式。不论是哪种集成电路的外壳上都有供识别管脚排序定位（或称第一脚）的标记，如图1.8.1所示。对于扁平封装者，一般在器件正面的一端标上小圆点（或小圆圈、色点）作标记。塑封双列直插式集成电路的定位标记通常是弧形凹口、圆形凹坑或小圆圈。

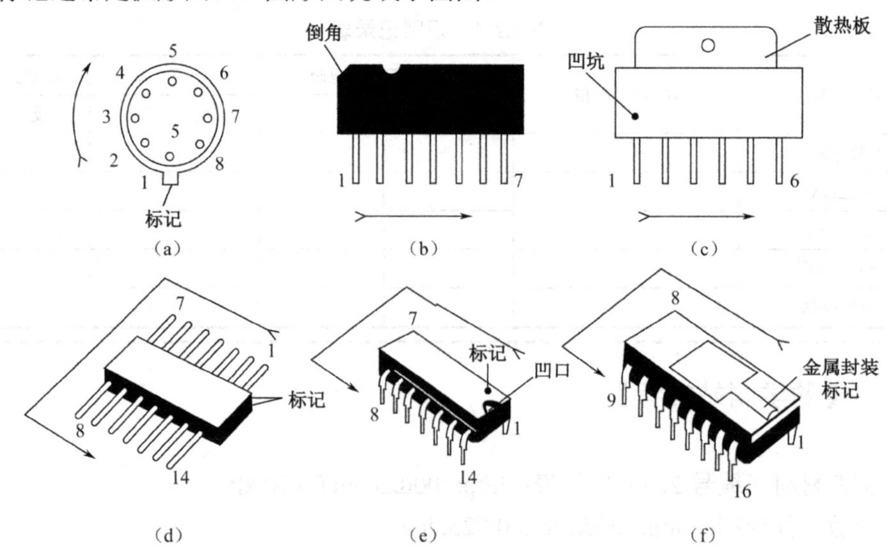

图1.8.1 集成电路管脚排序定位标记

3. 三端集成稳压器

三端集成稳压器中最常应用的是 TO-220 和 TO-202 两种封装，这两种封装的图形以及引脚序号、引脚功能如图 1.8.2 所示。

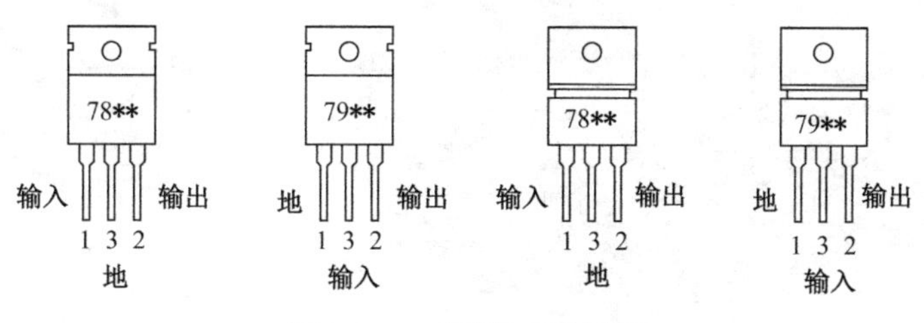

图 1.8.2　三端集成稳压器

4. 常用集成电路的检测

（1）微处理器集成电路的检测。微处理器集成电路的关键测试引脚是电源端、复位端、晶振信号输入端、晶振信号输出端及其他各线输入、输出端。在路测量这些关键脚对地的电阻值和电压值，看是否与正常值（可从产品电路图或有关维修资料中查出）相同。不同型号微处理器的复位电压也不相同，有的是低电平复位，即在开机瞬间为低电平，复位后维持高电平；有的是高电平复位，即在开关瞬间为高电平，复位后维持低电平。

（2）开关电源集成电路的检测。开关电源集成电路的关键脚电压是电源端、激励脉冲输出端、电压检测输入端、电流检测输入端。测量各引脚对地的电压值和电阻值，若与正常值相差较大，在其外围元器件正常的情况下，可以确定是该集成电路已损坏。内置大功率开关管的厚膜集成电路，还可通过测量开关管 c、b、e 极之间的正、反向电阻值，来判断开关管是否正常。

（3）音频功放集成电路的检测。检查音频功放集成电路时，应先检测其电源端（正电源端和负电源端）、音频输入端、音频输出端及反馈端对地的电压值和电阻值。若测得各引脚的数据值与正常值相差较大，其外围元件均正常，则是该集成电路内部损坏。对引起无声故障的音频功放集成电路，测量其电源电压正常时，可用信号干扰法来检查。测量时，万用表应置于 R×1 挡，将红表笔接地，用黑表笔点触音频输入端，正常时扬声器中应有较强的“喀喀”声。

（4）运算放大器集成电路的检测。用万用表直流电压挡，测量运算放大器输出端与负电源端之间的电压值（在静态时电压值较高）。用手持金属镊子依次点触运算放大器的两个输入端（加入干扰信号），若万用表表针有较大幅度的摆动，则说明该运算放大器完好；若万用表表针不动，则说明运算放大器已损坏。

二、认识磁性元件

1. 电磁继电器

电磁继电器是具有隔离功能的自动开关元件，它实际上是用小电流去控制大电流运作的一种自动开关。故在电路中起着自动调节、安全保护、转换电路等作用，广泛应用于遥控、遥测、通信、自动控制、机电一体化及电力电子设备中，是最重要的控制元件之一。

其外形如图 1.8.3 所示。

图 1.8.3　电磁继电器

电磁继电器一般由铁芯、线圈、衔铁、触点簧片等组成，其工作原理用简单的话说，就是电磁铁通电时，把衔铁吸下来使两个触点接通，工作电路闭合。电磁铁断电时失去磁性，弹簧把衔铁拉起来，切断工作电路。

继电器的触点有动合型（常开）（H 型）、动断型（常闭）（D 型）和转换型（Z 型）三种基本形式。

2. 干簧管

干簧管也称舌簧管或磁簧开关，是一种机械式的磁敏开关，无源器件。它的两个触点由特殊材料制成，被封装在真空的玻璃管里。只要用磁铁接近它，干簧管的两个节点就会吸合在一起，使电路导通，如图 1.8.4 所示。

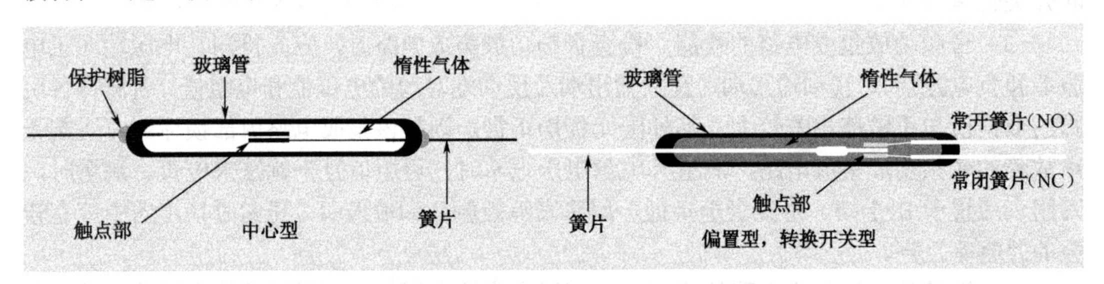

图 1.8.4　干簧管

干簧管是干簧继电器和接近开关的主要部件，可以作为传感器用于计数、限位等。例如装在门上，可作为开门时的报警、问候等；在“断线报警器”的制作中，也会用到干簧管。

干簧管期望的开关寿命为一百万次。

3. 霍尔元件

霍尔元件为电子式的磁敏器件，是一种有源器件，如图 1.8.5 所示。它是一种基于霍尔效应的磁传感器，用它可以检测磁场及其变化，可在各种与磁场有关的场合中使用。

由于霍尔元件本身是一颗芯片，其工作寿命理论上无限制。目前，霍尔元件已发展成一个品种多样的磁传感器产品族，并已得到广泛的应用。

图 1.8.5　霍尔元件

根据功能不同，霍尔元件可分为霍尔线性器件和霍尔开关器件。前者输出模拟量，后者输出数字量。

三、认识驻极体话筒

驻极体话筒的内部由声电转换系统和场效应管两部分组成。它与电路的接法有两种：源极输出和漏极输出。源极输出有三根引出线，漏极 D 接电源正极，源极 S 经电阻接地，再经一电容作信号输出；漏极输出有两根引出线，漏极 D 经一电阻接至电源正极，再经一电容作信号输出，源极 S 直接接地。

常用驻极体话筒的外形分机装型（即内置式）和外置型两种。机装型驻极体话筒适合于在各种电子设备内部安装使用。常见的机装型驻极体话筒形状多为圆柱形，其直径有 ϕ6mm、ϕ9.7mm、ϕ10mm、ϕ10.5mm、ϕ11.5mm、ϕ12mm、ϕ13mm 多种规格；引脚电极数分两端式和三端式两种，如图 1.8.6 所示。

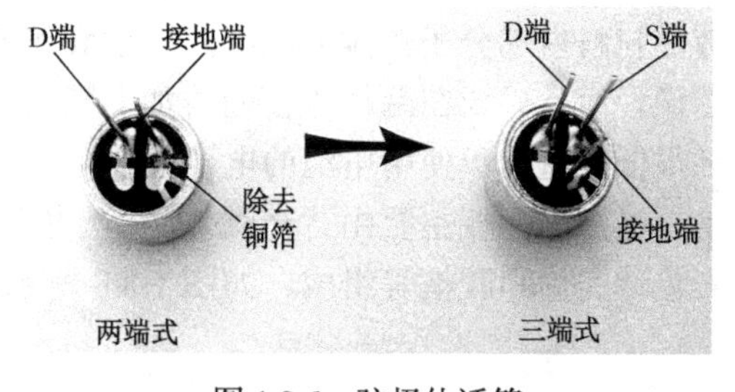

图 1.8.6　驻极体话筒

驻极体话筒属于有源器件，即在使用时必须给驻极体话筒加上合适的直流偏置电压，才能保证它正常工作，这是有别于一般普通动圈式、压电陶瓷式话筒之处。

四、认识蜂鸣器

蜂鸣器（如图 1.8.7 所示）又称音响器、讯响器，是一种小型化的电声器件，按工作原理分为压电式和电磁式两大类。电子制作中常用的蜂鸣器是压电式蜂鸣器。

压电式蜂鸣器采用压电陶瓷片制成，当给压电陶瓷片加以音频信号时，在逆压电效应的作用下，陶瓷片将随音频信号的频率发生机械振动，从而发出声响。有的压电式蜂鸣器外壳上还装有发光二极管。

电磁式蜂鸣器的内部由磁铁、线圈和振动膜片等组成，当音频电流流过线圈时，线圈产生磁场，振动膜则以音频信号相同的周期被吸合和释放，产生机械振动，并在共鸣腔的作用下发出声响。

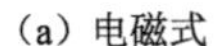

(a) 电磁式

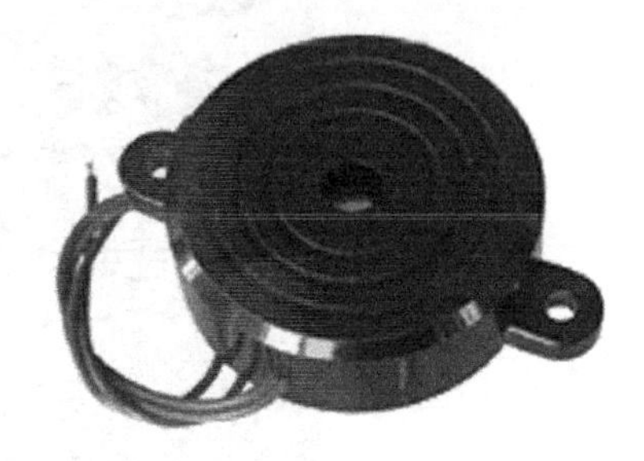

(b) 压电式

图 1.8.7　蜂鸣器

用万用表电阻挡 R×1 挡测试，可以判断有源蜂鸣器和无源蜂鸣器。其方法是：用黑表笔接蜂鸣器“+”引脚，红表笔在另一引脚上来回碰触，如果发出“咔、咔”声，且电阻只有 8Ω（或 16Ω）的是无源蜂鸣器；如果能发出持续声音，且电阻在几百 Ω 以上的，是有源蜂鸣器。

有源蜂鸣器直接接上额定电源（新的蜂鸣器在标签上都有注明）就可连续发声，而无源蜂鸣器则和电磁扬声器一样，需要接在音频输出电路中才能发声。

五、认识液晶屏

液晶屏是以液晶材料为基本组件，在两块平行板之间填充液晶材料，通过电压来改变液晶材料内部分子的排列状况，以达到遮光和透光的目的，来显示深浅不一、错落有致的图像，而且只要在两块平板间再加上三元色的滤光层，就可实现显示彩色图像。液晶屏功耗很低，适用于使用电池的电子设备。

液晶屏面板主要由背光源（或背光模组）、偏光片、导电层、薄膜晶体管、液晶分子层、彩色滤光片和胶框等组成，如图 1.8.8 所示。

图 1.8.8　液晶屏面板

六、认识微型直流电机

微型直流电机是指输出或输入为直流电能的旋转电机。对于安装位置有限的情况下，微型直流电机相对比较合适。

电子制作中应用的微型直流电机一般为电磁式或者永磁式直流电动机，具有启动转矩较大、机械特性硬、负载变化时转速变化不大等优点，同时还有功率不大、电压不高、体积较小的特点。

如图 1.8.9 所示，微型直流电动机只有两根引线，调节供电电压或电流可调速，更换两根引线的极性，电动机可以换向。

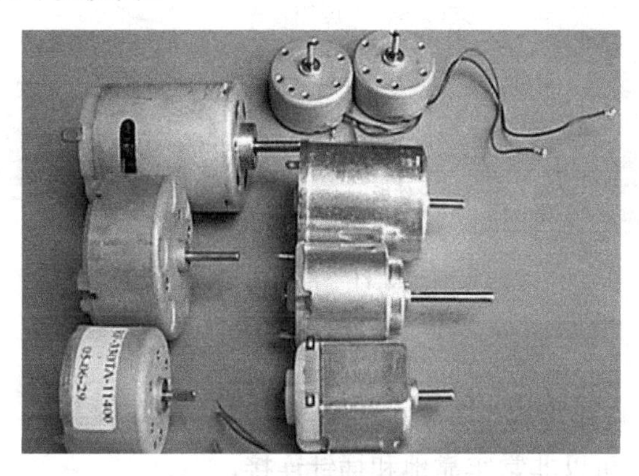

图 1.8.9　微型直流电机

七、认识半导体传感器

半导体传感器是利用半导体材料的各种物理、化学和生物学特性制成的传感器。半导体传感器种类繁多，它利用近百种物理效应和材料的特性，具有类似于人眼、耳、鼻、舌、皮肤等多种感觉功能。

电子制作中的常用传感器主要有：热敏传感器、光敏传感器、气敏传感器、压力传感器、红外传感器、热释传感器、超声传感器、振动传感器等。简易机械人中使用的传感器如图 1.8.10 所示。

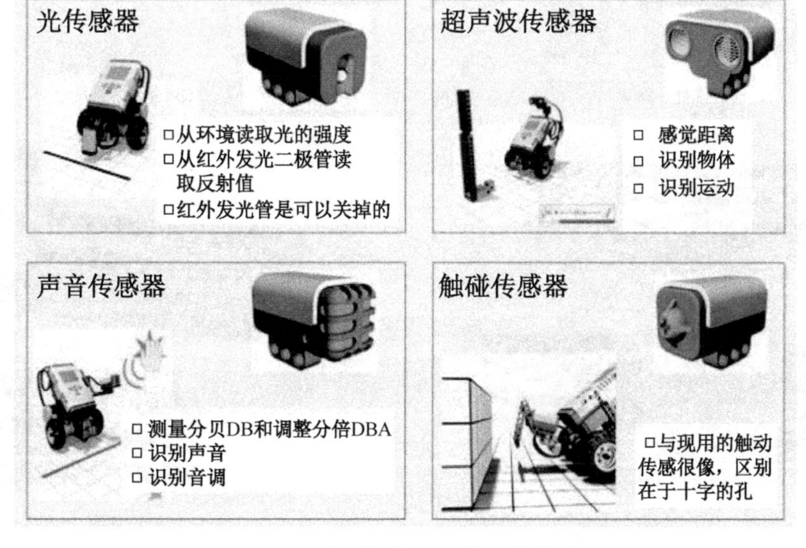

图 1.8.10　简易机械人中使用的传感器

八、认识元器件接插件

1. 实验板

电子制作中，供学生组装电路焊接练习的实验板有面包板、任意焊接元件板和铜基覆铜板，如图 1.8.11 所示。

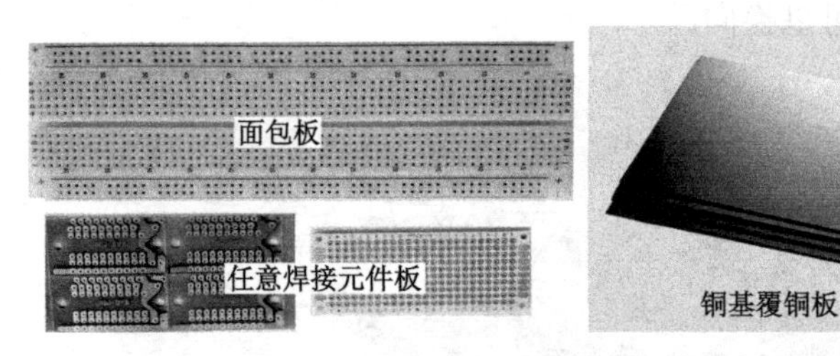

图 1.8.11 常用电路板

2. 杜邦线

如图 1.8.12 所示，杜邦线可用于实验板的引脚扩展、增加实验项目等，可以非常牢靠地和插针连接，无需焊接，可以快速进行电路试验。

图 1.8.12 杜邦线

3. 其他接插件

在电子制作中，常用接插件主要有排针、排母、接线端子、IC 座、锁紧座等，如图 1.8.13 所示。

（a）排针、排母

（b）接线端子

（c）IC 座

（d）锁紧座

图 1.8.13 常用接插件

【思考与提高】

1. 三端集成稳压器有哪些类型？应用时应注意哪些问题？

2. 常用磁性元件有哪些？它们各自有何作用？

3. 在铜基覆铜板上可以直接焊接电子元件吗？若不能，应该怎么办？

【助学网站推荐】

1．实训材料（编号 205-209）电子表：http://00dz.com/00/00.xls
2．用万用表检测霍尔器件：http://00dz.com/00/29.doc

项目二　电子产品手工装配工艺

任务 1　安装通孔元器件

任务目标

（1）了解常用元件整形加工的工艺要求，掌握元件整形加工的方法。

（2）熟悉通孔元件的焊接步骤，掌握其焊接要领。

任务分解

一、学习元器件引脚整形加工工艺

在电子产品开始装配、焊接以前，除了要事先做好静电防护以外，还要进行两项准备工作：一是要检查元器件引线的可焊性，若可焊性不好，就必须进行镀锡处理；二是要熟悉工艺文件，根据工艺文件对元器件进行分类，按照 PCB 上的安装形式，对元器件的引线进行整形，使之符合在 PCB 上的安装孔位。如果没有完成这两项准备工作就匆忙开始装焊，很可能造成虚焊或安装错误，带来事倍功半的麻烦。

PCB 手工组装的工艺流程如图 2.1.1 所示。

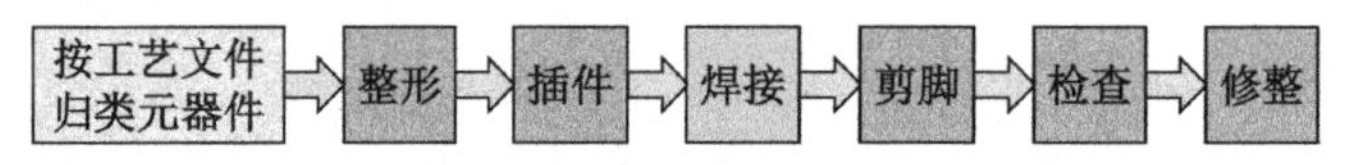

图 2.1.1　PCB 手工组装的工艺流程图

1．元器件分类

在手工装配时，按电路图或工艺文件将电阻器，电容器，电感器，三极管，二极管，变压器，插排线、座，导线，紧固件等归类。

2．元器件筛选

首先对元器件进行外观质量筛选，再用仪器对元件的电气性能进行筛选，以确定其优劣，剔除那些已经失效的元器件。

3．元件引脚整形

（1）元件引脚整形工艺要求。

① 所有元器件引脚均不得从根部弯曲，一般应留 1.5mm 以上。因为制造工艺上的原因，引脚根部容易折断。折弯半径应大于引脚直径的 1～2 倍，避免弯成死角。

② 引脚整形，安装以后，元器件的标记朝向应向上、向外，方向一致，如表 2.1.1 所示。

表 2.1.1　引脚整形安装后元器件的标记朝向

标记朝向	侧前方	朝　上	第一色环位置	符合习惯 （由左到右） （由近到远）
图解	标识朝前便于观察	标志位置 45°　45°	第一环	5K1 103

③ 若引脚上有焊点，则在焊点和元器件之间不准有弯曲点，焊点到弯曲点之间应保持 2mm 以上的间距。

④ 元器件引脚整形尺寸，应满足安装尺寸的要求。

总之，引脚成型后，元器件本体不应该产生破裂，表面封装不应损坏，引脚弯曲部分不允许出现模具印痕裂纹。引脚成型后其标称值处于查看方便的位置，一般应位于元器件的上表面或者外表面。

（2）元器件引脚整形基本步骤。在元件安装到电路板之前，一般都要对元件进行加工，加工的目的是为了便于元件安装，或有利元件散热。手工整形工具主要有镊子和尖嘴钳，元器件引脚整形基本步骤见表 2.1.2。

表 2.1.2　元器件引脚整形基本步骤

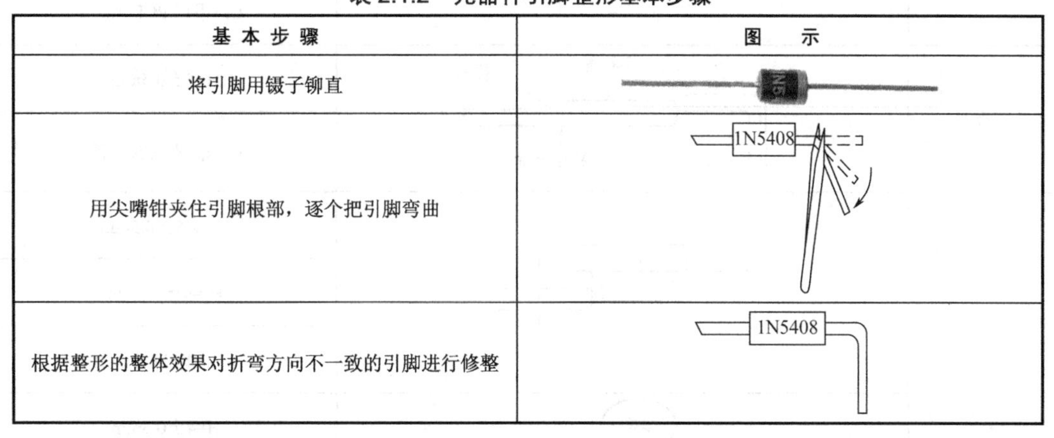

基本步骤	图　示
将引脚用镊子铆直	
用尖嘴钳夹住引脚根部，逐个把引脚弯曲	1N5408
根据整形的整体效果对折弯方向不一致的引脚进行修整	1N5408

（3）常用元件的整形方法。手工加工的元器件整形时，弯引脚可以借助镊子或小螺丝刀对引脚整形，常用元件整形形状及尺寸要求见表 2.1.3，元件整形后的成形如图 2.1.2 所示。

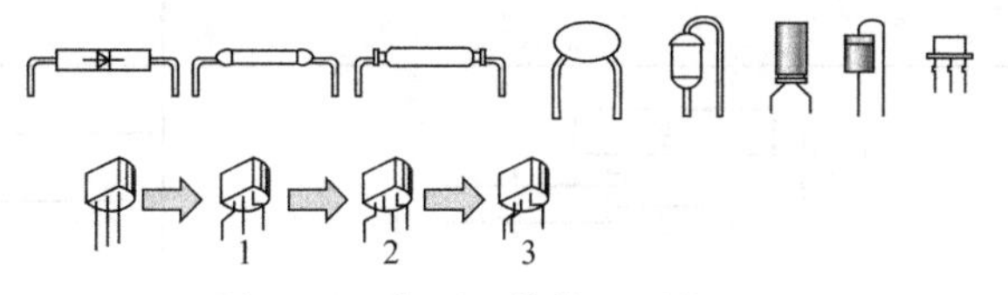

图 2.1.2　常用元件整形后的成形

表 2.1.3 常用元件整形形状及尺寸要求

元件类型	整形形状	尺寸要求
电阻	电阻 H L	H=4±0.5mm（电阻功率小于 1W）
		H=7±0.5mm（电阻功率大于 1W）
		L：根据 PCB 孔距
	电阻 H_1 H_2	H_1=6±1.0mm
		H_2=4±0.5mm
		L：根据 PCB 孔距
	H_1 电阻 H_2 L	H_1=3±0.5mm
		H_2=4±0.5mm
		L：根据 PCB 孔距
二极管	二极管 H L	H=4±0.5mm
		L：根据 PCB 孔距
	H_1 二极管 H_2 L	H_1=3±0.5mm
		H_2=4±0.5mm
		L：根据 PCB 孔距
三极管	L 字符面 三极管 H 散热器面	H=4±0.5mm
		L：根据 PCB 孔距
电容	电容 H_1 H_2 L	H_1=2.5±0.5mm
		H_2=4±0.5mm
		L：根据 PCB 孔距
	电容 H L	H=4±0.5mm
		L：根据 PCB 孔距
	电容 H_1 H_2 L	H_1=3.5±0.5mm
		H_2=4±0.5mm
		L：根据 PCB 孔距

续表

元 件 类 型	整 形 形 状	尺 寸 要 求
电感	L H 电容	H=4±0.5mm
		L：根据 PCB 孔距
	电感 H L	H=4±0.5mm
		L：根据 PCB 孔距
	电感 H L	H=4±0.5mm
		L：根据 PCB 孔距
晶振	晶振 FY 2.048 MHZ H L	H=4±0.5mm
		L：根据 PCB 孔距
	H 晶振 L	H=4±0.5mm
		L：根据 PCB 孔距
电感	电感 H L	H=4±0.5mm
		L：根据 PCB 孔距
变压器	变压器 H L	H=4±0.5mm
		L：根据 PCB 孔距
IC	IC H L	H=4±0.5mm
		L：根据 PCB 孔距
导线	S_1 两边剥线并均匀上锡 S_2 导线 L	S_1=S_2=4±0.5mm
		L：根据设计要求
套管	D 套管 L	D：根据设计要求
		L：根据设计要求

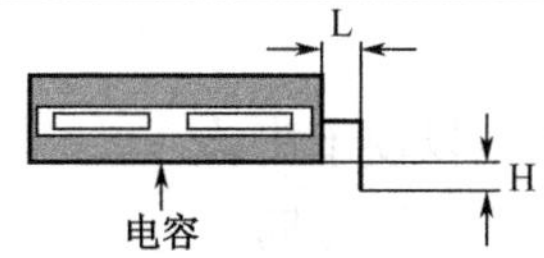

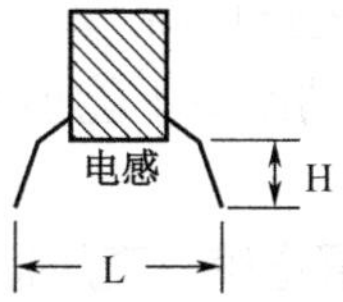

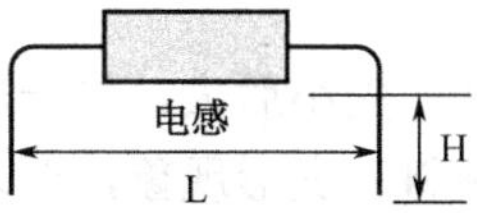

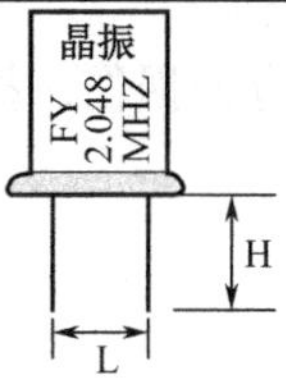

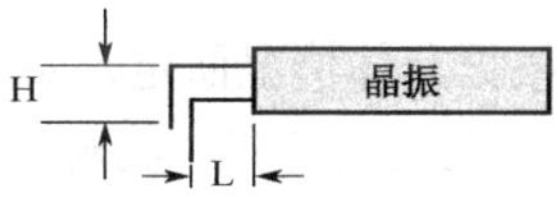

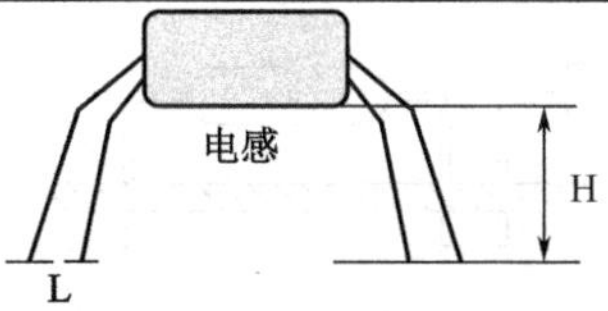

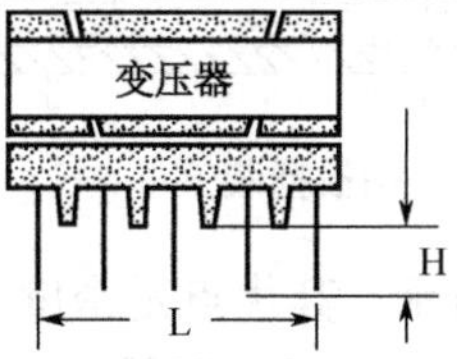

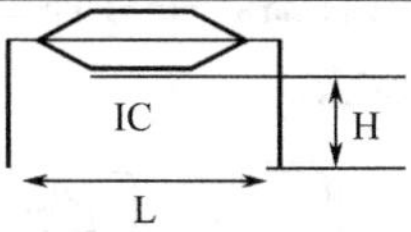

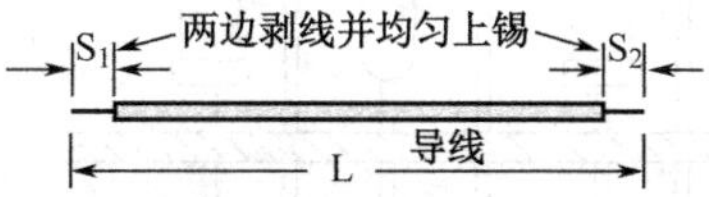

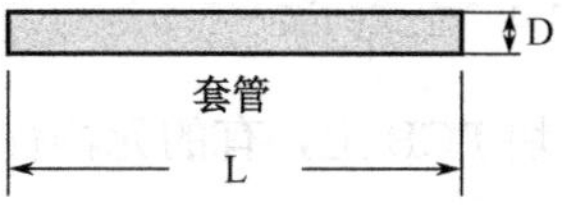

二、在 PCB 上插装元器件

1. PCB 上元件的插装原则

① 元件的插装应使其标记和色码朝上，以便于辨认。

② 有极性的元件由其极性标记方向决定插装方向。

③ 插装顺序应该先轻后重、先里后外、先低后高。

④ 应注意元器件间的距离。PCB 上元件的距离不能小于 1mm；引线间的间隔要大于 2mm；当有可能接触到时，引线要套绝缘套管。

⑤ 对于较大、较重的特殊元件，如大电解电容、变压器、阻流圈、磁棒等，插装时必须用金属固定件或固定架加强固定。

总之，手工插装元件应遵循“先低后高，先小后大，先一般后特殊，最后插装集成电路”的顺序，元器件应插装到位，无明显倾斜、变形现象，要求做到整齐、美观、稳固。同时，还应方便焊接和利于元器件焊接时的散热。

插装前应检查元器件参数是否正确、器件有无损伤；插装后焊接前，应再一次检查有无插装错误。

2. 元器件插装

（1）插装方式。

① 贴板插装。元器件与 PCB 距离可根据具体情况而定，如图 2.1.3 所示。要求元器件数据标记面朝上，方向一致，元器件装接后上表面整齐、美观。其优点是稳定性好，比较牢固，受震动时不易脱落。

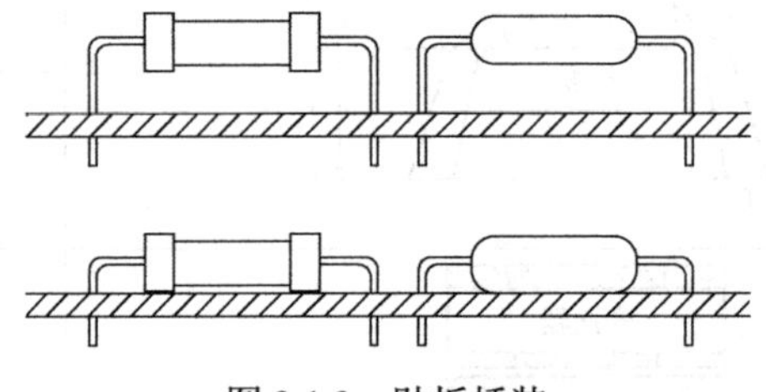

图 2.1.3　贴板插装

② 立式插装。立式插装法如图 2.1.4 所示。其优点是密度大，占用 PCB 面积小，拆卸方便，电容器、三极管多用此法。电阻器、电容器、半导体二极管的插装与电路板设计有关。应视具体要求，分别采用贴板或立式插装法。

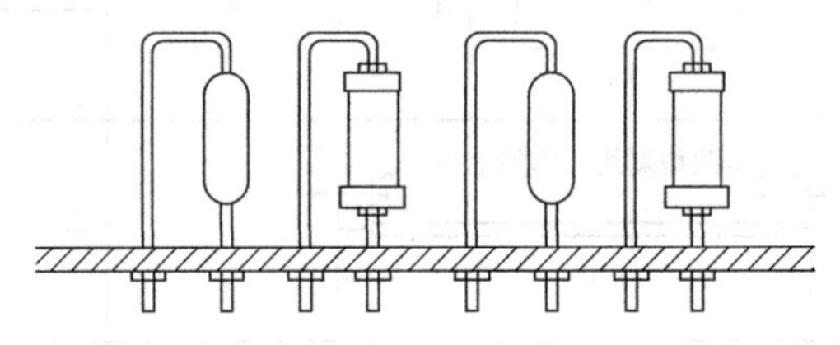

图 2.1.4　立式插装

为了适应各种不同的安装要求，在一块 PCB 上，有的元器件可采用立式安装，有的元器件则可采用俯卧式贴板安装，如图 2.1.5 所示。

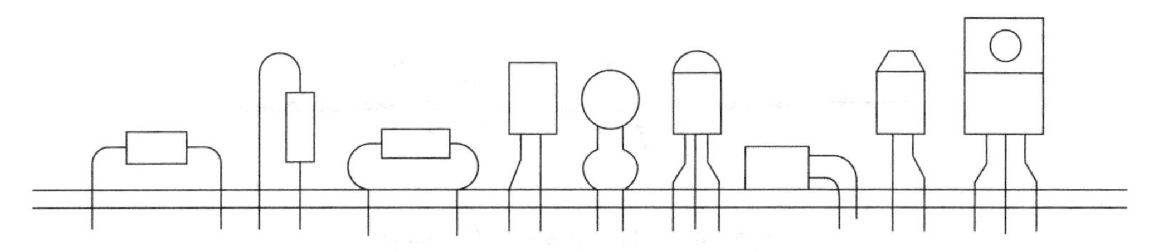

图 2.1.5　根据实际情况确定插装方式

（2）常用元器件插装方法。元器件插装顺序依次为：电阻器、电容器、二极管、三极管、集成电路、大功率管，其他元器件为先小后大。

① 长脚元件插装方法。用食指和中指夹住元器件，再准确插入 PCB 对应的插孔中，如图 2.1.6 所示。图中，“L”为元器件与印制板表面之间的间距，应不小于 0.2mm。

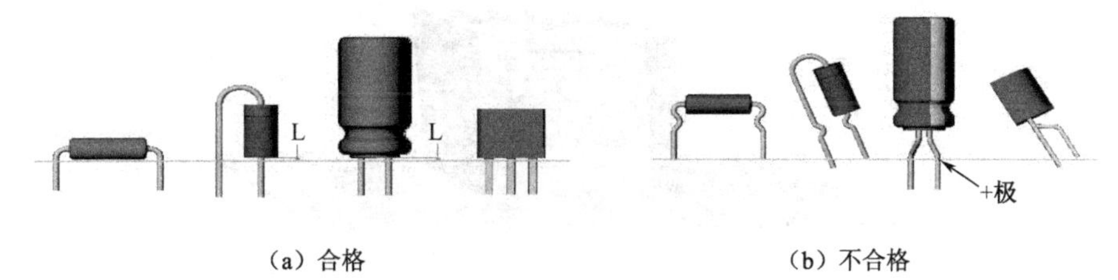

（a）合格　（b）不合格

图 2.1.6　长脚元件的插装

② 短脚元件插装方法。短脚元器件引脚整形后，引脚较短，只能贴板插装。当元器件插装到位后，用镊子将穿过孔的引脚向内折弯，以免元器件掉出，如图 2.1.7 所示。

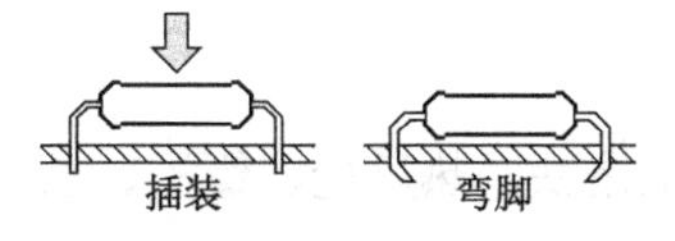

图 2.1.7　短脚元件的插装

③ 多引线元件的插装。集成电路及插座、微型开关、多头插座等多引线元件在插入 PCB 前，必须要用专用工具或专用扁口钳进行校正，不允许强力插装，力求把元件引线对准焊孔的中心，如图 2.1.8 所示。

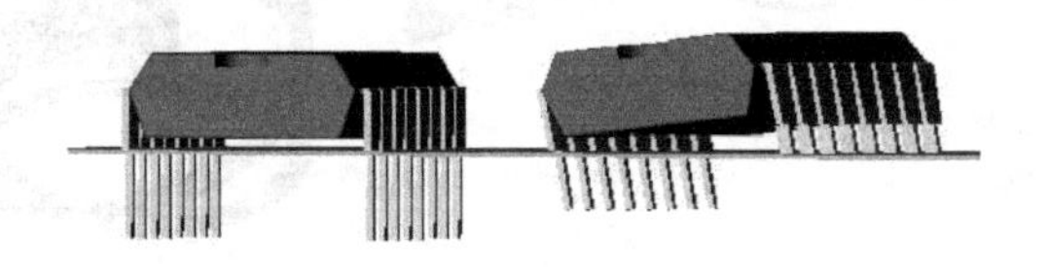

（a）合格　（b）不合格

图 2.1.8　多引线元件的插装

④ 金属件的装配。螺钉、螺栓固定紧固后外留长度 1.5～3 个螺扣，紧入不少于 3 个螺扣。沉头螺钉旋紧后应与被紧固件保持平整，允许稍低于零件表面但不能超过 2mm，如图 2.1.9 所示。用于连接元器件的金属结构件（如铆钉、焊片、托架），安装后应牢固，不得松动和歪斜。对于可能会对 PCB 组装件的结构或性能造成损坏的地方，要采取预防措施，例如规定紧固扭矩的值。

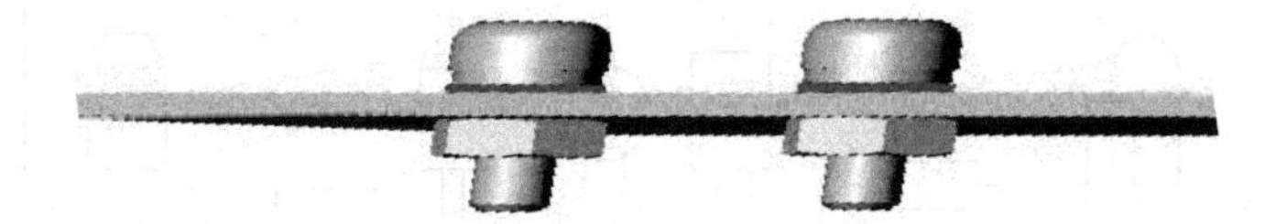

图 2.1.9　螺钉、螺栓金属件的装配

⑤ 散热器装配。安装散热器应与 PCB 隔开一定距离，以便于清洗，保证电气绝缘，防止吸潮。在不影响焊接或 PCB 组装件性能的情况下，允许在元器件下面安装接触面很小的专用垫片（如支脚、垫片等），但垫片不得妨碍垫片和元器件下面的清洗和焊点的检验，如图 2.1.10 所示。

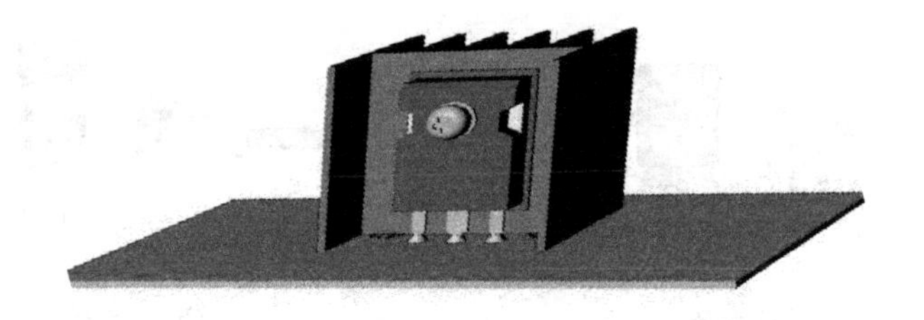

图 2.1.10　散热器的装配

三、元器件的手工焊接

1. 常用焊接工具

手工焊接常用工具主要有电烙铁、热风枪、镊子、放大镜、防静电护腕，如图 2.1.11 所示。

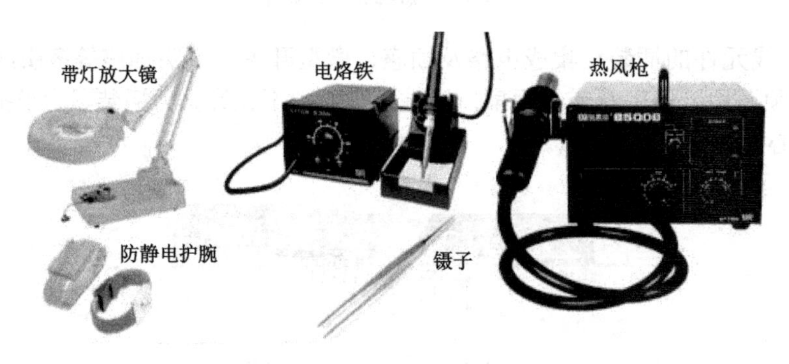

图 2.1.11　手工焊接常用工具

2. 正确的焊接姿势

一般采用坐姿焊接，其基本要求与坐着写字的要求基本一致，工作台和桌椅的高度要合适。人眼与电路板保持 20cm 以上的距离。

3. 握拿电烙铁和焊锡丝的方法

握拿电烙铁的方法有反握法、正握法和握笔法，如图 2.1.12 所示。焊锡丝的握法如

图 2.1.13 所示，图（a）适合于连续焊接，图（b）适合于断续焊接。

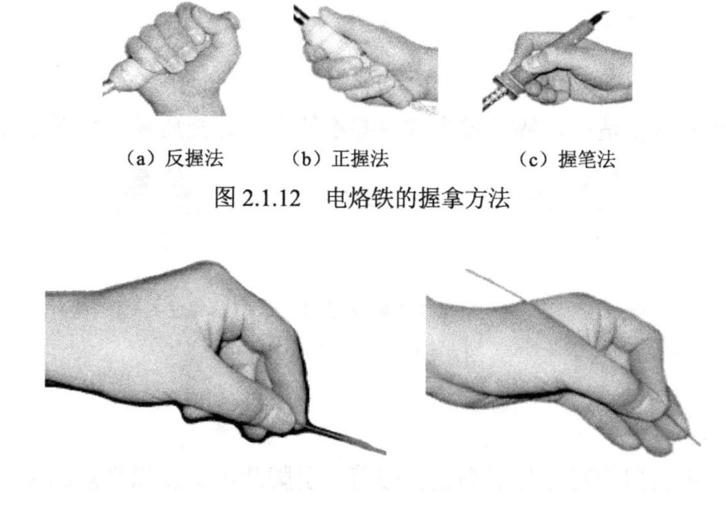

（a）反握法　（b）正握法　（c）握笔法

图 2.1.12　电烙铁的握拿方法

（a）连续焊接握法　（b）断续焊接握法

图 2.1.13　焊锡丝的握拿方法

4．焊接操作步骤

手工焊接基本步骤如图 2.1.14 所示。同学们首先学习五步工程法，待熟练掌握后，就可以直接按照三步工程法操作。

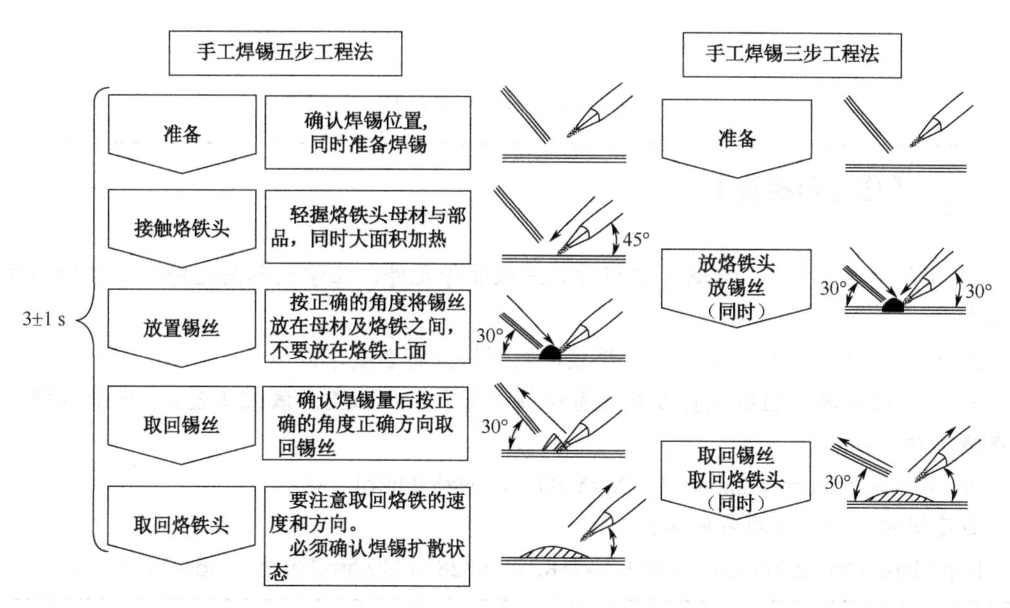

图 2.1.14　手工焊接基本步骤

5．焊接质量

标准的合格焊点要求是：锡点光亮，圆滑而无毛刺，如图 2.1.15 所示。

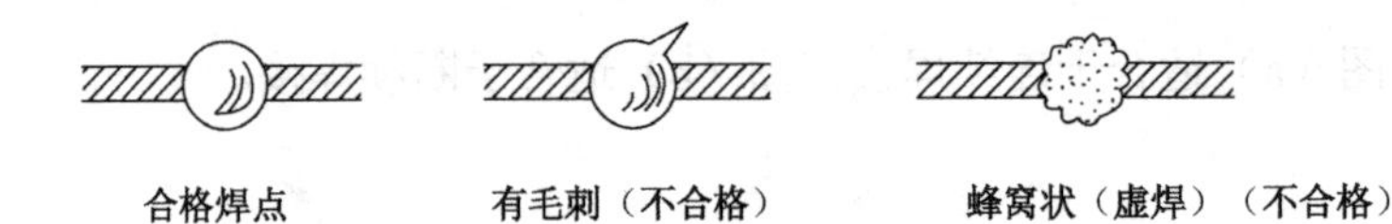

图 2.1.15　焊点

焊接时，焊锡量要适中，锡量过多过少都不能保证焊接质量，如图 2.1.16 所示。

图 2.1.16　焊点的焊锡量

6．剪脚

焊接完毕，用斜口钳对元件引脚进行修剪。引脚凸出高度以焊点的顶部算起，L 最小为 0.5mm，最大为 1.0mm，如图 2.1.17 所示。集成电路、继电器、端子等元件，在不影响外观、装配性能时不需要剪脚。

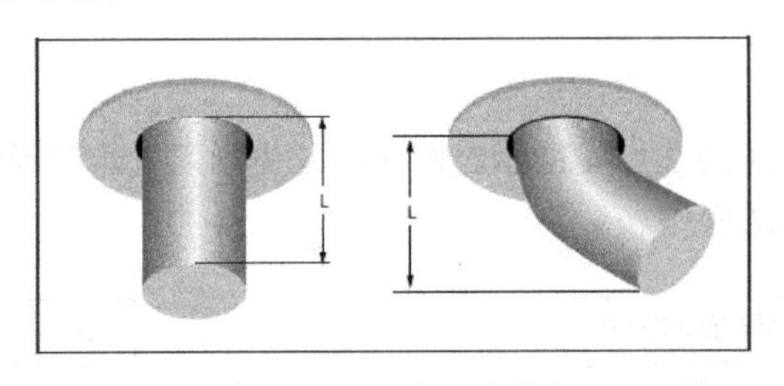

图 2.1.17　元件引脚修剪

【思考与提高】

1．实训室准备电阻、电容、二极管、三极管等元件，让学生熟悉元件加工整形的方法与要求。

2．训练学生，正确完成元件的焊接，做到焊点符合要求。

3．以小组为单位组织成员在线观看视频《电子产品 PCBA 装配工艺》。优酷网视频高清在线观看网址：

http://v.youku.com/v_show/id_XMzY3OTQwMzY0.html

百度视频高清在线观看网址：

http://baidu.baomihua.com/watch/547182582682874739.html?page=videoMultiNeed

【助学网站推荐】

1．实训材料（编号 201）电子表：http://00dz.com/00/00.xls

2．色环电阻识别法：http://00dz.com/00/14.doc

3．色环电阻查询器：http://00dz.com/00/16.exe

任务 2　安装表面贴装元器件

任务目标

（1）了解表面贴装元件的贴装要求，掌握贴装的过程与步骤。

（2）熟悉各种表面元件的焊接步骤，掌握其焊接要领。

任务分解

一、了解手工焊接表面贴装元件的要求

表面贴装元件焊接的方式有两种：手工焊接和自动焊接。手工焊接只适用于小批量生产、维修及调试等。通常使用的焊接工具有热风拆焊台（热风枪）、电烙铁、吸锡器、置锡钢板等。

在手工焊接时，由于表面贴装元件小，管脚多而密，焊接时易造成虚焊、短路等多种问题，因此我们应了解手工焊接表面贴装元件的要求。

（1）一般要求采用防静电恒温烙铁，采用普通烙铁时必须接地良好。

（2）贴片式元件采用 30W 左右的烙铁，注意烙铁尖要细，顶部的宽度不能大于 1 mm。

（3）焊接表面贴装元件通常使用较小直径的锡线，一般在 0.5～0.75mm 范围。

（4）先贴装小元件，后贴装大元件；先贴装矮元件，后贴装高元件。

二、掌握焊接操作步骤及方法

表面贴装元件手工焊接的具体步骤及方法为：一整、二对、三焊、四修、五洗。

（1）一整。在焊盘上加上适当的锡焊或助焊剂，如图 2.2.1 所示，以免焊盘镀锡不良或被氧化，造成不好焊。

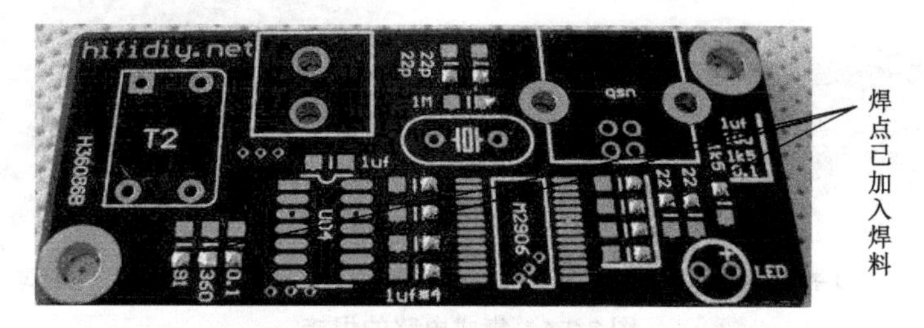

图 2.2.1　加助焊剂，用烙铁处理一遍焊盘

（2）二对。用镊子小心地将元件放到 PCB 上，注意对准极性和方向，如图 2.2.2 所示。

（3）三焊。元件对准位置后进行焊接。对管脚少的元件可用电烙铁焊接，管脚多的元件建议用热风枪焊接。

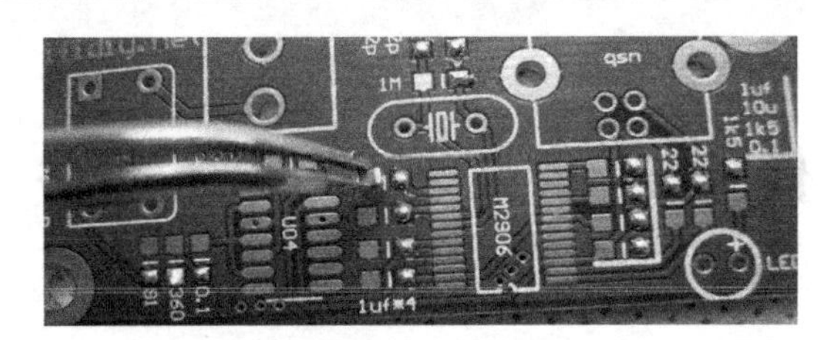
图 2.2.2　用镊子将元件放到 PCB 上

① 焊接贴片阻容元件时，先在一个焊点上点上锡，然后放上元件的一端，用镊子夹住元件，焊上一端之后，再看看是否放正了；如果已放正，就再焊上另外一端，如图 2.2.3 所示。

（a）先焊接一端

（b）再焊另一端

图 2.2.3　焊接贴片阻容元件的方法

② 焊接集成电路时，先焊接对角的引脚，使 IC 固定；再把 PCB 斜放 45°，采用拖焊技术进行焊接，其焊接过程如图 2.2.4 所示。

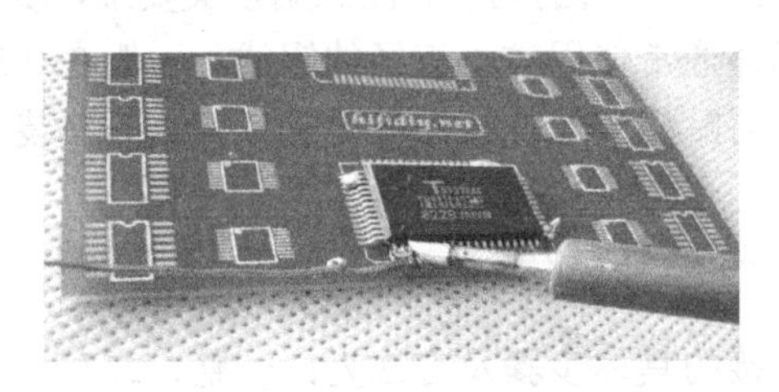
（a）固定对角引脚

（b）拖焊

（c）焊完所有的引脚

图 2.2.4　集成电路的焊接

（4）四修。焊点冷却后，可用尖头电烙铁对不良焊点进行修补，直至焊接达到工艺要求。

（5）五洗。所有元件焊接完毕，PCB 表面特别是元件引脚处会留下少许松香，可以用无水酒精清洗，如图 2.2.5 所示。

（a）清洗前

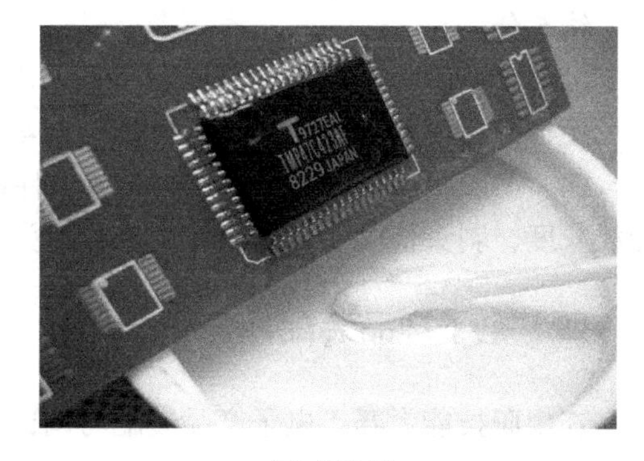
（b）清洗后

图 2.2.5　清洗 PCB

三、电子产品焊接评分标准

在中职技能大赛“电子产品装配与调试”中，电路板焊接满分为 10 分。其中，SMT 焊接为 4 分，非 SMT 焊接为 6 分。

根据给出的电路图，在给出的元器件中，正确选择所需的元器件，并把它们准确地焊接在所发的线路板上。

1．焊接要求

在线路板上所焊接的元器件的焊点大小适中，无漏、假、虚、连焊，焊点光滑、圆润、干净，无毛刺；引脚加工尺寸及成形符合工艺要求；导线长度、剥头长度符合工艺要求，芯线完好，捻头镀锡。

2．SMT 焊接评分标准

SMT 焊接工艺按下面标准分级评分。

（1）A 级：所焊接的元器件的焊点适中，无漏、假、虚、连焊，焊点光滑、圆润、干净，无毛刺，焊点基本一致，没有歪焊。给 4 分。

（2）B 级：所焊接的元器件的焊点适中，无漏、假、虚、连焊，但个别（1～2 个）元器件出现下面现象：有毛刺，不光亮，或出现歪焊。给 3 分。

（3）C 级：3～5 个元器件有漏、假、虚、连焊，或有毛刺，不光亮，歪焊。给 2 分。

（4）不入级：有严重（超过 6 个元器件以上）漏、假、虚、连焊，或有毛刺，不光亮，歪焊。给 1 分。

3．非 SMT 焊接评分标准

非 SMT 焊接工艺按下面标准分级评分。

（1）A 级：所焊接的元器件的焊点适中，无漏、假、虚、连焊，焊点光滑、圆润、干净，无毛刺，焊点基本一致，引脚加工尺寸及成形符合工艺要求；导线长度、剥头长度符合工艺要求，芯线完好，捻头镀锡。给 6 分。

（2）B 级：所焊接的元器件的焊点适中，无漏、假、虚、连焊，但个别（1～2 个）元器件出现下面现象：有毛刺，不光亮，或导线长度、剥头长度不符合工艺要求，捻头无镀锡。给 5 分。

（3）C 级：3～5 个元器件有漏、假、虚、连焊，或有毛刺，不光亮，或导线长度、剥头长度不符合工艺要求，捻头无镀锡。给 4 分。

（4）不入级：有严重（超过 6 个元器件以上）漏、假、虚、连焊，或有毛刺，不光亮，导线长度、剥头长度不符合工艺要求，捻头无镀锡。给 3 分。

四、电子产品装配评分标准

在中职技能大赛“电子产品装配与调试”中，电子产品装配满分为 10 分。

1．装配要求

印制板插件位置正确，元器件极性正确，元器件、导线安装及字标方向均应符合工艺要求；接插件、紧固件安装可靠牢固，印制板安装对位；无烫伤和划伤处，整机清洁无污物。

2．评分参考

电子产品装配按下面标准分级评分。

（1）A 级：印制板插件位置正确，元器件极性正确，接插件、紧固件安装可靠牢固，印制板安装对位；整机清洁无污物。给 10 分。

（2）B 级：缺少（1～2 个）元器件或插件；1～2 个插件位置不正确或元器件极性不正确；或元器件、导线安装及字标方向未符合工艺要求；1～2 处出现烫伤和划伤，有污物。给 8 分。

（3）C 级：缺少（3～5 个）元器件或插件；3～5 个插件位置不正确或元器件极性不正确；或元器件、导线安装及字标方向未符合工艺要求；3～5 处出现烫伤和划伤，有污物。给 6 分。

（4）不入级：有严重缺少（6 个以上）元器件或插件；6 个以上插件位置不正确或元器件极性不正确；或元器件、导线安装及字标方向未符合工艺要求；6 处以上出现烫伤和划伤，有污物。给 4 分。

【思考与提高】

1．实训室训练集成贴面元件的焊接。

2．根据焊接的情况进行总结与交流提高。

3．以小组为单位，组织成员在线观看视频《手工 SMT 装配》，网址：http://v.youku.com/v_show/id_XNDkzNTg2MTI=.html

4．在百度上搜索“中职技能大赛电子产品装配与调试”，学习电子产品装配的工艺要求。

【助学网站推荐】

1．实训材料（编号 618）电子表：http://00dz.com/00/00.xls

2．贴片元件焊接检验标准：http://00dz.com/00/30.doc

项目三　常用仪表与单元电路安装与检测

任务1　常用仪器仪表的使用

在电路的安装和调试检测的过程中，会用到各种仪器设备，下面就中职学生要求掌握的仪器设备作简单介绍。

任务目标

（1）了解数字万用表的功能，熟悉数字万用表的使用。

（2）熟悉稳压电源的使用。

（3）了解低频和函数信号发生器的结构，熟悉其使用。

（4）了解模拟和数字示波器的结构，会正确使用其测量电路参数。

任务分解

一、数字万用表的使用

数字万用表是一种多用途的电子测量仪器，在电子线路等实际操作中有着重要的用途。它不仅可以测量电阻，还可以测量电流、电压、电容，以及二极管、三极管等电子元件和电子线路的参数。

1．电阻的测量步骤

① 首先红表笔插入 VΩ 孔，黑表笔插入 COM 孔。

② 量程旋钮打到“Ω”量程挡的适当位置。

③ 分别用红、黑表笔与电阻两端引脚接触。

④ 读出显示屏上显示的数据。

注意：量程选小了，显示屏上会显示“1.”，此时应换用较大的量程；反之，量程选大了，显示屏上会显示一个接近于“0”的数，此时应换用较小的量程。量程选择合适，显示屏会显示出一个数值，如图 3.1.1 所示。读数时，显示屏上显示的数值再加上挡位选择的单位就是它的读数。要提醒的是，在“200”挡时单位是“Ω”，在“2k ~ 200k”挡时单位是“kΩ”，在“2M ~ 2000M”挡时单位是“MΩ”。

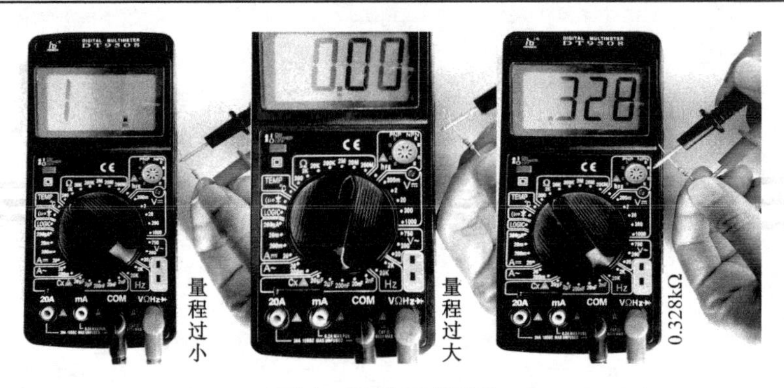

图 3.1.1　电阻的测量

2．电压的测量步骤

① 红表笔插入 VΩ 孔。
② 黑表笔插入 COM 孔。
③ 量程旋钮打到 V–或 V~适当位置。
④ 读出显示屏上显示的数据。

注意：把量程开关置于比估计值稍大的量程挡（注意：直流挡是 V–，交流挡是 V~），接着把表笔接电源或电池两端，保持接触良好。电压值可以直接从显示屏上读取。若显示为“1.”，则表明量程太小，那么就要加大量程后再测量。若在数值左边出现“–”，则表明表笔极性与实际电源极性相反，此时红表笔接的是负极，如图 3.1.2 所示。

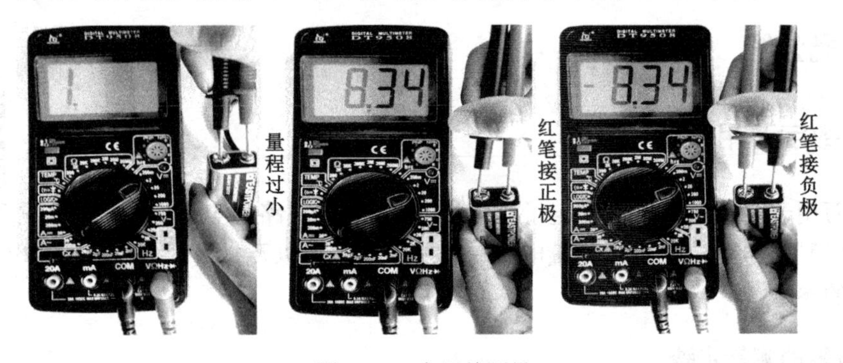

图 3.1.2　电压的测量

3．直流电流的测量步骤

① 黑表笔插入 COM 端口，红表笔插入 mA 或者 20A 端口。
② 功能旋转开关打至 A~（交流）或 A–（直流），并选择合适的量程。
③ 断开被测线路，将数字万用表串联入被测线路中，被测线路中电流从一端流入红表笔，经万用表黑表笔流出，再流入被测线路中。
④ 接通电源，显示屏上显示的数值就是被测电流值。

注意：要准确估计电路中电流的大小。若测量大于 200mA 的电流，则要将红表笔插入“10A”插孔并将旋钮打到直流“10A”挡；若测量小于 200mA 的电流，则将红表笔插入“200mA”插孔，将旋钮打到直流 200mA 以内的合适量程。

4. 电容的测量步骤

① 用任意表笔将电容两端短接，对电容进行放电，确保数字万用表的安全。

② 将功能旋转开关打至电容“F”测量挡，并选择合适的量程。

③ 将电容插入万用表 CX 插孔，有的万用表直接用红黑表笔连接电容的两脚测量。

④ 读出 LCD 显示屏上的数字，加入选用量程的单位，如图 3.1.3 所示。

注意：测量前电容需要放电，否则容易损坏万用表。

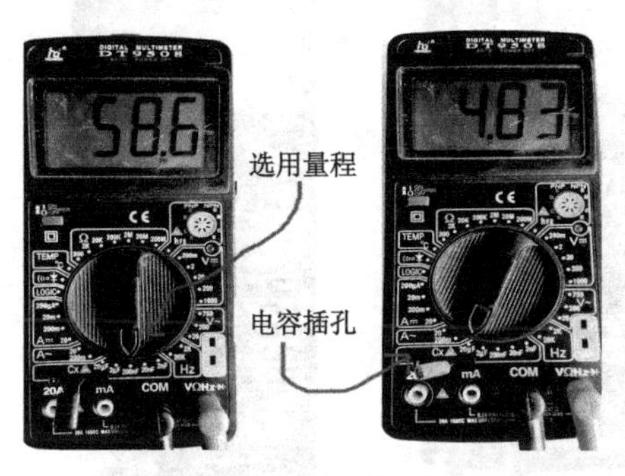

图 3.1.3　电容的测量

5. 二极管的测量步骤

① 红表笔插入 VΩ 孔，黑表笔插入 COM 孔，量程置于蜂鸣挡。

② 根据色环标识，如果已知二极管的正负，那红表笔接二极管正，黑表笔接二极管负。

③ 读出 LCD 显示屏上的数据，该数值为二极管正向导通电压。一般硅二极管为 0.6V 左右，锗二极管为 0.2V 左右，发光二极管为 1.8V 左右。

④ 两表笔换位，若显示屏上为“1”，正常；否则此管被击穿。二极管的测量步骤如图 3.1.4 所示。

注意：二极管质量的判断。测量正反向电阻值，如果两次测量的结果是：一次显示“1”字样，另一次显示零点几的数字，说明此二极管是一个正常的二极管；如果两次测量的结果都相同，那么此二极管已经损坏。根据二极管的特性，可以判断导通时红表笔接的是二极管的正极，而黑表笔接的是二极管的负极。

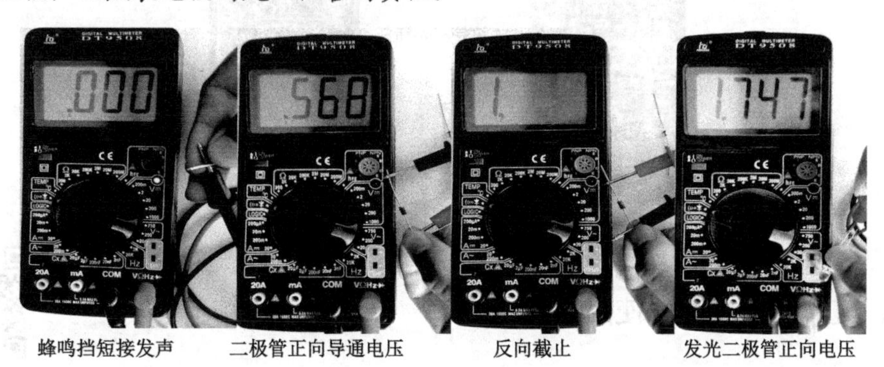

图 3.1.4　二极管的测量

6. 三极管的测量步骤

① 红表笔插入 VΩ 孔，黑表笔插入 COM 孔，量程置于蜂鸣挡。

② 找出三极管的基极 b。先假设一脚为基极，用黑表笔与该脚相接，红表笔与其他两脚分别接触，若两次读数均为 0.7V（或 0.2V）左右，然后再用红笔接假设脚，黑笔接触其他两脚。若均显示“1”，则假设脚为基极，否则需要重新测量，如图 3.1.5 所示。

图 3.1.5 确定三极管的基极

③ 判断三极管的类型（PNP 或者 NPN）。已知基极情况下，用黑表笔与该脚相接，红表笔与其他两脚分别接触，若两次读数均为 0.7V（或 0.2V）左右，则此管为 PNP 管。如果均显示“1”，则此管为 NPN 管。

④ 量程置于 h_{FE} 挡，根据类型插入 PNP 或 NPN 插孔测 β，将基极插入对应管型的“b”孔，其余两脚分别插入“c”、“e”孔，此时可以读取数值，即 β 值；再固定基极，其余两脚对调。比较两次读数，如果值较大，说明三极管的 c、e 与插孔正好对应，这样就可判定三极管的集电极与发射极，如图 3.1.6 所示。

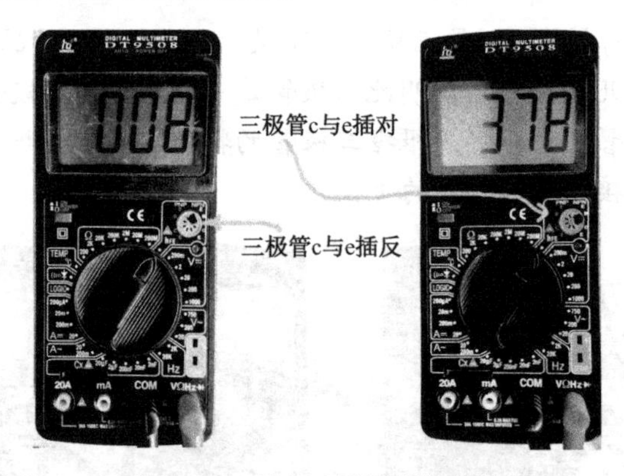

图 3.1.6 判定三极管引脚电极

二、直流稳压电源的使用

常见的直流稳压电源通常是将 220V 的交流电转换成用电器所需要的低压直流电。直流可调稳压电源的使用比较简单，主要操作是对电源进行对应的设定。

常见的直流稳压电源有单路和多路输出两大类，如图 3.1.7 所示。

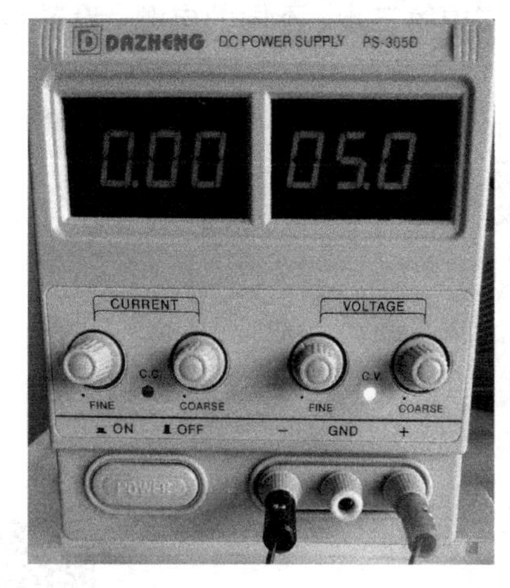

图 3.1.7　直流稳压电源

直流稳压电源的操作步骤及方法如下。

（1）连接电源。将稳压电源连接上市电。

（2）开启电源。在不接负载的情况下，按下电源总开关（POWER），然后开启电源的直流输出开关（OUTPUT），使电源正常输出工作（一些简单的可调稳压电源只有总电源开关，没有独立的直流输出开关）。此时，电源的显示屏上即显示出当前工作电压。

（3）设置输出电压。通过调节电压设定旋钮，使显示屏上显示出目标电压，即可完成电压设定。对于有可调限流功能的电源，有两套调节系统分别调节电压和电流。调节时要分清楚，一般调节电压的电位器有“VOLTAGE”字样，调节电流的电位器有“CURRENT”字样。一些入门级产品使用粗调/细调双旋钮设定，我们先将细调旋钮旋到中间位置，然后通过粗调旋钮设定大致电压，再用细调旋钮精确修正，如图 3.1.8 所示。

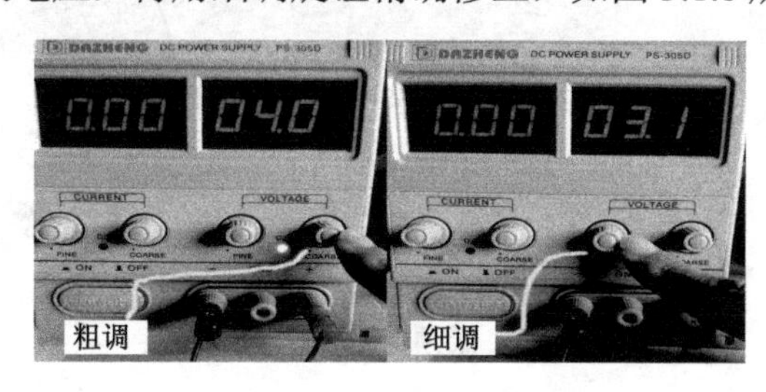

图 3.1.8　电压的粗调与细调

（4）设置电流。按下电源面板上“Limit”键不放，此时电流表会显示电流数值，调节电流旋钮，使电流数值达到预定水平，一般电流可设定在常用最高电流的 120%。有的电源没有限流专用调节键，操作者需要按照说明书要求短路输出端，然后根据短路电流配合限流旋钮设定限流水平，如图 3.1.9 所示。

（5）设定过压保护 OVP。过压设定是指在电源自身可调电压范围内进一步限定一个上限电压，以免误操作时电源输出过高电压。一般情况下，过压可以设置为平时最高工作电压的 120%。过压设定需要用到一字螺丝刀，调节面板内凹的电位器，这也是一种防止误动的设计。设定 OVP 电压时，先将电源工作电压调节到目标过压点上，然后慢慢调节 OVP 电位器，使电源保护恰好动作，此时 OVP 即告设定完成。然后，关闭电源，调低工作电压，就能正常工作了。设定工作电压参考上文中第三步。不同的电源，设置 OVP 的方式不同。

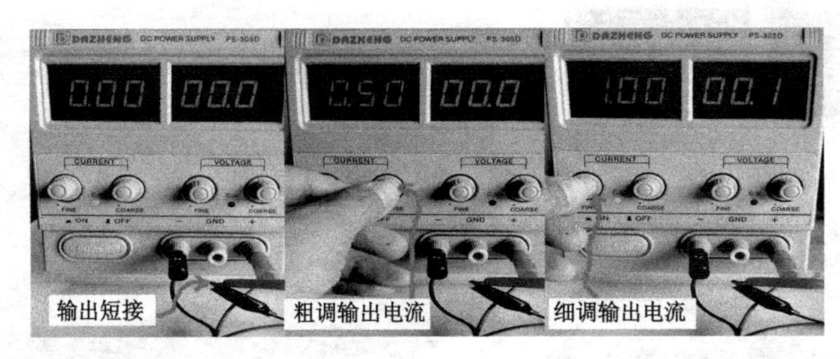

图 3.1.9　设置电流

三、低频信号发生器的使用

低频信号发生器是指能够产生频率范围在 20Hz～200kHz 以内（也有频率范围更宽的 1Hz～1MHz 的低频信号发生器）、输出一定电压和功率的正弦波信号的信号源。

（1）准备工作。检查电源电压是否正常，电源线及电源插头是否完好无损，将输出细调电位器旋至最小，然后接通电源，打开低频信号发生器的开关，连接好线路，如图 3.1.10 所示。

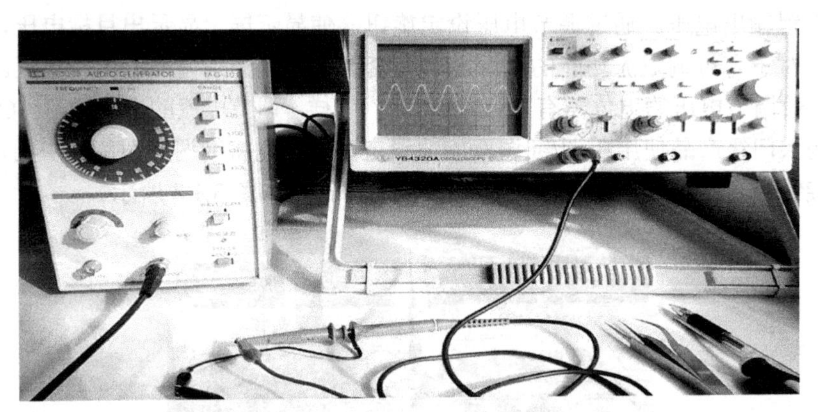

图 3.1.10　低频信号发生器的连接

（2）频率的调节。包括频段的选择（或倍乘的选择）和频率细调，如图 3.1.11 所示。

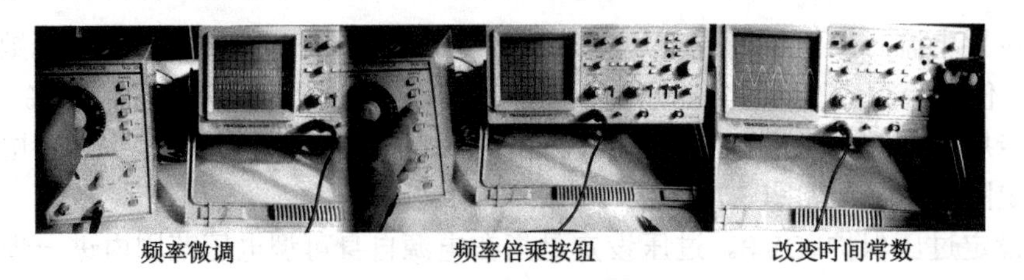

图 3.1.11　频率调节

（3）输出电压的调节。如图 3.1.12 所示，包括输出衰减的调节和输出信号幅度调节两个旋钮，其中输出信号幅度调节是由一只电位器组成的，又称输出细调，而输出衰减的调节又称步进调节。调节时，首先将负载接在电压输出端口上，然后调节输出衰减旋钮和输出细调旋钮，即可得到所需要的电压幅度信号。在使用 XD1 低频信号发生器时，输出信号电压的大小可从电压表上读出，然后除以衰减倍数就是实际输出电压值。

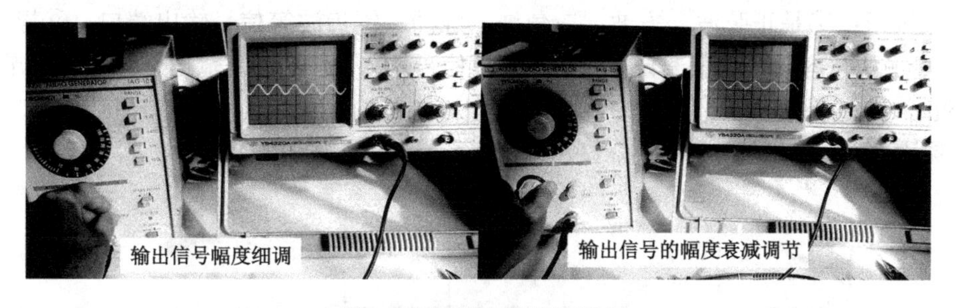

图 3.1.12　输出电压的调节

（4）应用实例。低频信号发生器与示波器等仪器配合测试放大器的连接线路如图 3.1.13 所示。

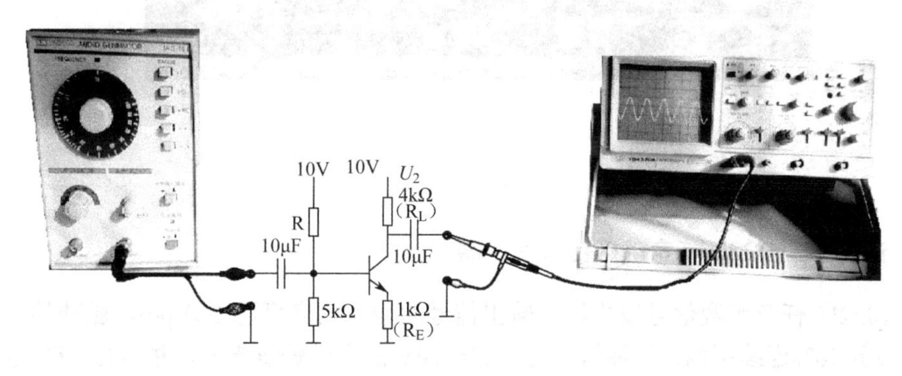

（a）最近偏置电阻 R 的测试

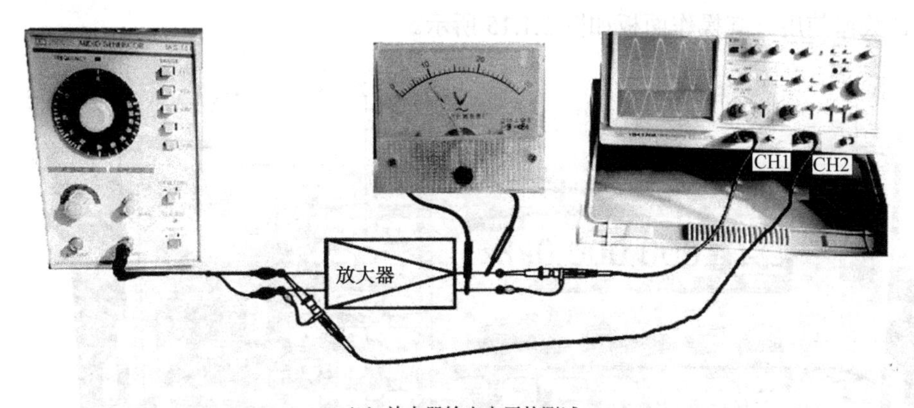

（b）放大器输出电压的测试

图 3.1.13　低频信号发生器应用实例

四、函数信号发生器的使用

函数信号发生器是能够输出三角波、锯齿波、矩形波（含方波）、正弦波等函数波形的信号发生器。

1．认识 LW-1461 函数信号发生器

LW-1461 函数信号发生器的操作面板如图 3.1.14 所示，其中，①是电源开关按钮；②④是频率调节旋钮；③是波形输入端口，当按下按钮⑤时，可测试外部信号；⑥是输出信号衰减按钮；⑦是正弦波、方波、三角波、脉冲、锯齿波等信号输出端口；⑧提供一个与 TTL 电平相兼容的输出信号端口；⑨是外部信号输入端口；⑩是输出信号幅度调节旋钮；⑪是输出波形选择按钮；⑫是占空比调节旋钮；⑬是输出波形的频段选择按钮；⑭是输出波形的频率所示；⑮是信号的频率显示 LED。

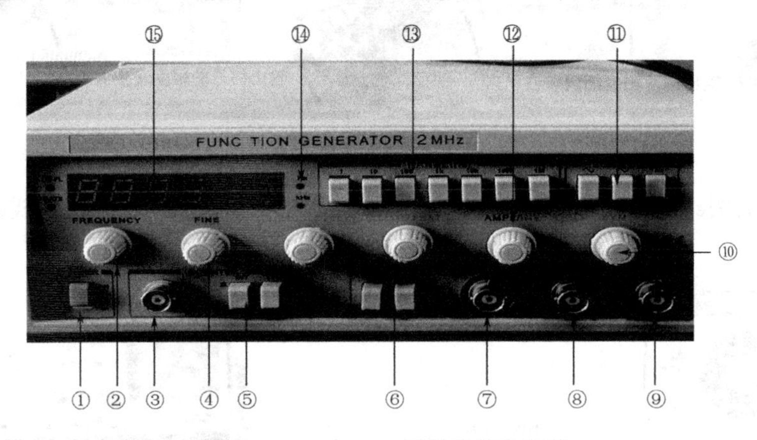

图 3.1.14　LW-1461 函数信号发生器

2．认识 DG1022U 任意函数信号发生器

DG1022U 任意函数信号发生器，输出信号的最大幅度可达 20Vp-p。脉冲的占空比系数由 10%至 90%连续可调，五种信号均可加±10V 的直流偏置电压。并具有 TTL 电平的同步信号输出，脉冲信号反向及输出幅度衰减等多种功能。除此以外，还能外接计数输入，作频率计数器使用。其操作面板如图 3.1.15 所示。

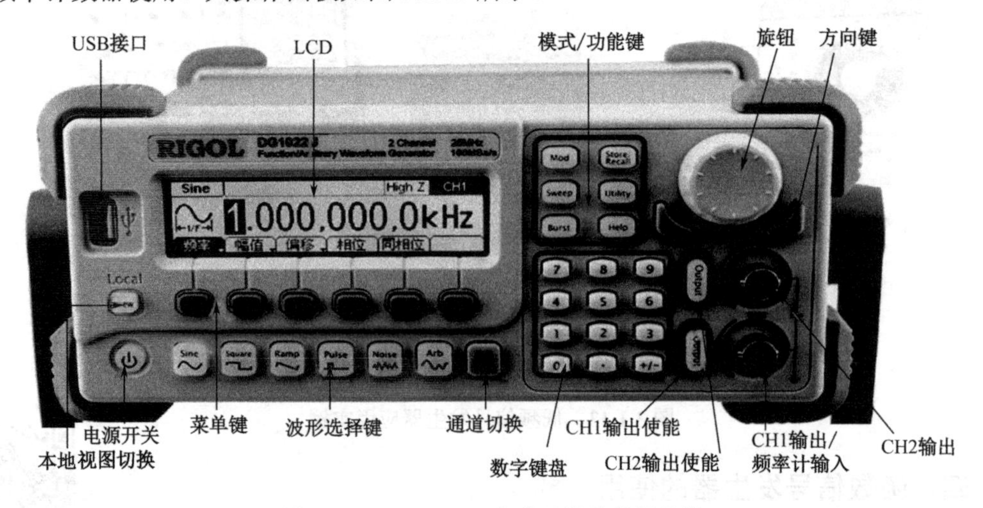

图 3.1.15　DG1022U 任意函数信号发生器

3. 函数信号发生器的基本操作

（1）开机前，把面板上各输出旋钮旋至最小位置。

（2）开机后预热 15s，以便输出频率稳定的波形。

（3）选择输出波形，根据所需的波形种类，按下相应的波形键位。波形选择键是：正弦波、矩形波、三角波、尖脉冲、TTL 电平等，如图 3.1.16 所示。

图 3.1.16 输出波形选择

（4）频率调节。按下相应的按键，然后调节相应的旋钮，得到所需要的频率，如图 3.1.17 所示 。

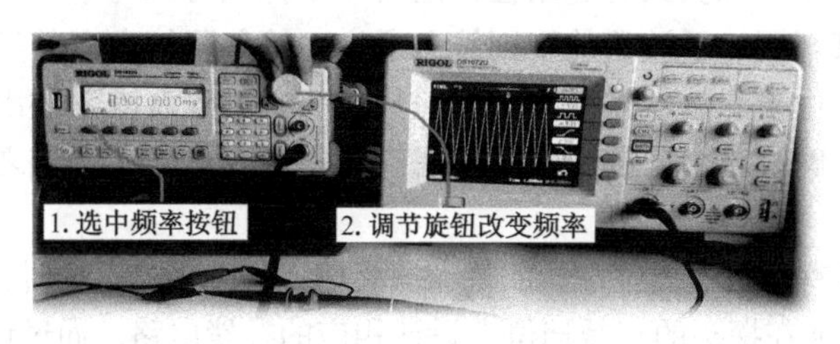

图 3.1.17 频率调节

（5）幅度调节。正弦波与脉冲波幅度分别由正弦波幅度和脉冲波幅度调节，如图 3.1.18 所示。

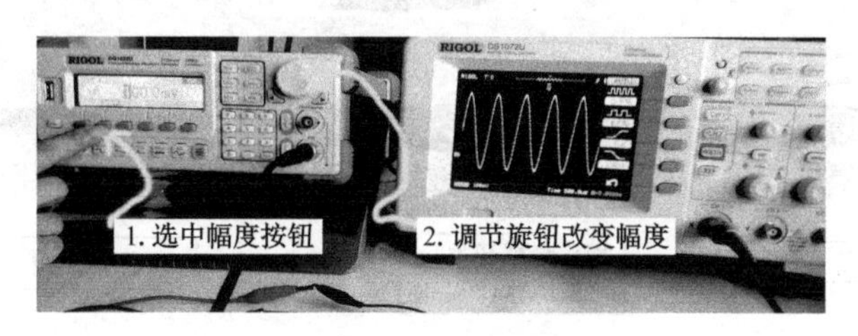

图 3.1.18 幅度调节

（6）占空比调节。如果是方波，还可以调节占空比，改变高低电平的比例，如图 3.1.19 所示。

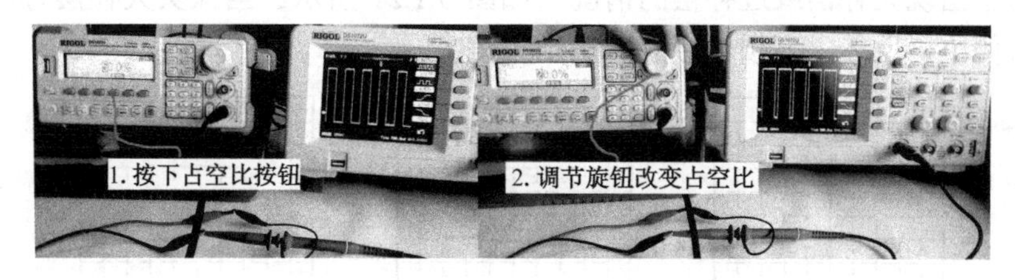

图 3.1.19 调节占空比

（7）输出选择。如果是任意函数信号发生器，还要切换频道选择相应的输出端口。

注意：信号发生器的按键和旋钮要求缓慢调节。如果函数信号发生器本身能显示输出信号的值，可以直接读出，也可另配交流毫伏表测量输出电压，选择不同的衰减再配合调节输出正弦信号的幅度，直到输出电压达到要求。若要观察输出信号波形，可把信号输入到示波器。

五、模拟示波器的使用

示波器是一种展示和观测电信号的电子测试仪器。它既可以定性观察电信号的动态过程，也可以定量测量其参数，如电压或电流的幅值、频率、相位和脉冲幅度等。

示波器的型号很多，但其基本结构及使用方法类似。下面以 YB4320A 双踪模拟示波器为例介绍其基本使用方法，更详尽的方法请同学们参考《电子测量仪器》教材的相关内容。

1．示波器的校准

示波器无源高阻电压探头具有通用性，通常一个探头可以与不同的示波器搭配使用。但不同的示波器，甚至同一示波器的不同输入通道，输入阻抗会有差异。这样当探头切换到带衰减的挡位时，由于示波器输入阻抗的差异，势必导致衰减系数出现偏差，最终造成测量结果错误。为了解决这个问题，就要考虑探头与示波器输入通道之间的阻抗匹配和频率补偿。

探头补偿是针对有衰减的挡位设计的，当探头切换到无衰减挡位时，补偿调节无效。为了补偿输入电容，需要在探头的衰减挡位上设计相应的补偿电路，通过调节可调电容，补偿输入电容的差异，这就是低频补偿，所有的示波器探头都具有该功能，如图 3.1.20 所示。

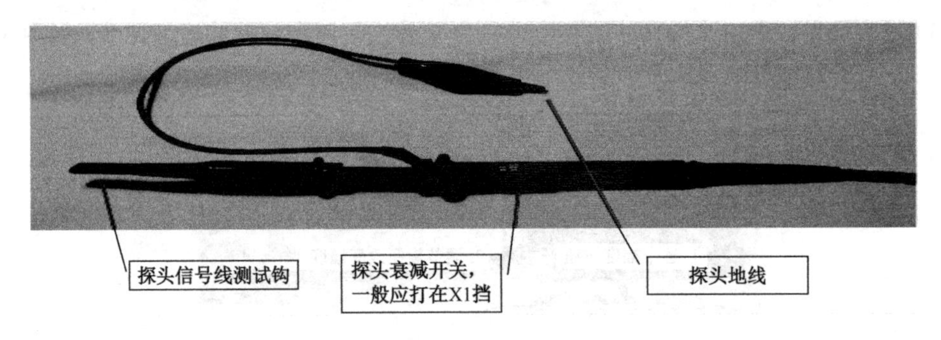

图 3.1.20　示波器探头

调整补偿电容时需接入示波器上的 1kHz 校准信号，调整补偿电容，直到方波的顶部最平坦，而不出现欠补偿或过补偿的情况，如图 3.1.21 所示。当探头欠补偿时，高频信号的测量结果偏小，反之，高频信号的测量结果偏大。

图 3.1.21　补偿前后的波形

校准的步骤：探头正确连接校准信号和输入端口 CH1，信号的耦合方式选择 AC，工作模式选择 CH1，同时调节垂直衰减微调和水平扫描微调（一般右旋到底），最后调节探头上的补偿，输出波形如图 3.1.22 所示即可。

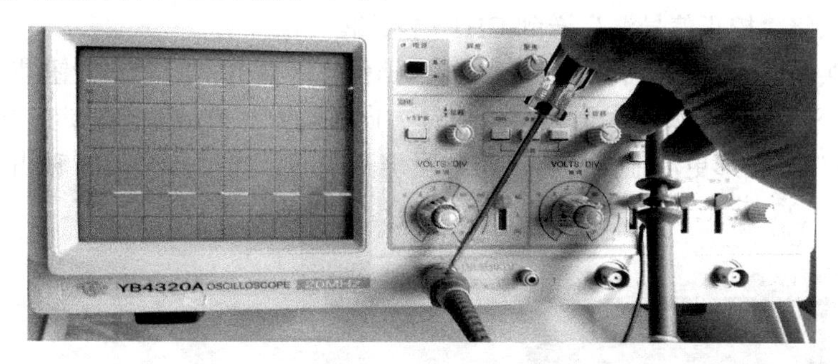

图 3.1.22　补偿调节示例

2．调整示波器，观察标准方波波形

（1）开机前检查键/钮。

① 电源开关（POWER）置于“关”的位置，将电源线接入。

② 设定各个控制键在下列相应位置。

亮度（INTENSITY）：顺时针方向旋转到底；

聚焦（FOCUS）：中间；

垂直位移（POSITION）：中间（×5）键弹出；

垂直方式：CH1；

触发方式（TRIG　MODE）：自动（AUTO）；

触发源（SOVRCE）：内（INT）；

触发电平（TRIG　LEVEL）：中间；

时间/格（Time/div）：0.5μs/div；

水平位置：X1（×5MAG）（×10MAG）均弹出。

（2）开机，调节扫描线。

① 接通“电源”开关，大约 15s 后，出现扫描光迹（一条水平亮线），这条水平亮线就是扫描线。

② 调节“垂直位移”旋钮，使光迹移至荧光屏观测区域的中央。

③ 调节“亮度”旋钮，将光迹的亮度调至所需要的程度。

④ 调节“聚焦”旋钮，使光迹清晰。

此时，示波器的初始准备工作完成。在测试之前，应初步检查探头、插头、引线电缆及键/钮是否正常。简便方法是用手摸一下探头，输入人体信号，观察在屏幕上是否出现一个比较规则的 50Hz 信号。

（3）加入触发信号。

① 将下列控制开关或旋钮置于相应的位置。

垂直方式：CH1；

AC—GND—DC（CH1）：DC；

V/DIV（CH1）：5mV；

微调（CH1）:（CAL）校准；

耦合方式：AC；

触发源：CH1。

② 用探头将“校正信号源”送到 CH1 输入端。

③ 将探头的“衰减比”旋转置于“×10”挡位置，调节“电平”旋钮使仪器触发。

将触发电平置于“自动”位置，并反时针方向转动直至方波波形稳定，再微调“聚焦”和“辅助聚焦”使波形更清晰，并将波形移至屏幕中间。此时方波在 *Y* 轴占 5div，*X* 轴占 10div，如图 3.1.23 所示，否则需校准。

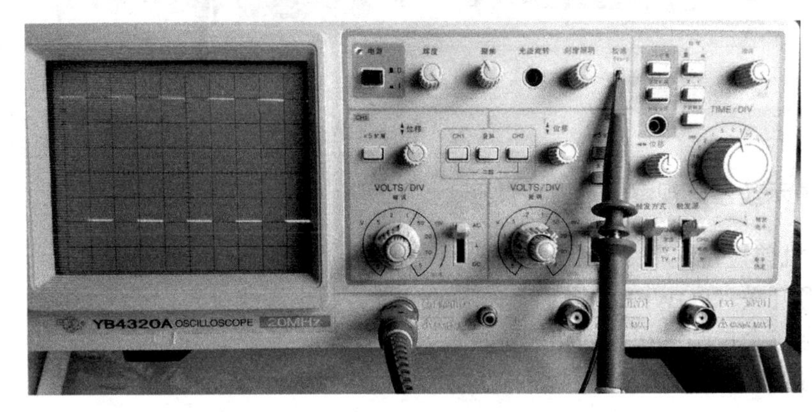

图 3.1.23　加入触发信号

3. 直流电压测量

（1）电压的定量测量。将“V/DIV”微调置于“CAL”位置，就可以进行电压的定量测量。测量值可由下列公式计算后得到：

① 用探头“×1 位置”进行测量时，其电压值为：

U=V/DIV 设定值×信号显示幅度（DIV）

② 用探头“×10 位置”进行测量时，其电压值为：

U=V/DIV 设定值×信号显示幅度（DIV）×10

（2）直流电压测量。该仪器具有高输入阻抗、高灵敏度和快速响应的优势，下面介绍直流电压的测量过程。

将 *Y* 轴输入耦合选择开关置于“⊥”，“电平”置于“自动”。屏幕上形成一水平扫描基线，将“V/DIV”与“T/DIV”置于适当的位置，且“V/DIV”的微调旋钮置于校准位置，调节 *Y* 轴位移，使水平扫描基线处于荧光屏上标的某一特定基准（0 伏）。

① 将“扫描方式”开关置“AUTO（自动）”位置，选择“扫描速度”使扫描光迹不发生闪烁的现象。

② 将“AC-GND-DC”开关置“DC”位置，且将被测电压加到输入端。扫描线的垂直位移即为信号的电压幅度。如果扫描线上移，则被测电压相对地电位为正；如果扫描线下移，则该电压相对地电位为负。电压值可用上面公式求出。例如，将探头衰减比置于×10 位置，垂直偏转因数（V/DIV）置于“0.5V/DIV”，微调旋钮置于“CAL”位置，所测得的扫描光迹偏高 5DIV。根据公式，被测电压为：

0.5(V/DIV)×5(DIV)×10=25V

4．交流电压测量

调节“V/DIV”切换开关到合适的位置，以获得一个易于读取的信号幅度。从图 3.1.24 所示的图形中读出该幅度并用公式计算出电压值。

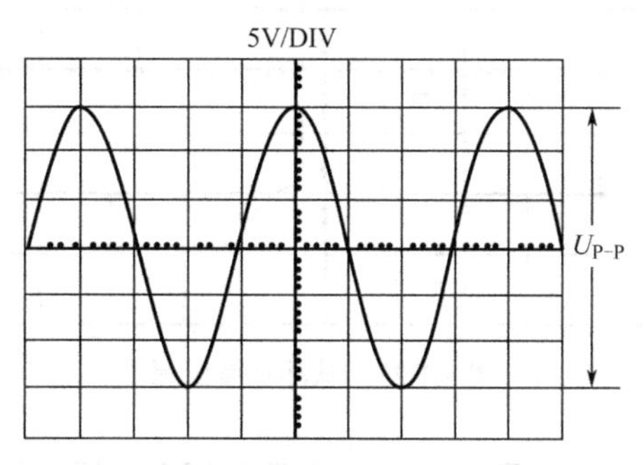

图 3.1.24　交流电压测量

当测量叠加在直流电压上的交流电压时，将“AC-GND-DC”开关置于 DC 位置时就可测出所包含直流分量的值。如果仅需测量交流分量，则将该开关置于“AC”位置。按这种方法测得的值为峰-峰值电压。

例如，将探头衰减比置于×1 的位置，垂直偏转因数（V/DIV）置“5V/DIV”位置，“微调”旋钮置于“校正（CAL）”位置，所测得波形峰-峰值为 6 格（如图 3.1.24 所示）。则

$$U_{P\text{-}P}=5\text{（V/DIV）}\times 6\text{(DIV)}=30\text{V}$$

有效值电压为：

$$V=30/2\sqrt{2}=10.6\text{（V）}$$

5．时间测量

根据信号波形两点间的时间间隔，可按下列公式进行计算：

时间（s）=(Time/DIV)设定值×对应于被测时间的长度（div）
× “5 倍扩展”旋钮设定值的倒数

上式中：置“Time/DIV”微调旋钮于 CAL 位置。读取“Time/DIV”以及“×5 倍扩展”旋钮设定值。“×5 倍扩展”旋钮设定值的倒数在扫描未扩展时为“1”，在扫描扩展时是“1/5”。

（1）脉冲宽度测量方法如下。

① 调节脉冲波形的垂直位置，使脉冲波形的顶部和底部距刻度水平线的距离相等，如图 3.1.25 所示。

② 调节“Time/DIV”开关到合适位置，使扫描信号光迹易于观测。

③ 读取上升沿和下降沿中点之间的距离，即脉冲沿与水平刻度线相交的两点之间的距离，然后用公式计算脉冲宽度。

例如图 3.1.25 中，“Time/DIV”设定在 10μs/DIV 位置，则有脉冲宽度

$$t_a=10(\mu\text{s/DIV})\times 2.5(\text{DIV})=25(\mu\text{s})$$

（2）脉冲上升（或下降）时间的测量方法如下。

① 调节脉冲波形的垂直位置和水平位置，方法和脉冲宽度测量方法相同。

② 在图 3.1.26 中，读取上升沿 10%到 90%U_m所经历的时间 t_r，则有

$$t_r=50\text{（μs/DIV）}\times 1.1(\text{DIV})=55(\mu\text{s})$$

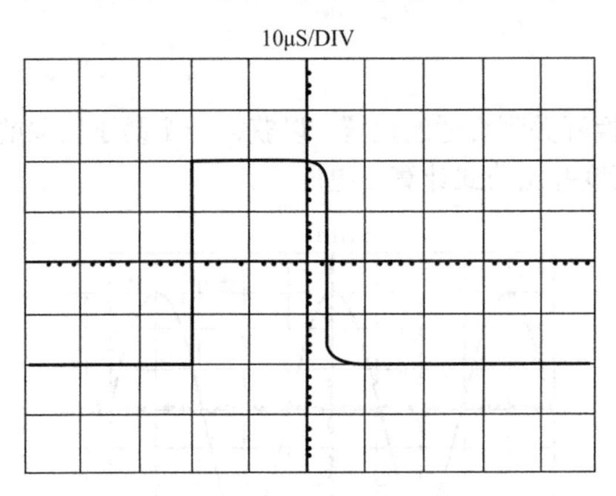

图 3.1.25 脉冲宽度测量

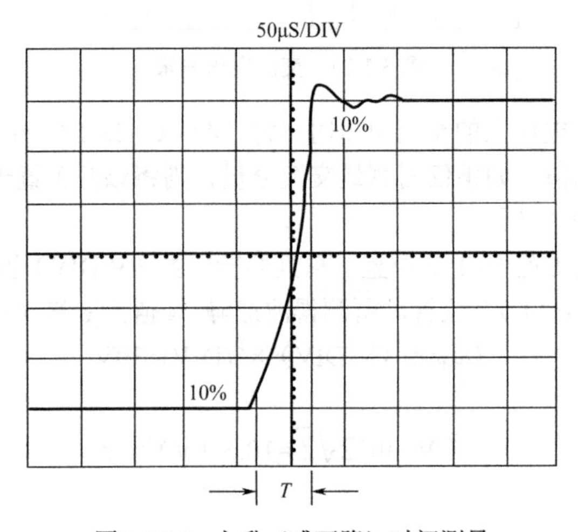

图 3.1.26 上升（或下降）时间测量

6. 频率测量

频率测量有以下两种方法:

（1）由时间公式求出输入的周期 T（单位为 s），然后用下式求出信号的频率:

$$f=\frac{1}{T}=\frac{1}{\text{周期}} \quad (\text{H}_\text{Z})。$$

（2）数出有效区域中 10DIV 内重复的周期数 n（时间单位为 s），然后用下式计算信号的频率：

$$f=n/[(\text{Time/DIV})\text{设定值}\times 10\ (\text{div})]。$$

当 n 很大（30～50）时，第二种方法的精确度比第一种方法高。这一精度大致与扫描速度的设计精度相等。但当 n 较小时，由于小数点以下难以数清，会导致较大的误差。例如图 3.1.27 中，方波器的“Time/DIV”，设定在“10μs/DIV”，位置上，测得波形如图中所示，10 格内重复周期数 n=40，则该信号的频率为:

$$f=\frac{40}{(10\mu\text{s/DIV})\times 10(\text{DIV})}=400\text{kHz}$$

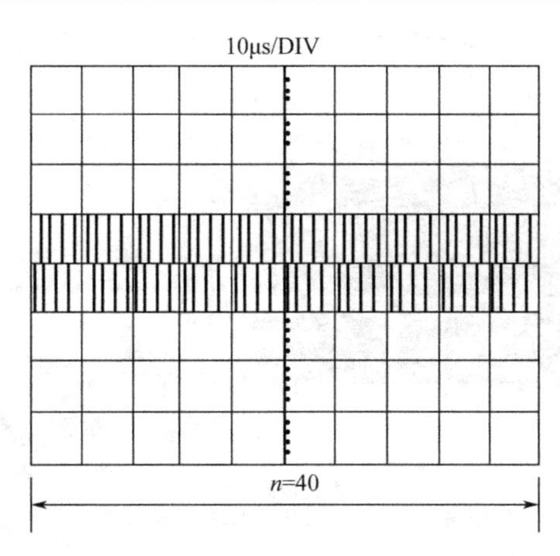

图 3.1.27　频率的测量

7．相位测量

两个信号之间相位差的测量，可以利用仪器的双踪显示功能进行。如图 3.1.28 给出了两个具有相同频率的超前和滞后的正弦波信号，用双踪示波器显示的例子。此时，“触发源”开关必须置于超前信号相连接的通道，同时调节“Time/DIV”开关，使显示的正弦波波形大于 1 个周期，如图 3.1.28 所示。一个周期占 6 格，则 1 格刻度代表波形相位 60º，故

$$相位差\ \Delta\Phi=（DIV）数\times 2\pi/DIV/周期=1.5\times 360^{\circ}/6=90^{\circ}$$

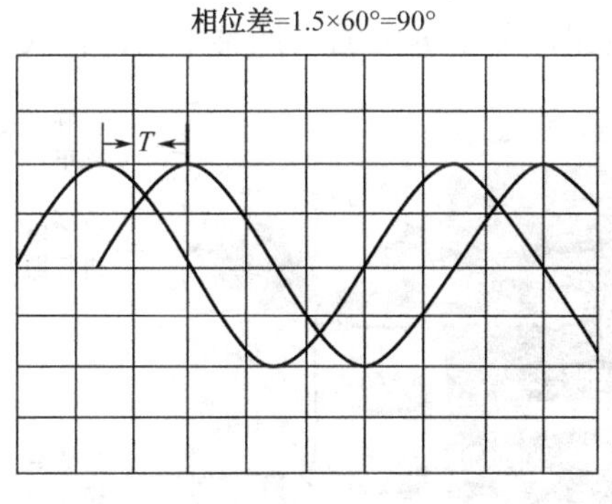

图 3.1.28　相位测量

六、数字示波器的使用

数字示波器一般支持多级菜单，能提供给用户多种选择和多种分析功能。还有一些示波器可以提供存储，实现对波形的保存和处理。下面以普源 DS1072U 数字示波器为例介绍其基本使用方法。

1．面板结构及功能介绍

DS1072U 数字示波器的面板按功能不同，可分为 8 大区：液晶显示区、功能菜单操作区、常用菜单区、执行按键区、垂直控制区、水平控制区、触发控制区、信号输入/输出区等，如图 3.1.29 所示。

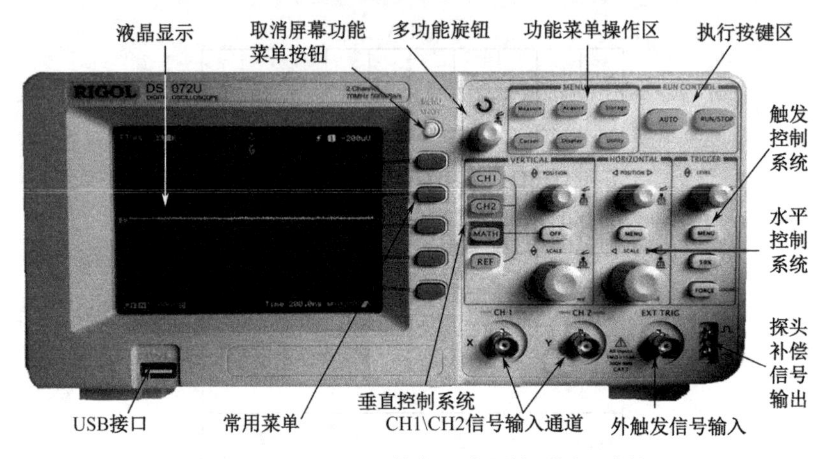

图 3.1.29　DS1072U 数字示波器的面板及功能

（1）功能菜单操作区。此操作区有 5 个按键，1 个多功能旋钮和 1 个按钮。5 个按键用于操作屏幕右侧的功能菜单及子菜单；多功能旋钮用于选择和确认功能菜单中下拉菜单的选项等；按钮用于取消屏幕上显示的功能菜单。

（2）常用菜单区。按下任一按键，屏幕右侧会出现相应的功能菜单。通过功能菜单操作区的 5 个按键，可选定功能菜单的选项，如图 3.1.30 所示。功能菜单选项中有“◁”符号的，标明该选项有下拉菜单。下拉菜单打开后，可转动多功能旋钮（↻）选择相应的项目并按下予以确认。功能菜单上、下有““▲”、“▼”符号，表明功能菜单一页未显示完，可操作按键上、下翻页。功能菜单中有↻，表明该项参数可转动多功能旋钮进行设置调整。按下取消功能菜单按钮，显示屏上的功能菜单立即消失。

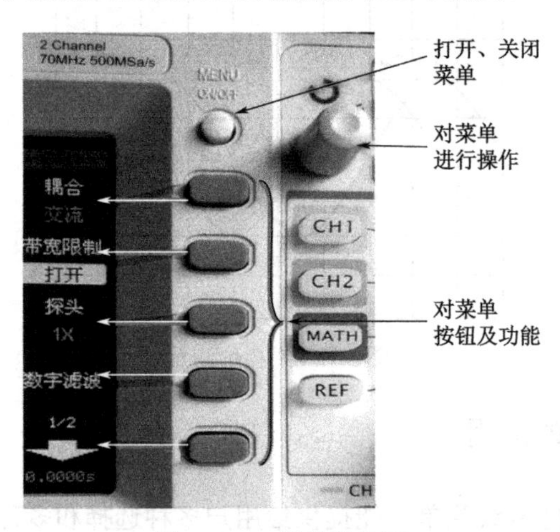

图 3.1.30　菜单操作区

（3）执行按键区。有 AUTO（自动设置）和 RUN/STOP（运行/停止）2 个按键。按下 AUTO 按键，示波器将根据输入的信号，自动设置和调整垂直、水平及触发方式等各项控制值，使波形显示达到最佳适宜观察状态，如需要，还可进行手动调整。按下 AUTO 后，菜单显示及功能如图 3.1.31 所示。RUN/STOP 键为运行/停止波形采样按键。运行（波形采样）状态时，按键为黄色；按一下按键，停止波形采样且按键变为红色，有利于绘制波形并可在一定范围内调整波形的垂直衰减和水平时基；再按一下，恢复波形采样状态。注意：应用自动设置功能时，要求被测信号的频率大于或等于 50Hz，占空比大于 1%。

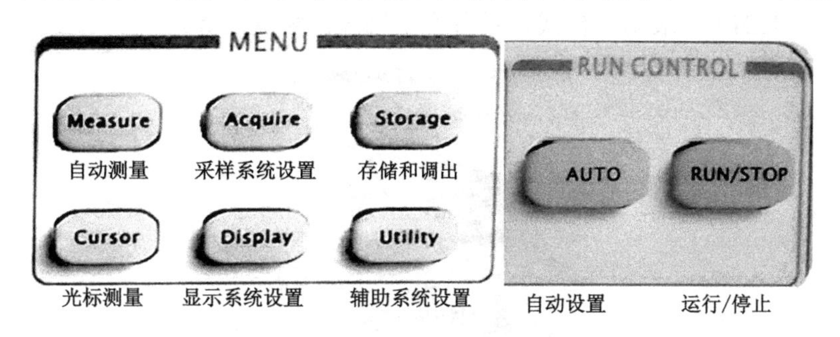

图 3.1.31　执行按键区

（4）垂直控制区。如下图 3.1.32 所示。垂直位置 POSITION 旋钮可设置所选通道波形的垂直显示位置。转动该旋钮不但显示的波形会上下移动，且所选通道的“地”（GND）标识也会随波形上下移动并显示于屏幕左状态栏，移动值则显示于屏幕左下方；按下垂直 POSITION 旋钮，垂直显示位置快速恢复到零点（即显示屏水平中心位置）处。垂直衰减 SCALE 旋钮调整所选通道波形的显示幅度。转动该旋钮改变“V/DIV（伏/格）”垂直挡位，同时下状态栏对应通道显示的幅值也会发生变化。CH1、CH2、MATH、REF 为通道或方式按键，按下某按键屏幕将显示其功能菜单、标志、波形和挡位状态等信息。OFF 键用于关闭当前选择的通道。

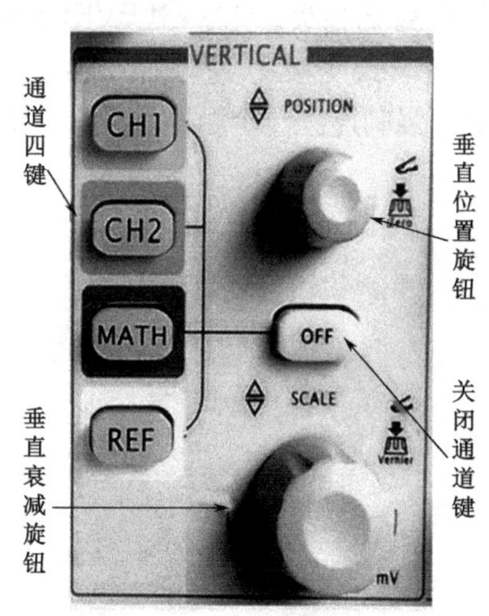

图 3.1.32　垂直控制区

（5）水平控制区。如图 3.1.33 所示，主要用于设置水平时基。水平位置 POSITION 旋钮调整信号波形在显示屏上的水平位置，转动该旋钮不但波形随旋钮而水平移动，且触发位移标志“T”也在显示屏上部随之移动，移动值则显示在屏幕左下角；按下此旋钮触发位移恢复到水平零点（即显示屏垂直中心线）处。水平衰减 SCALE 旋钮，改变水平时基挡位设置，转动该旋钮改变“s/DIV（秒/格）”水平挡位，下状态栏 Time 后显示的主时基值也会发生相应的变化。水平扫描速度从 20ns ～50s，以 1－2－5 的形式步进。按动水平 SCALE 旋钮可快速打开或关闭延迟扫描功能。按水平功能菜单 MENU 键，显示 TIME

功能菜单，在此菜单下，可开启/关闭延迟扫描，切换 Y（电压）－T（时间）、X（电压）－Y（电压）和 ROLL（滚动）模式，设置水平触发位移复位等。

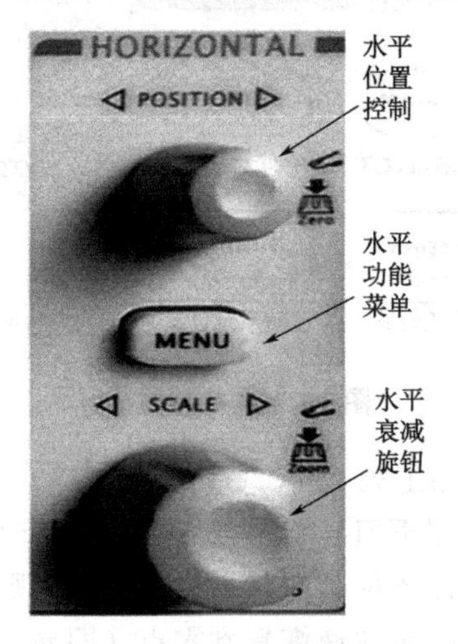

图 3.1.33　水平控制区

（6）触发控制区。如图 3.1.34 所示，主要用于触发系统的设置。转动 LEVEL 触发电平设置旋钮，屏幕上会出现一条上下移动的水平黑色触发线及触发标志，且左下角和上状态栏最右端触发电平的数值也随之发生变化。停止转动 LEVEL 旋钮，触发线、触发标志及左下角触发电平的数值会在约 5s 后消失。按下 LEVEL 旋钮触发电平快速恢复到零点。按 MENU 键可调出触发功能菜单，改变触发设置。50% 按钮，设定触发电平在触发信号幅值的垂直中点。按 FORCE 键，强制产生一个触发信号，主要用于触发方式中的“普通”和“单次”模式。

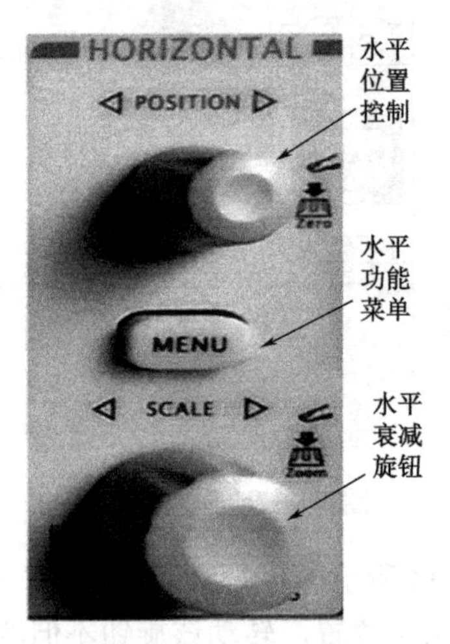

图 3.1.34　触发控制区

（7）信号输入/输出区。如图 3.1.35 所示，“CH1”和“CH2”为信号输入通道，“EXT TRIG”为外触发信号输入端，最右侧为示波器校正信号输出端（输出频率 1kHz、幅值 3V 的方波信号）。

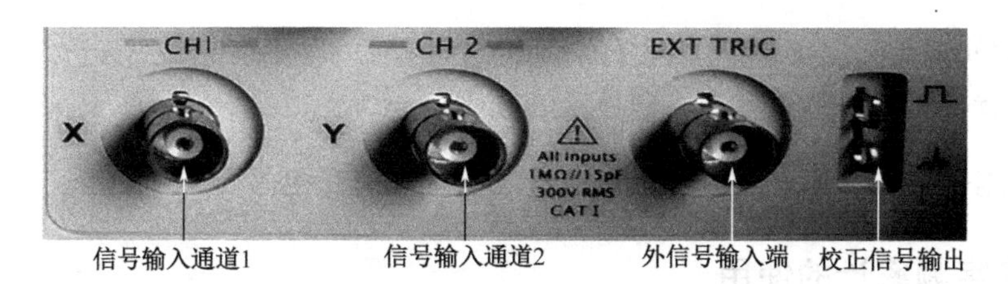

图 3.1.35　信号输入/输出区

（8）液晶显示区。液晶显示区的显示界面如图 3.1.36 所示。

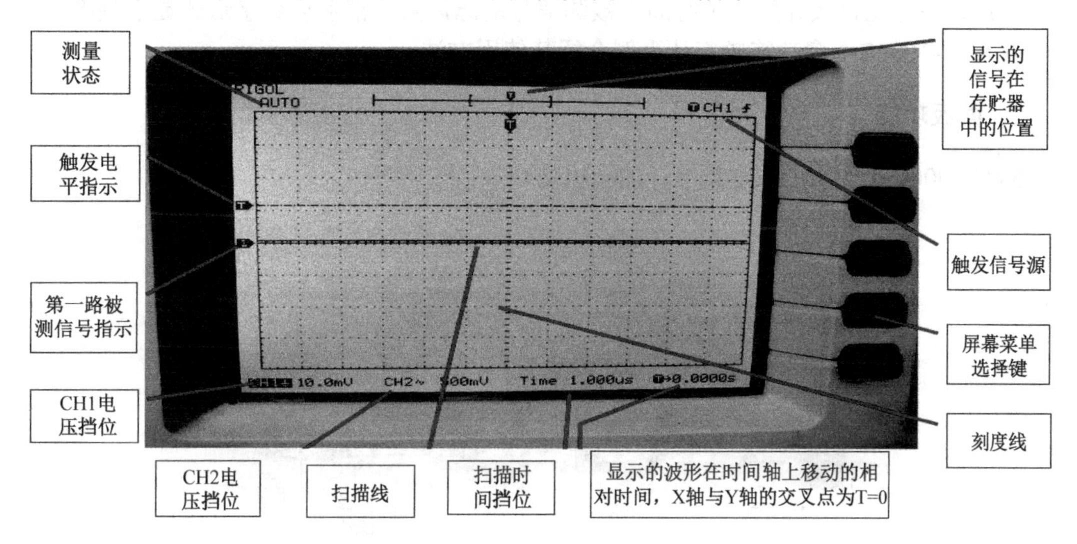

图 3.1.36　液晶显示界面

2. 基本使用方法

要观察电路中某一未知信号，进行信号频率和峰-峰值的自动测量，其步骤如下：

（1）迅速显示该信号的方法：

① 将探头的菜单衰减系数设定为 10X；

② 将 CH1 的探头连接到电路被测点；

③ 按下 AUTO（自动设置）按钮；

④ 按 CH2—OFF，MATH—OFF，REF—OFF；

示波器将自动设置，使波形显示达到最佳。在此基础上，可以进一步调节垂直、水平挡位，直至波形显示符合要求。

（2）测量峰-峰值的方法。

① 按下 MEASURE 按钮，显示自动测量菜单。

② 按下 1 号菜单操作键，选择信号源 CH1。

③ 按下 2 号菜单操作键，选择测量类型：电压测量。

④ 在电压测量弹出菜单中，选择测量参数：峰-峰值。

此时，就可以在屏幕左下角观察到显示的电压峰-峰值。

（3）测量频率的方法。

① 按下 3 号菜单操作键，选择测量类型：时间测量。

② 在时间测量弹出菜单中，选择测量参数：频率。

此时，就可以在屏幕下方观察到显示的频率。

注意： 测量结果在屏幕上的显示会因为被测信号的变化而改变。

七、数字频率计的使用

数字频率计主要用于测量正弦波、矩形波、三角波和尖脉冲等周期信号的频率值。数字计数式频率计能直接计数单位时间内被测信号的脉冲数，然后以数字形式显示频率值。下面以 NFC-1000C-1 多功能频率计为例介绍其使用方法。

1. 面板功能

NFC-1000C-1 多功能数字频率计的面板如图 3.1.37 所示。

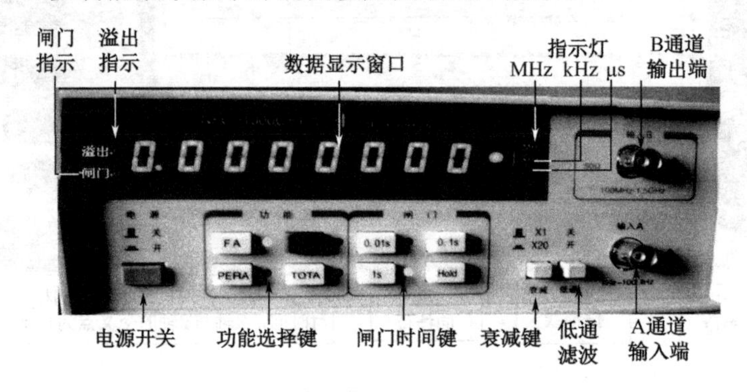

图 3.1.37 NFC-1000C-1 频率计的面板

2. 计数器挡位选择

（1）根据被测信号的频率范围选择“FA”或“FB”通道。1Hz～100MHz 选“输入 A”端口，100MHz～1.5GHz 选“输入 B 端口”。

（2）“FA”测量信号接至 A 输入通道口。按“FA”功能键；“FB”信号接至 B 输入通道口，接“FB”功能键。

（3）“FA”测量信号幅度大于 30mV（均方根值），衰减开关置×20 位置。

（4）输入信号频率若低于 100kHz，则低通滤器应置于“开”位置。

（5）根据所需的分辨率选择适当的闸门。预选时间（0.01s、0.1s 或 1s）闸门预选时间越长，分辨率越高。

3. 测量方波信号频率

测量方波信号频率有 5 个步骤，如图 3.1.38 所示。

（1）按下“FA”功能键。

（2）按下衰减开关置于×20 位置。

（3）按下低通滤波置于“开”位置。

（4）时间闸门选择 1s。

（5）将被测信号接至 A 输入通道口。

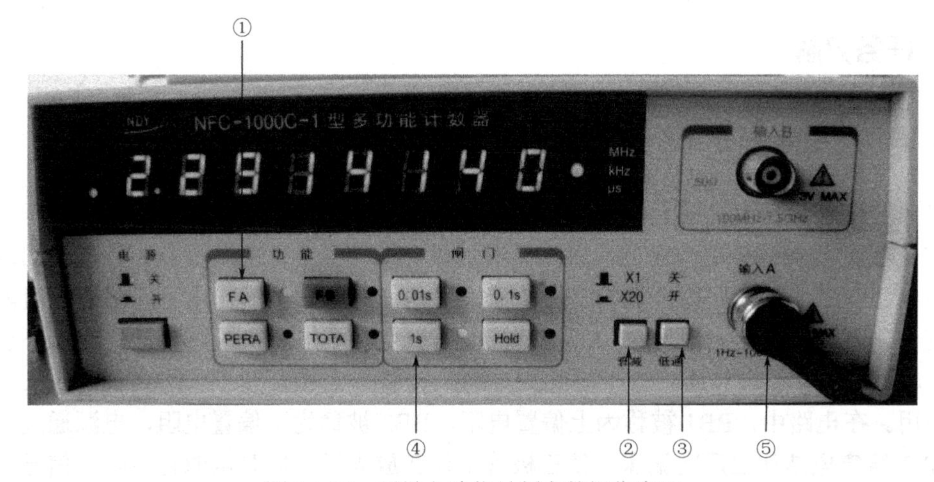

图 3.1.38　测量方波信号频率的操作步骤

例如，按照上述方法测量某方波信号时，显示屏显示为 2.29kHz，如图 3.1.39 所示。

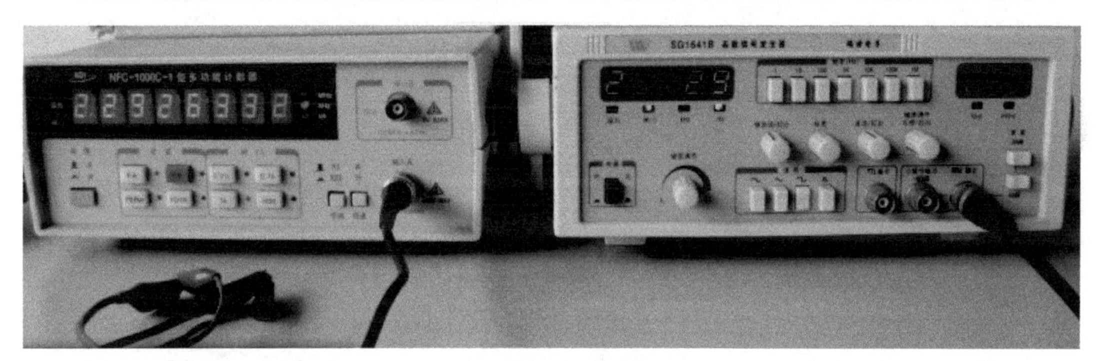

图 3.1.39　频率显示

【助学网站推荐】

（1）实训材料（编号 220）电子表：http://00dz.com/00/00.xls

（2）常用仪器仪表的使用：http://00dz.com/00/301.doc

任务 2　晶体管放大电路的安装与测试

任务目标

（1）了解晶体管放大电路的组成及各个元件的作用。

（2）能正确使用万用表检测、筛选晶体管放大电路的元器件。

（3）能够用信号发生器提供正弦波信号，用示波器测量放大器的输入、输出端的波形。

任务分解

知识 1　晶体管分压偏置放大电路的基本原理

晶体三极管分压偏置放大电路如图 3.2.1 所示，电源通过电阻 RB1、RB2 分压，给三极管 V 的发射极提供合适的正向偏置，又给基极提供一个合适的基极电流。基极回路的电阻既与电源配合，使电路有合适的基极电流，又保证在输入信号作用下，基极电流能作相应的变化。若基极分压电阻 R_{B1}=0，则基极电压恒定等于电源电压，基极电流就不会发生变化，电路就没有放大作用。RB1 与 RB2 构成一个固定的分压电路，达到稳定放大器工作点的作用。在电路中，RB1 被称为上偏置电阻，RB2 被称为下偏置电阻，电源通过集电极电阻 RC 给集电结加上反向偏压，使三极管工作在放大区，同时电源也给输出信号提供能量。集电极电阻 RC 的作用是把放大了的集电极电流的变化转化为集电极电压的变化，然后输出，若集电极电阻 R_C=0，则输出电压恒定等于电源电压，电路失去电压放大作用。

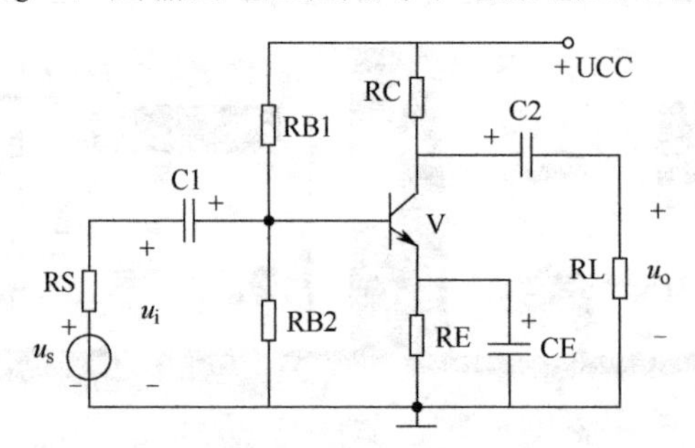

图 3.2.1　晶体三极管分压偏置放大电路

知识 2　主要元件的作用

电容 C1 和 C2 分别为输入与输出的隔直耦合电容。C1、C2 使放大器与前后级电路互不影响，同时又起交流耦合作用，让交流信号顺利通过。为避免交流信号电压在发射极电阻 RE 上产生压降，造成放大电路电压放大倍数下降，常在 RE 的两端并联一个电容 CE。只要 CE 的容量足够大，对交流分量就可视作短路。CE 称为发射极交流旁路电容。

操作 1　填表

根据如图 3.2.2 所示晶体管放大电路原理图，编写元器件明细表（即材料清单），见表 3.2.1。

图中：X1 为信号输入端，X2 为信号输出端，X3 为直流电压供电端。Q 为晶体三极管，RP、R1 为上偏置电阻，R2 为下偏置电阻，电源电压经分压后给基极提供偏流。R3 为集电极电阻，R4 为发射极电阻，C3 是射极旁路电容，提供交流信号的通道，减小放大过程中的损耗，使交流信号不因 R4 的存在而降低放大器的放大能力。C1、C4 为耦合电容，C2 为消振电容，用于消除电路可能产生的自激。

该电路的工作电压：DC 6～12V。

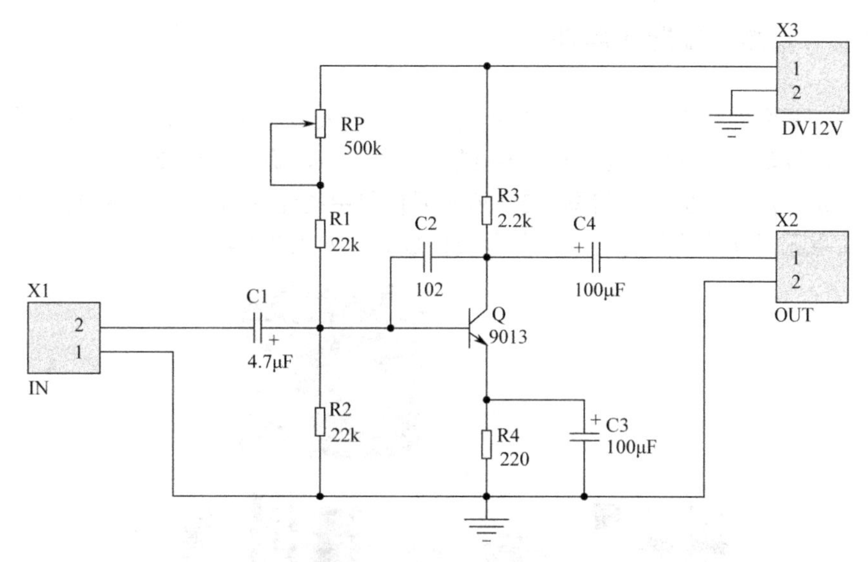

图 3.2.2　放大电路原理图

根据如图 3.2.3 所示元件包并结合原理图清点元件，填入表 3.2.1 中。

图 3.2.3　元件包

表 3.2.1　电路元件清单

序　号	元 件 序 号	参 数 大 小	数　量
1	电阻 R1、R2	22k	2
2	电阻 R3	2.2k	1
3	电阻 R4	220	1
4	可调电阻 RP	500k	1
5	电解电容 C1	4.7uF	1
6	电解电容 C3、C4	100uF	2
7	瓷片电容 C2	102	1
8	三极管 VT	9013	1
9	X1、X2、X3	排针　2 针	3
10	PCB	40×30mm	1

操作 2　检测、筛选元器件

为了保证装配的速度与质量，先根据元器件明细表清点元器件，然后用万用表检测、筛选元器件，以防止将性能不良的元器件装配在电路中，确保装配质量。

（1）识别、清点元器件。将图 3.2.3 所示元件包中的元件与表 3.2.1 中的元器件明细逐一对照，清点元器件的数量与规格，并分类摆放好，如图 3.2.4 所示。

图 3.2.4　将元件分类摆放

（2）检测、筛选色环电阻器、电位器。根据色环识读电阻器的标称值及误差，用万用表检测其实际阻值。根据数码标示识读电位器的标称值，用万用表检测其电阻值，手动检查旋动是否灵活。更换不合格元器件。

（3）检测、筛选电容器。该电路中有电解电容器和瓷片电容器两种。可以用指针万用表欧姆挡检测电容器的质量，准确测量电容量要用数字万用表或电容表。

（4）检测、筛选三极管。用万用表检测三极管，判别其类型、引脚排列和质量。

操作 3　装配晶体管放大电路

（1）准备好装配工具、器材。

（2）按工艺要求，加工元器件引脚、导线。

（3）在电路板上插装元器件。

按照“先低后高，先小后大，先里后外，先轻后重，先易后难，先一般后特殊”的原则插装元器件，如图 3.2.5 所示。

图 3.2.5　元器件插装

(4）按焊接工艺要求，焊接元器件并剪脚，如图 3.2.6 所示。特别提示：晶体管焊接时，时间要短，否则易烫坏芯片。

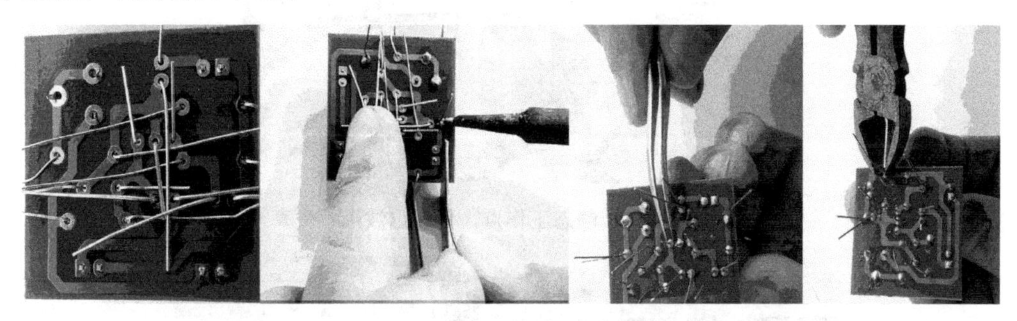

图 3.2.6　元器件焊接及剪脚

(5）装配完毕，检查元件的位置、极性，检查焊点质量是否符合要求。

装配结束的元件面布局与电路板焊点面实物图如图 3.2.7 所示。

图 3.2.7　放大电路元件布局实物图

操作 4　电路测试

1．静态工作点的测量

(1）测量电源电压。

(2）测量三极管各脚的电位。

(3）调节电位器 RP，再用万用表测试三极管三个极的电位，同时检测基极电流和集电极电流，由检测的数据分析得出三极管在不同的工作状态下三个极之间电压和电流的关系。

2．动态测试

用函数信号发生器产生一个低频信号（如 u_i=500mV，f_i=100kHz）加到放大电路的输入端，然后再用双踪示波器接入放大电路的输入与输出端观察波形。如果输出波形顶部被压缩，表明出现截止失真，说明静态工作点偏低，应增加 I_{BQ}，即把 RP 调小（如图 3.2.8 所示）。如果输出波形底部被削波，称为饱和失真，说明静态工作点偏高，应调小 I_{BQ}，即把 RP 调大。可以通用调节信号发生器和 RP，测试放大电路最大的不失真输出电压的峰-峰值，如图 3.2.9 所示。

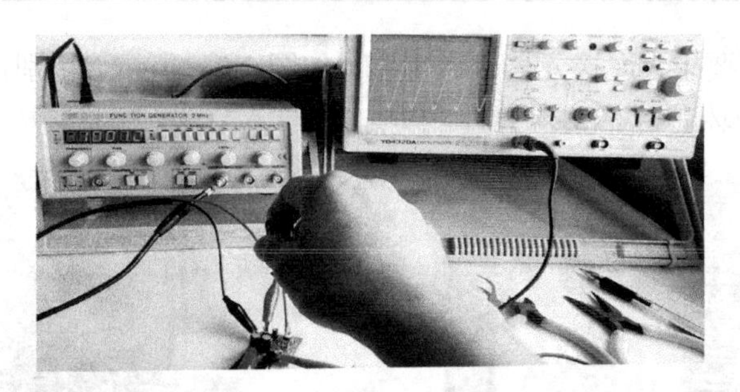

图 3.2.8　调节静态工作点，使输出波形不失真

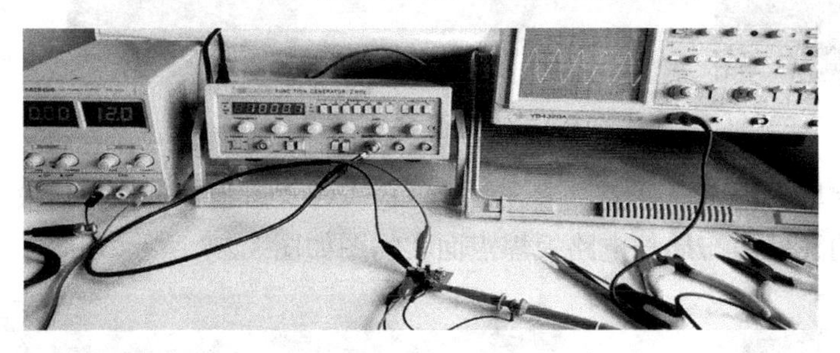

图 3.2.9　测试输出波形

3．电压测试

也可以接入毫伏表，测量输出信号的电压。

【思考与提高】

1. 简述图 3.2.2 中 C1、C2、VT、R3 的作用？
2. 分析图 3.2.2 中当 R2 损坏后，可能产生的故障现象。
3. 自己设计一个分压式晶体管放大电路，在单孔万能板上进行电路组装。分别用不同放大倍数的 2 个晶体管安装在电路中，测试并比较电路的输出波形有何变化。

【助学网站推荐】

1．实训套件（编号 301）电子表：http://00dz.com/00/00.xls
2．专业实训材料供应网站：http://00dz.taobao.com
3．专业资料交流网站：http://00dz.com
4．三极管放大原理：http://00dz.com/00/31.doc

任务 3　集成运算放大器的安装与测试

任务目标

（1）熟悉集成运算放大电路的组成及各种比例放大器。

（2）能正确安装集成运算放大电路。

（3）能够正确使用数字示波器和函数信号发生器对电路进行测试。

任务分解

知识 1　LM358 的基本原理

LM358 是双运算放大器，内部包括有两个独立的、高增益、内部频率补偿的双运算放大器，电路的引脚排列及功能如图 3.3.1 所示。LM358 的封装形式有塑封 8 引线双列直插式和贴片式两种。

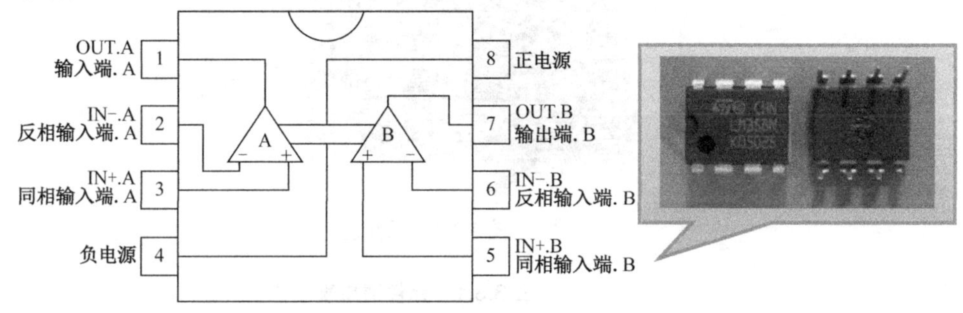

图 3.3.1　LM358 引脚排列及功能

LM358 可完成反相放大、同相放大、加法运算、减法运算、积分运算、微分运算、有源低通滤波、单稳态及半导体测温等 9 种电路，它的使用范围包括传感放大器、直流增益模块和其他所有可用单电源供电的使用运算放大器的场合。

知识 2　LM358 构成的运放电路简介

以 LM358 为核心的运放电路如图 3.3.2 所示，由 R1、R2、R3、R4、R5、R6、R7、C1、C2、C3、C5、C6、LM358 组成第一组运放电路，分别完成加法运算、同相放大、反相放大、积分运算、微分运算，信号由电容 C7 耦合，CZ3 输出。由 D1、Q1、C4、R9、R10、R11、R12、LM358 组成第二组运放电路，分别完成单稳态电路、测温电路。

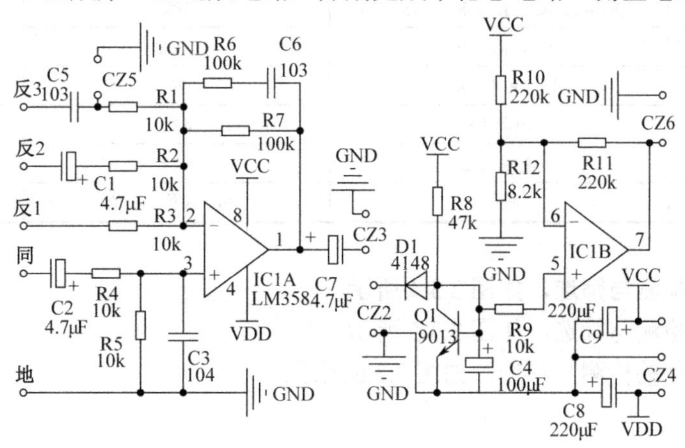

图 3.3.2　LM358 构成的运放电路

操作 1　元件的检测与筛选

（1）根据如图 3.3.3 所示元件包并结合原理图清点元件，填入表 3.3.1 中。

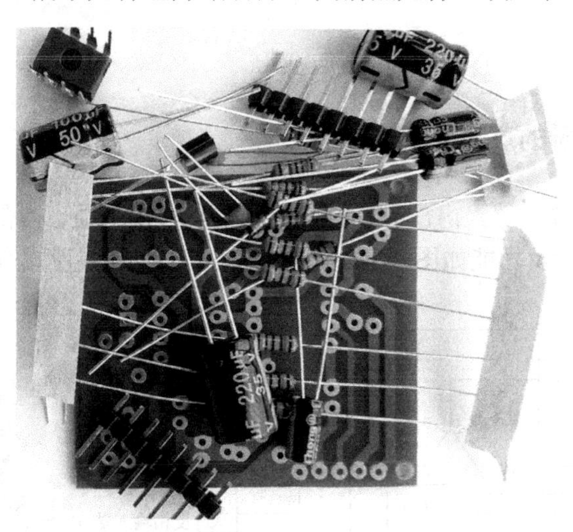

图 3.3.3　元件包

表 3.3.1　元件清单表

序　号	元件名称	参数大小	数　量
1	PCB	印制板	1
2	安装要求说明书		1
3	电解电容 C8、C9	220	2
4	电解电容 C4	100	1
5	电解电容 C1、C2、C7	4.7	3
6	瓷片电容 C5、C6	10000pF	2
7	瓷片电容 C3	100000pF	1
8	二极管 D1	1N4148	1
9	三极管 Q1	9013	1
10	集成电路	LM358	1
11	电阻 R1、R2、R3、R4、R5、R9	10k	6
12	电阻 R6、R7	100k	2
13	电阻 R10、R11	220k	2
14	电阻 R8	47k	1
15	电阻 R12	8.2k	1
16	插针	2 位、3 位、5 位	1 套

（2）电阻的检测与筛选，如图 3.3.4 所示。

（3）电容的检测与筛选，如图 3.3.5 所示。

（4）其他元件的检测与筛选，如图 3.3.6 所示。

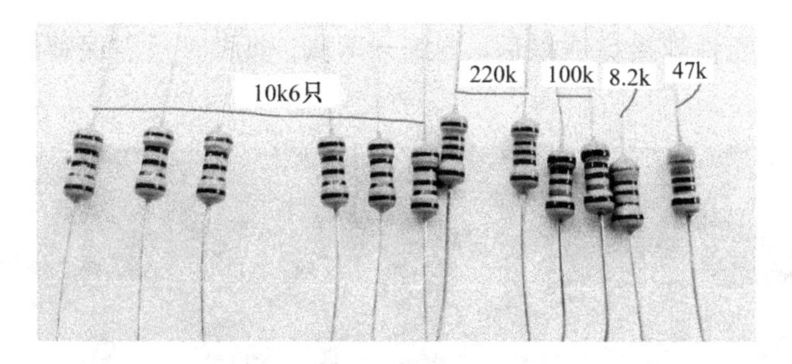

图 3.3.4　电阻的检测与筛选

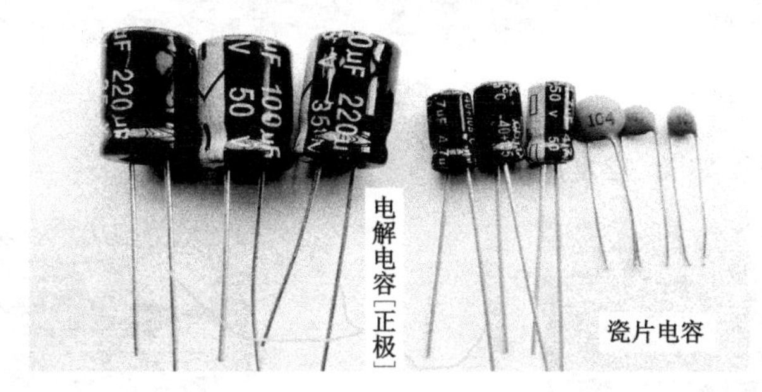

图 3.3.5　电容的检测与筛选

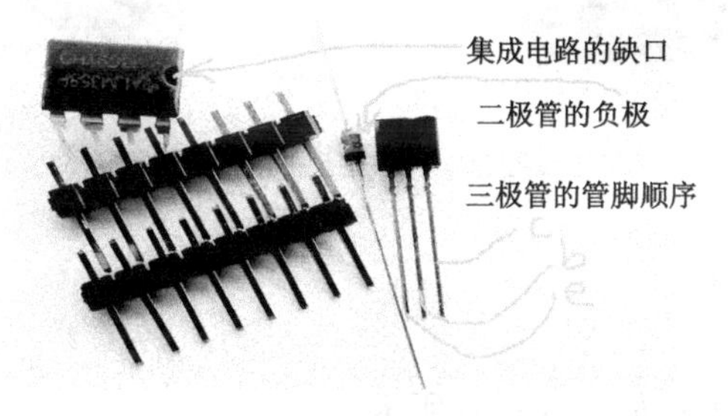

图 3.3.6　其他元件的检测与筛选

操作 2　元件的插装

插装时一般首先安装较矮的元件，然后安装插针，由于它们易掉，应将它们同时安装。安装完毕后，再插装比它高的元件，如图 3.3.7 所示。

图 3.3.7　元件的插装

操作 3　元件的焊接和剪脚

为了防止元件掉落，在安装完插针后，可以先进行一次焊接，再插装比较高的元件，最后焊接其他元件。元件焊接完成以后，再统一剪脚，剪脚时只需保留焊点完整，如图 3.3.8 所示。

图 3.3.8 焊接和元件剪脚

安装前后的电路板如图 3.3.9 所示。

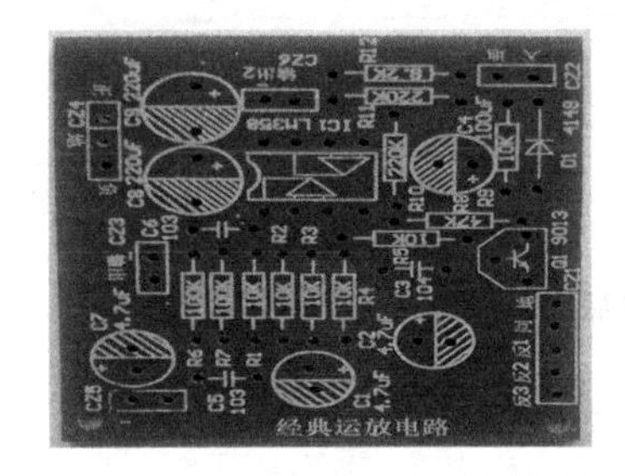

（a）安装前

（b）安装后

图 3.3.9 安装前后的电路板

操作 4 电路测试

电路测试时的连接方法如图 3.3.10 所示。

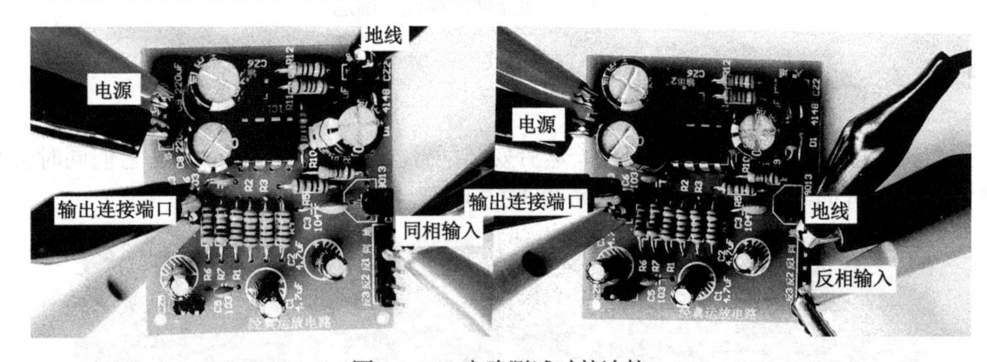

图 3.3.10 电路测试时的连接

（1）反相运算放大器测试。输入信号接 CZ1 的“反 2”端，测量输出端 CZ3 的波形幅度比输入信号明显增大，如图 3.3.11 所示。

（2）同相运算放大器测试。输入信号接 CZ1 的“同”端（此时需要短接 CZ5 插座），测量输出端 CZ3 的波形幅度比同相输入端③脚增大，如图 3.3.12 所示。

可用信号发生器作为信号源，然后用示波器测试输出的信号，从而计算集成运放电路的放大倍数。

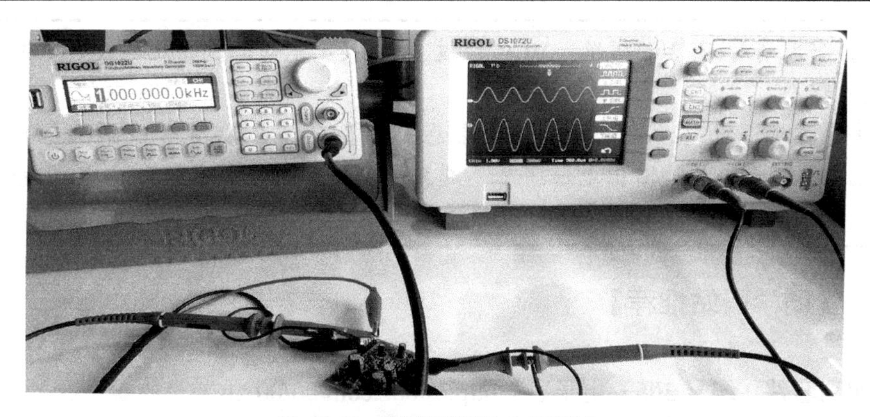

图 3.3.11　反相运算放大器测试

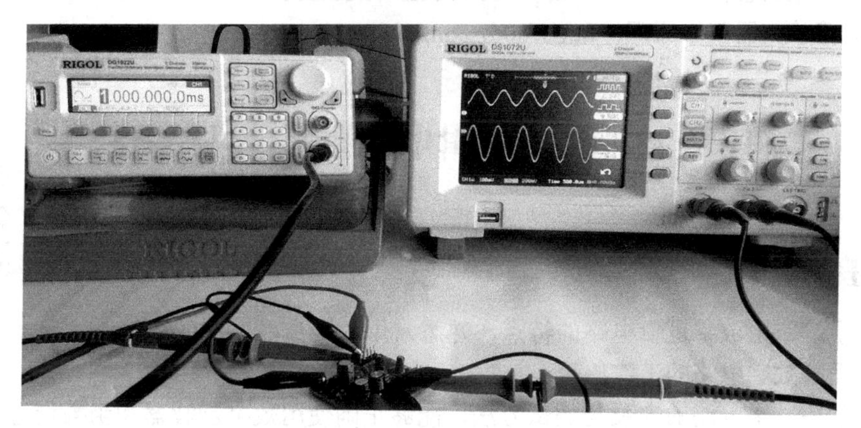

图 3.3.12　同相运算放大器测试

【思考与提高】

利用 LM358 能形成具有其他功能的电路，自己完成以下测试任务：

1. 加法运算电路。输入信号接 CZ1 的“反 1～反 3”端，在输出端 CZ3 得到输入三种信号相加后的信号。

2. 减法运算电路。输入信号接 CZ1 的“反 2，同”端，在输出端 CZ3 得到输入两种信号相减后的信号。

3. 积分运算电路。输入信号（矩形波）接 CZ1 的“反 1”端，在输出端 CZ3 可得到对输入信号积分后的信号（梯形波或三角波）。

4. 微分运算电路。输入信号（矩形波）接 CZ1 的“反 3”端，在输出端 CZ3 可得到对输入信号微分后的信号（正负极性的尖峰脉冲）。

5. 有源低通滤波电路。输入信号接 CZ1 的“同”端，在输出端 CZ3 可得到滤波后的信号。

6. 单稳态电路。通电后 VCC 经过 R8 向 C4 充电，C4 两端的电压逐渐升高，此电压通过 R9 加到运放第 5 脚，当 5 脚电压高于 6 脚电压时，7 脚开始输出高电平（接近正电源电压），电路进入稳态。当对 CZ2 短路时（模拟触发），D1 对 C4 电压放电，7 脚输出低电平（接近负电源电压），电路进入非稳态，此时最好取下三极管 Q1（测温用），这样效果会非常明显。当取消对CZ2的短路，VCC经过R8向C4充电，过会儿运放第7脚又输出高电平，进入稳态。

7. 半导体测温电路。通电后用烙铁靠近三极管Q1，三极管等效电阻会下降，导致C4两端电压也下降，7脚输出电压下降，起到测温的作用。此功能供电电压最好在±9V以上。

【助学网站推荐】

1．实训套件（编号305）电子表：http://00dz.com/00/00.xls

2．经典运放套件制作资料：http://00dz.com/00/32.doc

3．运算放大器基本原理：http://00dz.com/00/33.doc

任务4　数字逻辑电路的安装与测试

任务目标

（1）了解常用数字逻辑电路的特点，熟悉常用数字集成电路的功能。

（2）理解数字电路的工作原理。

（3）掌握数字电路的安装与调试方法，能够正确使用数字示波器和函数信号发生器对电路进行测试。

任务分解

知识1　数字逻辑电路的种类

数字逻辑集成电路是构成数字电路的基本单元。数字逻辑集成电路对使用者来说是极为方便的，特别是中大规模集成电路。使用者可以不必了解内部结构和工作原理，只要从手册中查出该电路的真值表、引脚功能图和电参数，就能合理使用该集成电路。

逻辑门电路可以组合使用，实现更为复杂的逻辑运算。常见的逻辑门有TTL逻辑门电路和COMS逻辑门电路。

1．TTL型

TTL型集成电路是以双极型晶体管（即通常所说的晶体管）为开关元件，输入级采用多发射极晶体管形式，开关放大电路也都是由晶体管构成，所以称为晶体管-晶体管-逻辑，缩写为TTL。

TTL逻辑电路基本上涵盖了门电路、译码器/驱动器、触发器、计数器、移位寄存器、单稳电路、双稳电路和多谐振荡器、加法器、乘法器、奇偶校验器、码制转换器、线驱动器/线接收器、多路开关及存贮器。例如：74LS00是与非门，74LS138是38译码器，74LS192

是计数器。

TTL 逻辑电路是电流控制器件，其标准工作电压是+5V，输出高电平>2.4V，输出低电平<0.4V。在室温下，一般输出高电平是 3.5V，输出低电平是 0.2V。最小输入高电平≥2.0V，最小输入低电平≤0.8V，噪声容限是 0.4V。

2．CMOS 型

CMOS 型集成电路是互补金属氧化物半导体数字集成电路的简称，这里 C 表示互补的意思，它是由 P 沟道 MOS 晶体管和 N 沟道 MOS 晶体管组合而成的。

CMOS 集成电路采用场效应管，且都是互补结构，工作时两个串联的场效应管总是处于一个管导通、另一个管截止的状态，电路静态功耗理论上为零。实际上，由于存在漏电流，CMOS 电路尚有微量静态功耗。单个门电路的功耗典型值仅为 20mW，动态功耗（在 1MHz 工作频率时）也仅为几 mW。

CMOS 电路的产品主要有 4000B 系列（包括 4500B）、40H 系列、74HC 系列。

CMOS 集成电路可以在 3～18V 电压下正常工作，一般采用 12V 供电。其高电平电压接近于电源电压，低电平接近于 0V，而且具有很宽的噪声容限。

知识 2　熟悉常见的集成逻辑电路

1．74LS00 四二输入与非门集成电路

74LS00 四二输入与非门集成电路是常用的四二输入与非门集成电路，顾名思义，其作用就是实现一个与非门。其引脚功能如下：1、2 输入，3 输出；4、5 输入，6 输出；7 接地；9、10 输入，8 输出；11、12 输入，13 输出；14 接电源，如图 3.4.1 所示。

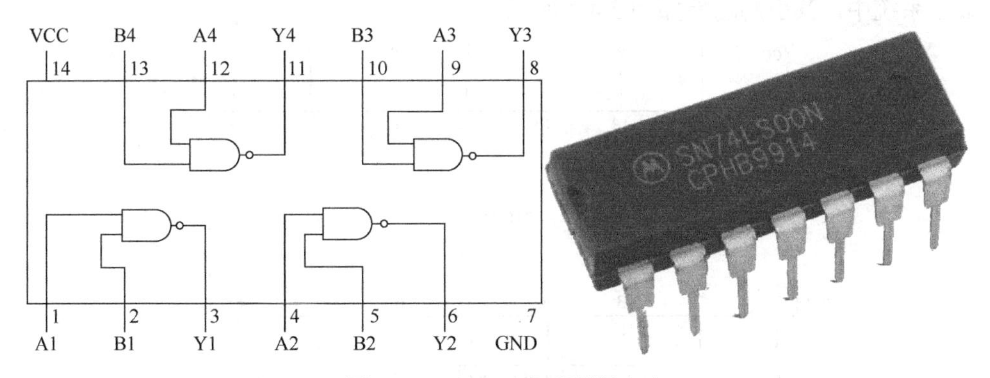

图 3.4.1　74LS00 集成逻辑电路

2．74LS192 计数器

74LS192 是同步十进制可逆计数器，它具有双时钟输入，并具有清除和置数等功能，其引脚排列及逻辑符号如下图 3.4.2 所示。图中：$\overline{PL}$ 为置数端，CP_U 为加计数端，CP_D 为减计数端，$\overline{TC_U}$ 为非同步进位输出端，$\overline{TC_D}$ 为非同步借位输出端，P0、P1、P2、P3 为计数器输入端，MR 为清除端，Q0、Q1、Q2、Q3 为数据输出端。

74LS192 的功能真值表见表 3.4.1。

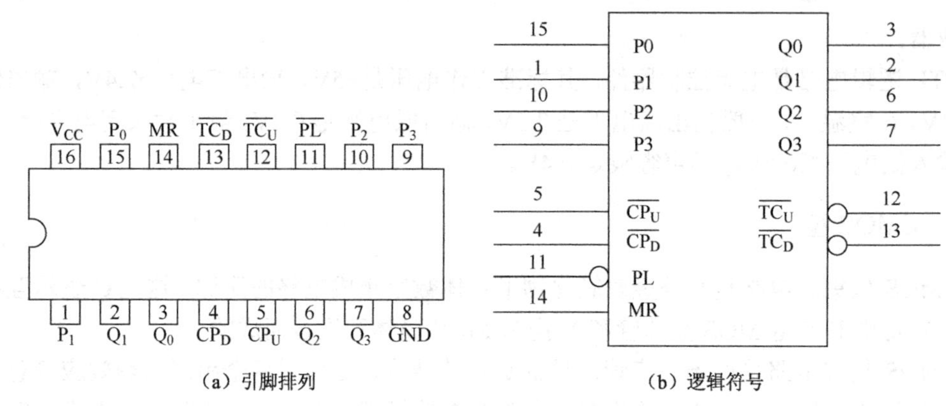

（a）引脚排列　　　　（b）逻辑符号

图 3.4.2　74LS192 计数器

表 3.4.1　74LS192 的真值表

输　入								输　出			
MR	$\overline{PL}$	CP_U	CP_D	P3	P2	P1	P0	Q3	Q2	Q1	Q0
1	×	×	×	×	×	×	×	0	0	0	0
0	0	×	×	d	c	b	a	d	c	b	a
0	1		1	×	×	×	×	加计数			
0	1	1		×	×	×	×	减计数			

3．74LS48 译码器

74LS48 芯片是一种常用的七段数码管译码器驱动器，常用在各种数字电路和单片机系统的显示系统中，其引脚功能如图 3.4.3 所示。

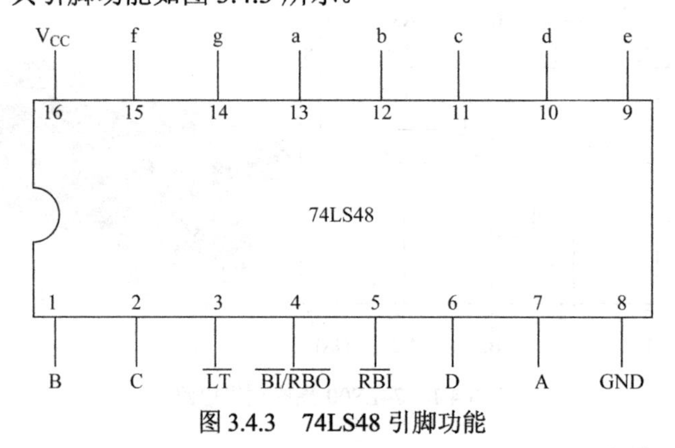

图 3.4.3　74LS48 引脚功能

其中，A～D 为输入，D 为高位，为二进制编码；a～g 为输出，高电平有效，分别接共阴极数码管的 a～g 引脚。LT 为灯测试输入端，低电平有效，LT=0 时，数码管 7 段同时得到高电平，以检查数码管各段功能。RBI 为灭灯输入端，低电平有效。BI/RBO 为灭灯输入/灭灯输出端，低电平有效。

7 段数码管可分为共阴极和共阳极，应注意区别，如图 3.4.4 所示。共阴极数码管 com 端要接低电平，由 74LS48/49 等驱动；共阳极数码管 com 端要接高电平，由 74LS46/47 等驱动；两个 com 端仅连接一个即可。

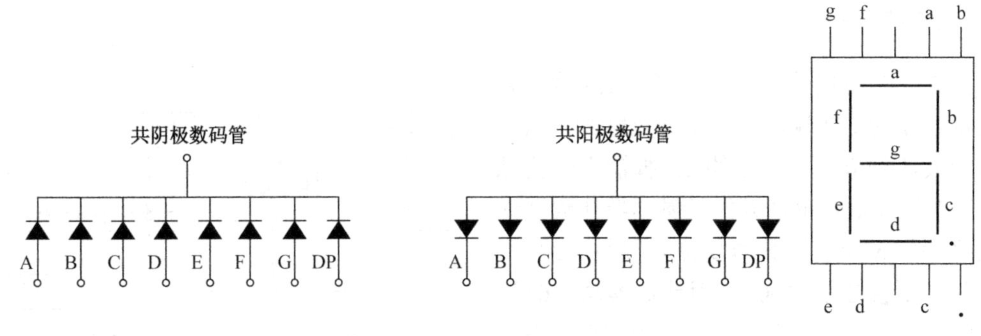

图 3.4.4　7 段数码管

知识 3　熟悉 NE555 时基集成电路

555 时基集成电路是一个用途很广且相当普遍的计时 IC，有两种封装形式，如图 3.4.5 所示。只需少数的电阻和电容，便可产生数位电路所需的各种不同频率之脉波讯号。

（a）8-DIP 封装

（b）8-SOP 封装

图 3.4.5　555 时基集成电路

555 芯片内使用了 3 个精度较高的 5kΩ 分压电阻，型号由此而得名。NE555 是双极性器件的集成电路，内含 2 个 555 电路的型号为 NE556，为 14 脚封装。另有 CMOS 工艺的 7555 和 7556。

NE555 电压使用范围为 4.5～18V，可与 TTL、CMOS 等逻辑电路配合使用，一般多应用于单稳态多谐振荡器及无稳态多谐振荡器。

555 时基集成电路的引脚功能如图 3.4.6 所示。

接地 1　　8 电源
触发 2　　7 放电
NE555
输出 3　　6 阈值
复位 4　　5 控制

图 3.4.6　555 时基集成电路的引脚功能图

知识 4　认识 24 秒倒计时电路

1. 24 秒倒计时电路简介

电路由秒脉冲发生器、计数器、译码器、显示电路和报警电路 5 部分组成，图 3.4.7 所示为 24 秒倒计时电路框图，图 3.4.8 所示为其电路原理图。计数器以秒为单位从 24 递减到 0，最后从 0 变成 24 暂停。当按下开始按钮时，又进入下一次倒计时计数。

2. 电路原理

由 555 定时器输出秒脉冲经过 R3 输入到计数器 IC4 的 CD 端，作为减计数脉冲。当计数器计数计到 0 时，IC4 的 13 脚输出借位脉冲，使十位计数器 IC3 开始计数。当计数器计数到“00”时应使计数器复位并置数“24”。但这时将不会显示“00”，而计数器从“01”直接复位。由于“00”是一个过渡时期，不会显示出来，所以本电路采用“99”作为计数器复位脉冲。当计数器由“00”跳变到“99”时，利用个位和十位的“9”即“1001”通过与非门 IC5 去触发 RS 触发器使电路翻转，从 11 脚输出低电平使计数器置数，并保持为“24”，同时 D 发光二极管亮，蜂鸣器发出报警声，即声光报警。接下 K1 时，RS 触发器翻转，11 脚输出高电平，计数器开始计数。

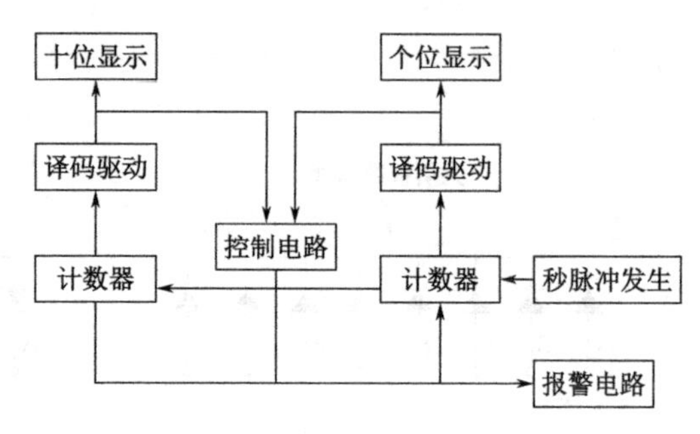

图 3.4.7　24 秒倒计时电路框图

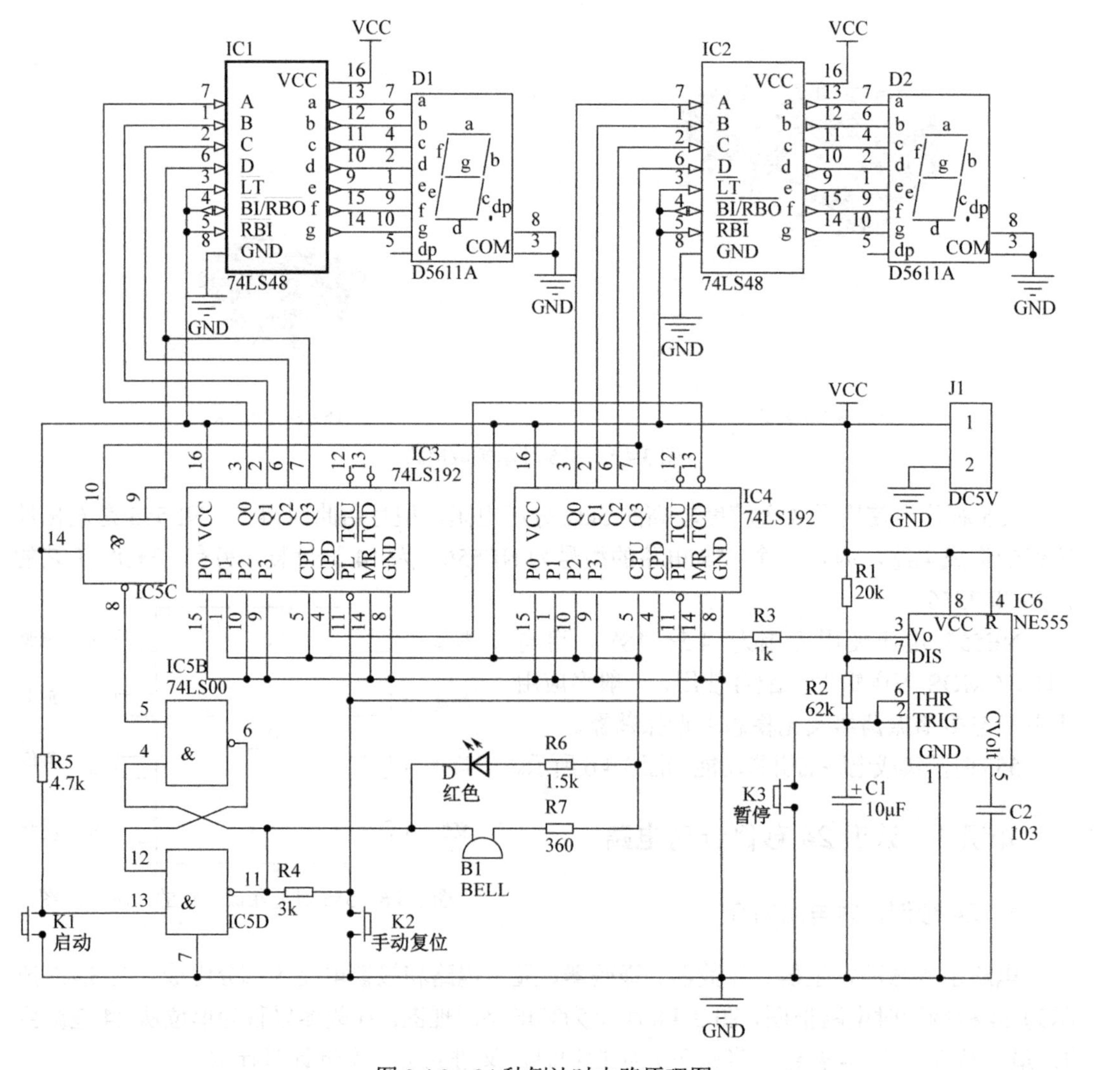

图 3.4.8　24 秒倒计时电路原理图

操作 1　电路元件的检测与筛选

（1）根据如图 3.4.9 所示元件包并结合图 3.4.8 所示原理图清点元件，填入表 3.4.2 中。

图 3.4.9　元件包

表 3.4.2　元件清单表

序　号	元 件 名 称	参 数 大 小	数　量
1	电阻 R1	20k	1
2	电阻 R2	62k	1
3	电阻 R3	1k	1
4	电阻 R4	3k	1
5	电阻 R5	4.7k	1
6	电阻 R6	1.5k	1
7	电阻 R7	360	1
8	电容 C1	10uF	1
9	电容 C2	0.01uF	1
10	发光二极管 D3	红色	1
11	U1、U2	74LS48	2
12	U3、U4	74LS192	2
13	U5	NE555	1
14	U6	474LS00	1
15	七段数码管 D1、D2	共阴极	2
16	有源蜂鸣器	5V	1
17	按钮 S1、S2、S3	常开	3
18	印制电路板		1
19	2P 接线端子		1

（2）电阻、电容、二极管的检测与筛选，如图 3.4.10 所示。

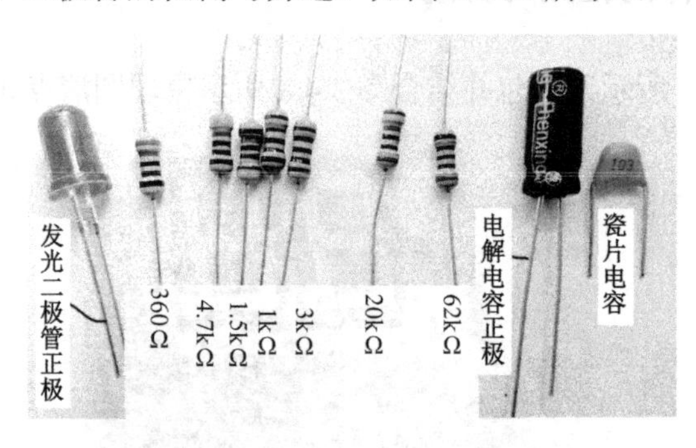

图 3.4.10　电阻、电容、二极管的检测与筛选

（3）其他元件的检测与筛选，如图 3.4.11 所示。

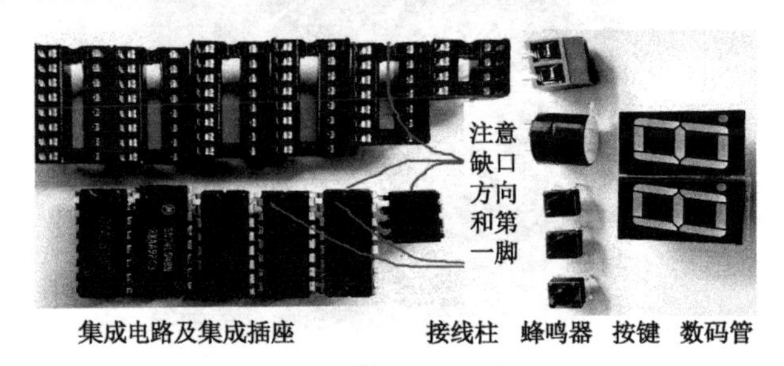

图 3.4.11　其他元件的检测与筛选

操作 2　元件的插装

插装元件时，一般首先安装较矮的元件电阻，然后安装集成块插座，由于它们易掉，可以用一张纸盖住后将其翻转，并把它焊接好后，再安装剩下的较高的元件，如图 3.4.12 所示。

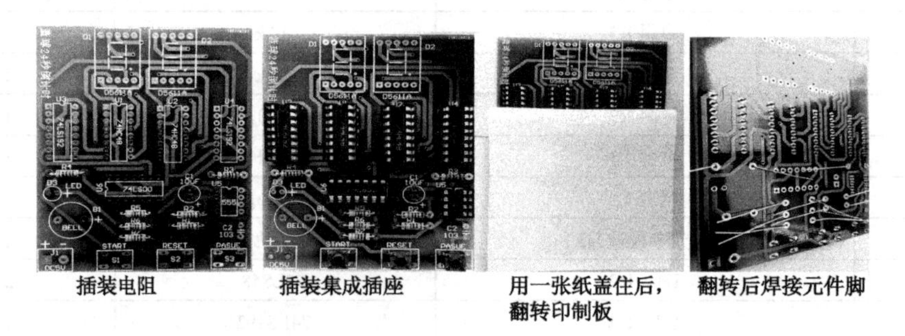

图 3.4.12　元件插装

操作 3　元件的焊接和剪脚

为了防止元件掉落，在安装完集成电路的插座以后，先进行一次焊接，再插装比较高的元件，最后焊接其他元件，如图 3.4.13 所示。

全部元件焊接完成后，再统一剪脚，剪脚时只需保留焊点完整。

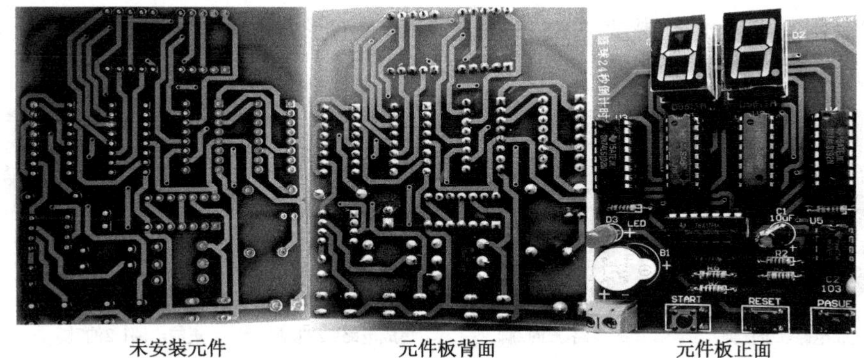

未安装元件　　　元件板背面　　　元件板正面

图 3.4.13　元件焊接和剪脚

操作 4　电路测试

1．工作状态测试

调节稳压电源，接通 5V 电源以后，测试数字电路是否工作正常。正常状态下，通电以后数码管显示的数值为“24”。若按下 RESET，计数器立即复位；松开 RESET，计数器又开始计数。若需要暂停时，按下 PASUE，振荡器停止振荡，使计数器保持不变。断开 PASUE 后，计数器继续计数，如图 3.4.14 所示。

图 3.4.14　工作状态测试

2．直流电位测试

测量译码器的各只脚的电压，判定译码器工作状态。可以分为编码输入信号的测试和译码输出信号的测试两个过程。

（1）用数字万用表测试编码输入信号，其中输入脚为 1、2、6、7 四只脚（0100），测试过程如图 3.4.15 所示。

（2）用数字万用表测试译码器的输出信号，如图 3.4.16 所示，其中 11、12、14、15 脚为 1.8V；9、10、13 脚为 0.13V；16 脚为 5.06V。

3．交流信号波形测试

按照图 3.4.17 所示连接好测试线路，首先调整好稳压电源的电压，并给数字计数电路供电，然后用数字示波器测量 NE555 输出信号的波形，图中所示的测量结果是周期为 5×200ms 的脉冲弦波。

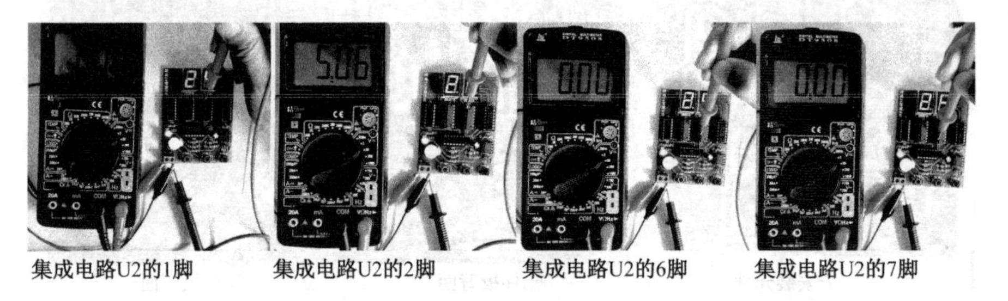

图 3.4.15　万用表测试编码输入信号

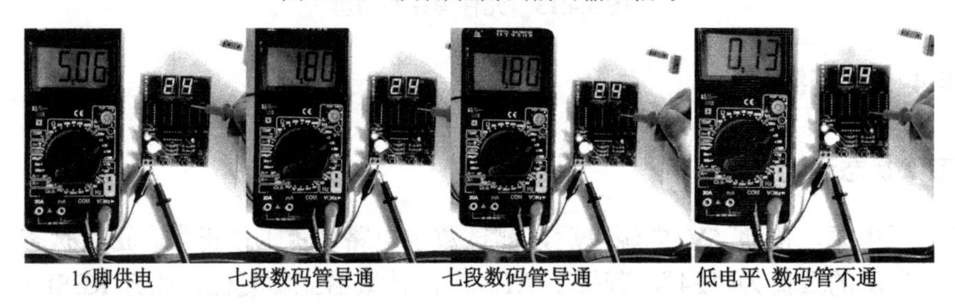

图 3.4.16　测试译码器的输出信号

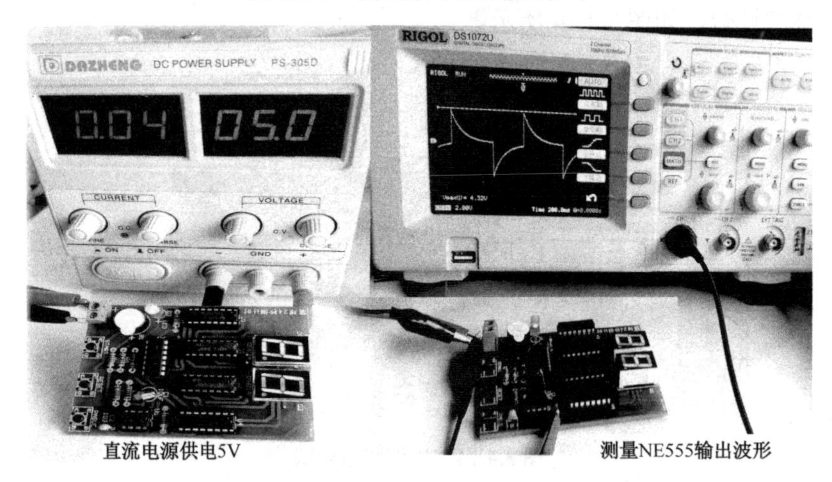

图 3.4.17　交流信号波形测试

【助学网站推荐】

1．实训材料（编号 727）电子表：http://00dz.com/00/00.xls
2．NE555 时基电路功能介绍：http://00dz.com/00/34.doc
3．74ls192 引脚图、功能表资料：http://00dz.com/00/35.doc
4．篮球 24 秒倒计时器参考资料：http://00dz.com/00/36.doc

项目四　小型电子产品制作与检测

任务1　声光双控延时节电开关的安装与检测

任务目标

（1）理解声光双控延时节电开关电路的工作原理。

（2）掌握相关仪器的使用方法。

（3）掌握驻极体话筒、光敏电阻、单向晶闸管的识别与检测。

（4）会用电铬铁进行贴片元件焊接。

（5）会检修基本的电路故障。

任务描述

本任务是完成声光双控延时节电开关电路的安装与测试。

声光双控楼道灯电路是利用声波和光能作为控制信号的新型智能开关，它避免了烦琐的人工开灯，同时具有自动延时熄灭的功能。在白天、夜晚光线较亮或者夜晚光线较暗但无声音时，由于光敏电阻的作用，门电路被封锁，电子开关断开，声音不能触发延时电路工作，灯泡 L 不发光。只有在夜晚光线较暗并且声音达到一定强度的某个瞬间，门电路发生短时翻转，电子开关闭合灯亮，先对定时电容充电或放电（两种工作类型），再利用大电阻对定时电容缓慢地放电，以达到延时目的。短暂的声音信号消失，灯继续点亮一段时间后，电子开关恢复断开状态，灯灭。

用声光双控延时开关代替住宅小区的楼道上的开关，可以达到节能的目的，不仅适用于住宅区的楼道，而且也适用于工厂、办公楼、教学楼等公共场所，它具有体积小、外形美观、制作容易、工作可靠等优点。

为了实训安全，本电路采用低压 12V 交流供电，同时灯泡 L 功率相应较小，模拟实际工作环境设计。

一、电路原理图与实物套件

（1）声光双控延时节电开关电路原理图如图 4.1.1 所示。

（2）声光双控延时节电开关实物套件如图 4.1.2 所示。

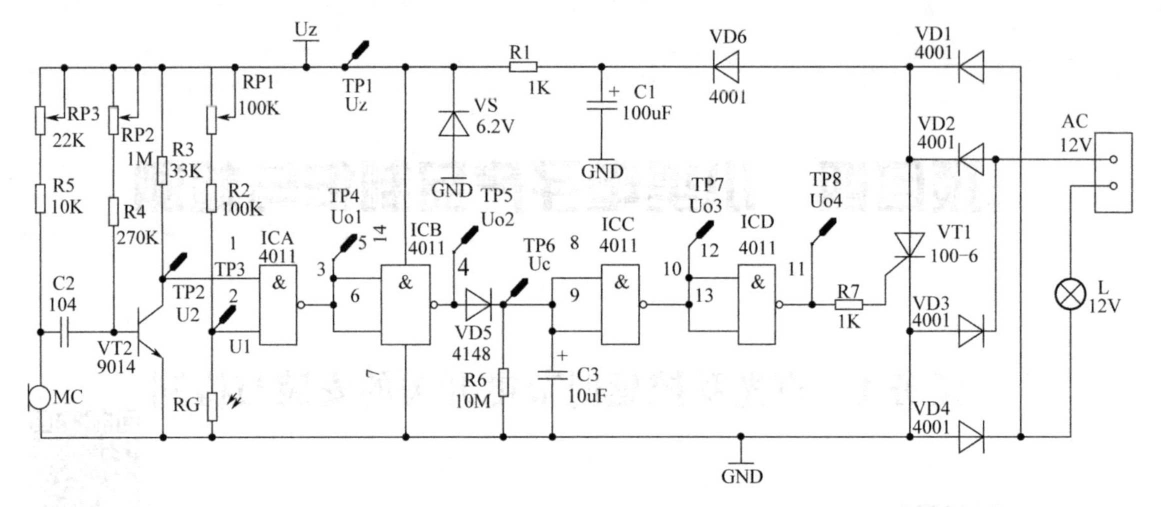

图 4.1.1　声光双控延时节电开关电路原理图

图 4.1.2　声光双控延时节电开关实物套件

二、电路方框图

声光双控延时节电开关的电路方框图如图 4.1.3 所示。

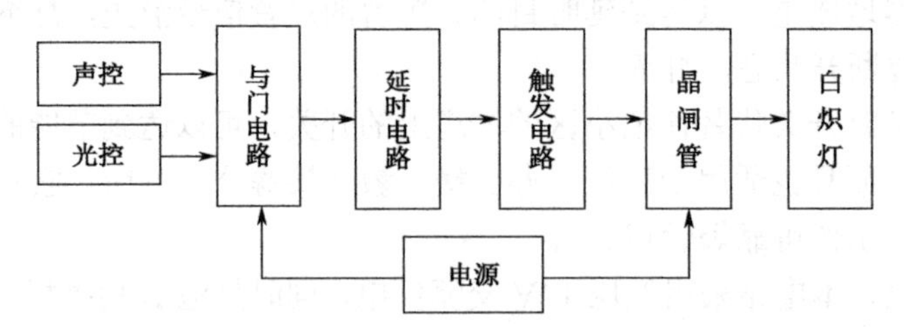

图 4.1.3　声光双控延时节电开关电路方框图

三、工作原理介绍

1. 电源供电

12V 低压交流电经由 VD1～VD4 构成的桥式整流电路后得到正弦半波电压，（注意此处只整流不能滤波，若滤波后，脉动直流电没有过零点，则晶闸管一旦开启后将无法关闭。）

此电压一方面加到晶闸管的阳极和阴极，形成正向 U_{AK} 电压，为晶闸管的导通提供必要条件之一；另一方面，该电压经隔离二极管 VD6 后，由电容器 C1 滤波，R1 和 VS 进行简单稳压后供给以 CD4011 为核心的控制电路。

2. 信号控制过程

在白天或光线充足时，光敏电阻 RG 阻值较低，与 RP1、R2 形成串联分压（CMOS 集成电路的输入端电流极低，可忽略），光敏电阻 RG 分得电压较低，使 IC1A 的 2 脚为低电平。由于 IC1A 和 IC1B 构成一个与门，根据与门电路的特点，有低出低，所以 IC1B 的 4 脚输出为低电平，隔离二极管 VD5 不导通，延时电路 C3、R6 中电压为 0，IC1C 和 IC1D 构成的两级非门输入为低电平，输出也是低电平，晶闸管的控制极电压为 0，晶闸管处于关断状态，灯泡 L 不能被点亮。

在晚上或光线较暗时，光敏电阻 RG 阻值较高，与 RP1、R2 形成串联分压，光敏电阻 RG 分得电压较高，使 IC1A 的 2 脚为高电平。由于 IC1A 和 IC1B 构成一个与门，若此时没有声音信号，三极管 VT2 静态时，处于临界饱和状态，VT2 的 C 极输出低电平，与门输出低电平，灯不能点亮。若此时有声音信号（脚步声、掌声或其他音频信号），驻极体话筒 MC 有动态波动信号输入到放大电路 VT2 的基极（为了获得较高的灵敏度，VT2 的电流放大倍数应大于 100），由于电容 C2 的隔直通交作用，加在基极信号相对零电平有正、负波动信号，声音信号中的负半周部分将 VT2 的基极电位拉低，让 VT2 瞬间处于截止状态，C 极输出瞬间高电平，此时与门输出高电平。VD5 导通后，对 C3 快速充电并充到约为电源电压，IC1C 和 IC1D 构成的两级非门输入为高电平，输出也是高电平，晶闸管的控制极电压为 0.7V 左右，晶闸管处于开启状态，灯泡 L 被点亮。声音信号持续时间较短，但由于延时电路中 C3 放电很慢，会维持一段时间的高电平，灯泡 L 点亮的时间得以延长，当 C3 上的电压下降到低电平时（整个过程持续约为 30～60s），灯泡 L 熄灭。

声光双控的功能实现就是光强条件下，有无声音灯都不亮；光弱条件下，无声不亮，有声亮。

由此可见，在白天或光线充足时，由于光敏电阻的作用，即使有声音响起也不会开启灯泡 L。在晚上或光线较暗时，光敏电阻 RG 阻值较高失去控制作用，只要有声音响起，灯就会开启，且经过一段时间的延时后熄灭。

相关知识

一、特殊元件介绍

1. 驻极体话筒 MC

（1）外形。驻极体话筒 MC 的外形如图 4.1.4 所示。

（2）作用。将声音信号转换为电信号。

（3）检测方法。用指针表 R×100 挡，黑表笔接话筒正极（两个焊点中没有铜箔与外壳相连的一只，如图中左侧焊点），红表笔接话筒负极，则指针处于 40～50 之间，此时对话筒吹气，指针有明显的偏转，则话筒是正常的。指针偏转角度越大，表明话筒的灵敏度越高。交换表笔，此时指针位置处于 10 左右，但对话筒吹气，指针几乎不动。所以，在安装时应注意分清驻极体话筒的正、负极性。

2．光敏电阻

（1）光敏电阻是一种无结器件，它是利用半导体的光致导电特性制成的，当光照很强或很弱时，光敏电阻的光电流和光照之间会呈现非线性关系，其他照度区域近似呈线性关系。其外形如图 4.1.5 所示。

图 4.1.4　驻极体话筒

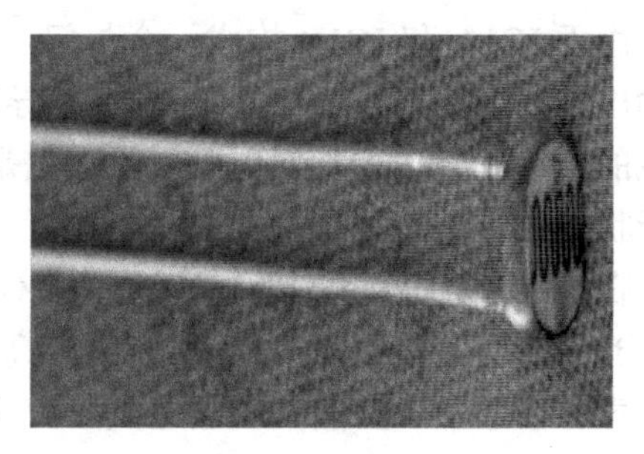

图 4.1.5　光敏电阻

（2）作用。将可见光信号转换为电信号。光照越强，光敏电阻的阻值越小；光照越暗，阻值越大。无光时，其阻值可高达 MΩ 级。

（3）检测。用 R×1k 挡，当有光时，阻值较小，约为几 kΩ 或更小；无光照，阻值较大。

3．集成电路 CD4011

集成电路 CD4011 有四个独立的与非门电路。两输入端有一个输入为 0，输出就为 1；当输入端均为 1 时，输出为 0；当两个输入端都为 0 时，输出是 1。

CD4011 采用贴片封装，可做成振荡、单稳、双稳，又可作为整形、反相等。在本电路中 CD4011 仅用作反相和整形以及控制门的作用，其内部结构如图 4.1.6 所示。

4．贴片电阻器与贴片电容器

（1）图 4.1.7 左边的元件是贴片电阻器，其阻值表示方法是数码法，此电阻器阻值为 33kΩ，功率为 0.25W。

（2）图 4.1.7 右边的元件是贴片电容器，元件的容量没有标注在上面，只能通过新购元件包装上的参数来识别，或者用电容表来进行测量。

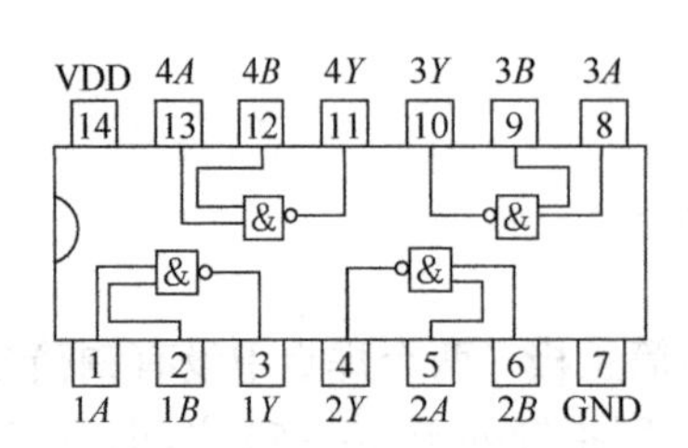

图 4.1.6　CD4011 内部结构

图 4.1.7　贴片电阻器与贴片电容器

经验表明，若在一个套件中贴片元件的类别较多时，同学们应当打开一个类别的元件就将这一类别的元件焊接完毕，之后再打开另一类别的元件进行焊接。否则，会造成参数识别困难。

5. 晶闸管

晶闸管是一种具有三个 PN 结的四层结构的大功率半导体器件，也称为可控硅，该器件具有“一触即发”的特点。

MCR100-6 为单向晶闸管，当主控制电路导通时，控制极 G 端为高电平，VT1 导通灯亮，当主控制电路不工作时，G 端为低电平电路截止，灯不亮，从而起到可控开关的作用。

由于单向晶闸管 MCR100-6 和晶体三极管 9014 的外形基本相同，故安装时应注意区分清楚。

二、工艺要求

1. 元器件安装要求

各元器件按图纸的指定位置进行贴装、插装、焊接。本任务中涉及的引线元件，在将其插装到 PCB 进行焊接前，必须预先对元器件引线进行成形处理。

（1）电阻：贴片电阻应紧贴 PCB 焊接。光敏电阻的高度为 5～10mm。

（2）电容器：贴片电容器应紧贴 PCB 焊接；电解电容器应在离 PCB1～2mm 处插装焊接。

（3）二极管：二极管应在离 PCB1～2mm（塑封）或 2～3mm（玻璃封装）处插装焊接。

（4）三极管和晶闸管：三极管和晶闸管应在离 PCB4～6mm 处插装焊接。

（5）集成电路：集成电路插座应紧贴 PCB 插装焊接。

（6）电位器：电位器应按照 PCB 丝印要求方向紧贴 PCB 安装焊接。

（7）驻极体话筒的引脚需自制，安装时注意正、负极性。

2. 焊接要求

（1）焊点大小适中，无漏、假、虚、连焊，焊点光滑、圆润、干净，无毛刺。

（2）焊盘不应脱落。

（3）元件修脚长度适当、一致、美观，不得损伤焊面。

任务分解

一、编写元器件明细表、检测并筛选元器件

根据图 4.1.1 编写元器件明细表，详情见表 4.1.1。

表 4.1.1　声光双控延时节电开关元器件明细表

元器件代号	名　称	规　格	数　量	备　注
R1、R7	电阻器	1kΩ	2	贴片
R2	电阻器	100kΩ	1	贴片
R3	电阻器	33kΩ	1	贴片
R4	电阻器	270kΩ	1	贴片
R5	电阻器	10kΩ	1	贴片
R6	电阻器	10MΩ	1	贴片
RP1	电位器	100kΩ	1	
RP2	电位器	1MΩ	1	
RP3	电位器	22kΩ	1	
C1	电容器	100μF	1	
C2	电容器	0.1μF	1	贴片
C3	电容器	10μF	1	
VD1、VD2、VD3、VD4、VD6	二极管	1N4001	5	
VD5	二极管	1N4148	1	贴片
VS	稳压二极管	6.2V	1	
MC	驻极体话筒		1	
RG	光敏电阻器		1	
VT1	单向晶闸管	MCR100-6	1	
VT2	三极管	9014	1	
L	小灯泡 L	12V	1	
IC	集成电路	CD4011	1	贴片
测试针			8	
热缩管		黑色	1	

二、元器件的选择、测试

根据表 4.1.2，进行元器件的选择、测试。

表 4.1.2　元器件检测表

<table>
<tr><th>元　器　件</th><th colspan="3">识别及检测内容</th><th>配　分</th><th>评 分 标 准</th><th>得　分</th></tr>
<tr><td rowspan="3">电阻器
2 只</td><td></td><td colspan="2">标称值（含误差）</td><td rowspan="3">每个 1 分
共计 2 分</td><td rowspan="3">检测错不得分</td><td rowspan="3"></td></tr>
<tr><td>R4</td><td colspan="2"></td></tr>
<tr><td>橙黑黑红棕</td><td colspan="2"></td></tr>
<tr><td rowspan="2">电容器
1 只</td><td></td><td colspan="2">容量值（μF）</td><td rowspan="2">2 分</td><td rowspan="2">检测错不得分</td><td rowspan="2"></td></tr>
<tr><td>C2</td><td colspan="2"></td></tr>
<tr><td rowspan="3">二极管
2 只</td><td></td><td>正向电阻
（数字表、指针表）</td><td>反向电阻
（数字表、指针表）</td><td rowspan="3">2 分</td><td rowspan="3">检测错不得分</td><td rowspan="3"></td></tr>
<tr><td>VD5</td><td></td><td></td></tr>
<tr><td>VS</td><td></td><td></td></tr>
<tr><td rowspan="2">三极管
1 只</td><td></td><td colspan="2">面对标注面，画出管外形示意图并标出管脚名称</td><td rowspan="2">2 分</td><td rowspan="2">检测错不得分</td><td rowspan="2"></td></tr>
<tr><td>VT2</td><td colspan="2"></td></tr>
<tr><td>晶闸管</td><td>VT1</td><td colspan="2"></td><td>2 分</td><td>检测错不得分</td><td></td></tr>
</table>

三、电路安装

1．安装贴片元件

（1）先用万用表检测贴片电阻、电容的好坏，再依次完成安装与焊接，焊接好的实物如图 4.1.8 所示。在焊接时，焊料不要过多，否则焊接出的效果较差，建议使用 0.6 或 0.4 的焊锡丝。

（2）安装集成电路与贴片二极管，先焊接四个角中的一只引脚，注意在焊锡熔化期间调整引脚，让所有引脚都能与焊盘对整齐，再依次焊接其他引脚。

注意：集成电路的引脚较密，焊料不能加多，否则容易引起相邻引脚短路。然后，焊接贴片二极管。

焊接好的实物如图 4.1.9 所示。

图 4.1.8　焊接贴片电阻与电容

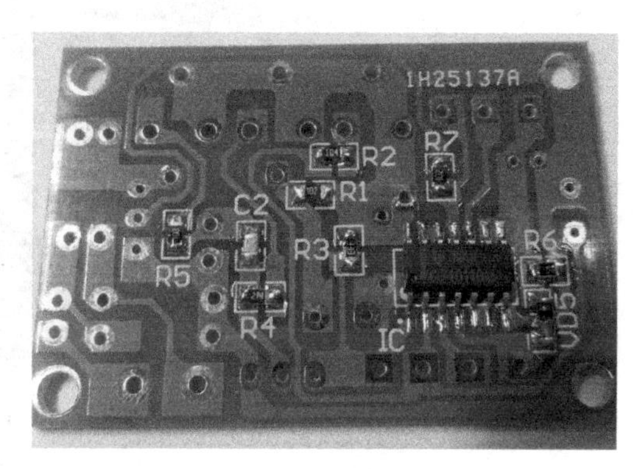

图 4.1.9　焊接集成电路与二极管

2．安装穿孔元件

（1）先用万用表检测电解电容、二极管、电位器的好坏，依次完成二极管、测试针、电位器的安装，安装完成的实物如图 4.1.10 所示。然后，完成电解电容、三极管与晶闸管的安装。

图 4.1.10　安装部分穿孔元件

（2）光敏电阻安装。先用万用表的电阻挡测试其在有光和无光的条件下阻值能否正常变化。安装时不能贴板安装。节能开关若有外壳，则要求光敏电阻的受光面应接近外壳的光孔位置。

（3）话筒的安装。先用指针表 R×100 挡测试话筒的好坏，再用剪下的电阻元件引脚，焊接在话筒的两个焊点上，话筒上有一个焊点通过铜箔与金属外壳相连，这一个点就是话筒的负极，在装到电路上时应注意区分正负极性。

（4）小灯泡 L 的安装。引脚留 5～10mm，其两只引脚最好是用绝缘套管套上，以防短路。灯泡一旦发生短路，晶闸管就有烧坏的危险。将变压器的输出引线接到电路板的 AC 处。

（5）导线的焊接。先剥出 2～3mm 的导线头，将其拧紧，上锡，穿孔焊接。若电路板的孔较小，上锡后的导线无法穿过电路板，也可以将拧紧后的导线直接穿孔焊接，但焊接时间应稍长，以便让熔化的焊锡能充分浸透导线内部。

完成整个电路元件的安装，其实物如图 4.1.11 所示。

图 4.1.11　电路安装成功

四、装配质量检查

（1）目测检查焊接好的 PCB，确认没有错误，包括元器件的极性错误、元器件安装位置错误和元器件参数选择错误。同时，应确认每个元器件都没有被焊坏。

（2）目测检查电路的每一个焊点是否均合格，不得有虚焊、假焊、漏焊和搭焊现象，可以对不合格的焊点进行补焊。同时，检查电路有无烫伤和划伤，整机是否清洁无污物。

（3）检测元件是否有松动，PCB 上有无损坏。

在进行装配质量检查时，一般方法是先自查，然后与邻座的同学交换检查。

注意：检查不合格，严禁通电调试。

五、故障分析与维修

在已经焊接好的声光双控延时节电开关线路板上，我们已经设置了两个故障，请同学们根据原理图找出故障并排除，排除后电路才能工作正常。

1. 故障一（以下测量时，交流电压为 11V）

故障现象：接通电源电路无反应。

故障分析：接通电源后电路无反应，应重点检查电源电路是否正常。

检测过程：（1）测量交流电源为________V（测量交流电压时表笔不分正负），参考电压约为 11V。是否正常_________。测量过程如图 4.1.12 所示。

（a） 测量 AC 输入电压

（b）实测 AC 输入电压

图 4.1.12　故障检测（一）

（2）测量 VD6 正极电压为_________V（测量时红表笔接 VD6 正极，黑表笔接话筒的负极或 VD3 的负极），此处测量的是桥式整流的输出电压，参考电压约为 $U_O=0.9U_2\approx10V$。是否正常_________。测量过程如图 4.1.13 所示。

（a）测量 VD6 正极电压

（b）VD6 的实测正极电压

图 4.1.13　故障检测（二）

（3）测量 VD6 负极电压为__________V，此处测量的电压应该是桥式整流带滤波（有负载），参考电压约为 13V。是否正常__________。测试过程如图 4.1.14 所示。（你能从这一次测量中判断出故障的大致范围吗？）

（a）测量 VD6 负极电压

（b）VD6 的负极实测电压

图 4.1.14　故障检测（三）

（4）测量 VS 负极或 TP1 电压为________V，参考电压约为 6.2V，是否正常________。测量过程如图 4.1.15 所示。（你能从这一次测量中判断出故障的大致范围吗？）

（a）测量 TP1 电压　　（b）实测 TP1 的电压

图 4.1.15　故障检测（四）

故障点：____________________。

故障点恢复后 VD6 的正极电压没有变化，但 VD6 的负极与 TP1 的电压发生变化，如图 4.1.16 所示。

（a）实测 VD6 负极电压　　（b）实测 TP1 电压

图 4.1.16　故障检测（五）

2．故障二

故障现象：将光敏电阻封住，模拟无光状态，灯无法开启。

故障分析：这一现象有两种可能性，一是电路的公共部分有故障；二是光控电路有故障。

检测过程：(1)先排除公共部分的故障，最快的方法是用镊子或导线将 TP6 与 TP1 短接，若此时灯能开启，说明故障在 TP6 以前，若此时灯不能开启说明故障在 TP6 以后。

（2）检查光控部分，将光敏电阻封住，测量 TP3 的电压为__________V，参考电压约为 5V，是否正常____________。

故障点：____________________。

3．故障排除后，通电验证功能

（1）模拟晚上无光时，用声音将灯开启。将光敏电阻用热缩管封住，此时拍手，发出声音，灯光应立即开启，并延时一段时间后自动关灯。

（2）白天或光线较强时，将光敏电阻上的热缩管取下，此时拍手，发出声音，灯光应不能开启，说明光控正常。

六、产品检测

1．调试要求

将输出电压为12V的变压器接到电路板的AC处，本例中采用的是标称值为9V的变压器，其实测电压为11V。

（1）MC静态工作点调试。调节RP3并用直流电压表10V挡监测MC两端电压，调到3V左右，RP3为MC工作点调节电位器。如图4.1.17所示。

（a）调试并监测MC两端电压

（b）MC两端电压

图4.1.17　MC静态工作点调试

（2）三极管静态工作点调试。先将C2开路，调节RP2并用直流电压表10V挡监测VT2的集电极对地电压，调到0.5V以下，让VT2静态时工作于浅饱和状态。调试好后，将C2恢复。RP2为放大电路工作点调节电位器。

（3）调节光控的强度。为模拟晚上无光的状态，应先将光敏电阻RG用黑色布封住，不能有光漏到光敏电阻上，再调节RP1并用直流电压表10V挡监测IC的2脚电压，调到5V以上。RP1为光控灵敏度调节电位器。

2．检测

利用已经排除故障的声光双控延时节电开关电路板，进行电路检测并调试，使其实现电路工作正常。

（1）用示波器测量灯泡L熄灭时VT1的阳极电压波形。

① 将光敏电阻上的黑色布取下，让光照到光敏电阻上，以便让灯处于关闭状态。

② 先将示波器校准，本次测量采用的是数字示波器，生产厂家为普源精电，型号为DS1072U。

然后将示波器探头的拉钩接到VT1的阳极或VD1的负极。由于VT1的引脚较密，所以为防止探头短路 VT1 的引脚，最好测试其等电位点，本例中接在 VD1 的负极。将示波器的鳄鱼夹夹在接地点，本例中接在 VD4 的正极。如图 4.1.18 所示。

图 4.1.18　测量灯 L 熄灭时 VT1 的阳极波形

③ 调节示波器的水平扫描时间旋钮，让示波器在水平方向显示 2～5 个周期，调节示波器的电压衰减旋钮，让示波器在垂直方向显示 2～8 格。此处的参考波形为桥式整流后的正弦半波波形。注意此时的被测对象是直流电压，所以示波器的输入耦合方式应选为 DC 方式。测试的参考波形如图 4.1.19 所示，请将测量的波形记录在表 4.1.3 中。

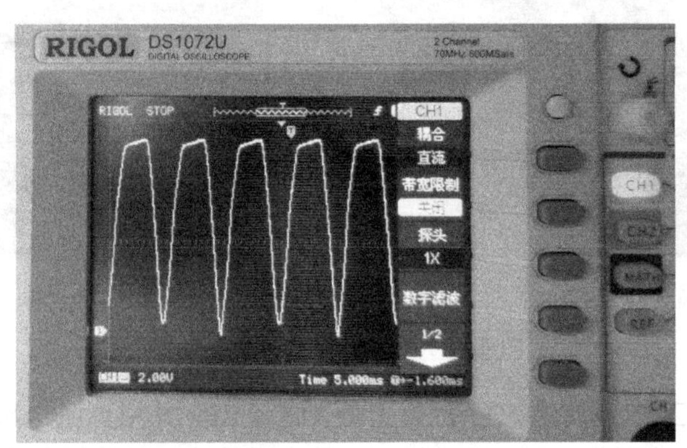

图 4.1.19　实测 L 熄灭时 VT1 的阳极电压波形

表 4.1.3　记录 L 熄灭时 VT1 的阳极电压波形

记 录 波 形	示 波 器	得　　分
	时间挡位： 电压挡位： 峰-峰值：	

（2）用示波器测量 L 点亮时 TP8 的电压波形。

① 将光敏电阻用黑色布（或者热缩管）封住，模拟晚上开灯状态。

② 将示波器探头的拉钩接到探针 TP8 处。将示波器的鳄鱼夹夹在接地点，本例中接在 VD4 的正极，实测过程如图 4.1.20 所示。

图 4.1.20　测量 L 点亮时 TP8 的波形

③ 先记下水平基线的位置，调节示波器相关操作旋钮，让波形在垂直方向显示 2~8 格。此处的参考波形为直流波形，所以示波器的输入耦合方式应选为 DC 方式。测试的参考波形如图 4.1.21 所示，请将测量的波形记录在表 4.1.4 中。

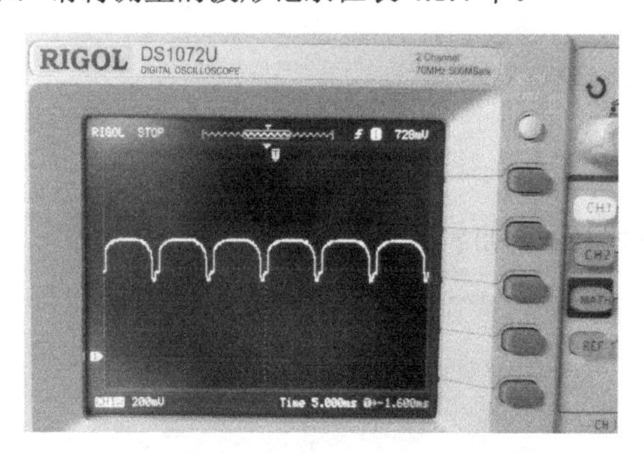

图 4.1.21　实测 L 点亮时 TP8 负极的电压波形

表 4.1.4　记录 L 点亮时 TP8 负极的电压波形

记 录 波 形	示　波　器	得　　分
	时间挡位： 电压挡位： 峰-峰值：	

（3）电压测量。测量 L 点亮和熄灭时关键点的电压，并记录在表 4.1.5 中。

表 4.1.5　记录关键点电压

被测量点	IC 14 脚	IC 8 脚	IC 10 脚	IC 11 脚	VT1 栅极	VT1 阳极
灯灭						
灯亮						

（4）整机待机电流测试（灯不亮的状态）。

方法一：将 R1 或 VD6 焊开一端，串入电流表，测量出电流值为________mA，测量完毕后恢复断路点。

方法二：测量 R1 两端电压为_______V，利用欧姆定律计算出流过 R1 的电流为________mA。注意这种间接测量电流的方法只适用于电阻元件，不适用于半导体元件，如此处不能通过测量 VD6 两端电压来计算电流。

【思考与提高】

1. 电路中 VD5、R6、C3 的作用是什么？若 VD5 短路会产生什么影响？改变 R6、C3 的大小会对电路产生什么影响？

2. 电路中的 VD6 有什么作用？若将其短路会有什么影响？

3. IC 的 1 脚设为输入 A，IC 的 2 脚设为输入 B，IC 的 11 脚设为输出 Y，请你写出电路的表达式并化简。

【助学网站推荐】

1. 配套套件（编号 715）电子表下载地址：http://00dz.com/00/00.xls
2. 实用电子小制作资料下载地址：http://00dz.com/00/01.doc

任务 2　红外接近开关的安装与检测

任务目标

（1）了解红外发射与红外接收的原理，理解红外接近开关的工作原理。

（2）能识别与检测电路中的元器件，了解集成电路 CD4069、继电器的功能及应用。

（3）能够用示波器检测电路中的波形、频率、信号幅度。

（4）能检修红外接近开关的常见故障。

任务描述

本任务是完成红外接近开关电路的安装与测试。

一、电路原理图与实物套件

红外接近开关属于主动式红外探测电路，由发射电路发出红外线信号，经人体反射后由接收电路接收并进行处理，驱动终端设备工作。如，将电磁阀的线圈串联在继电器 J 的动合触点 J2 上，可制成红外感应洗手器；将热风机的电源电路接在继电器 J 的动合触点 J2 上，则可制成红外干手器。

（1）红外接近开关的电路原理图如图 4.2.1 所示。

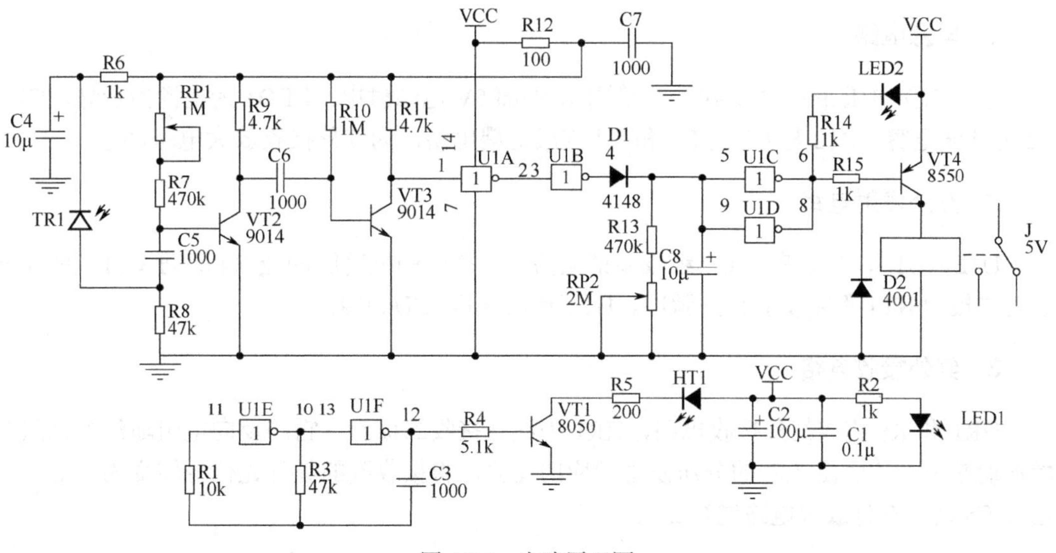

图 4.2.1　电路原理图

（2）红外接近开关的实物套件如图 4.2.2 所示。

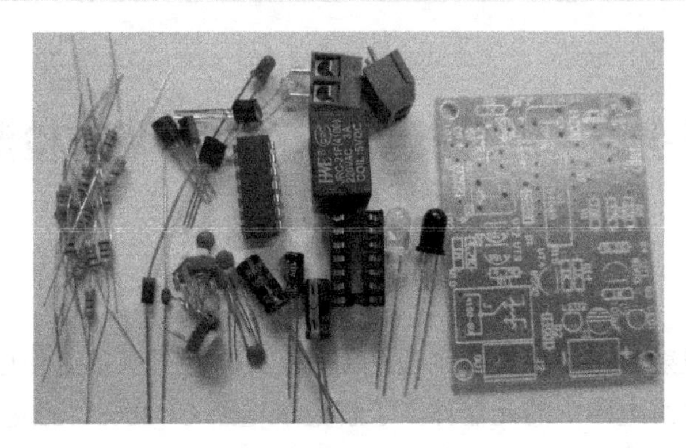

图 4.2.2　红外接近开关实物套件

二、电路方框图

红外接近开关的电路方框图如图 4.2.3 所示。

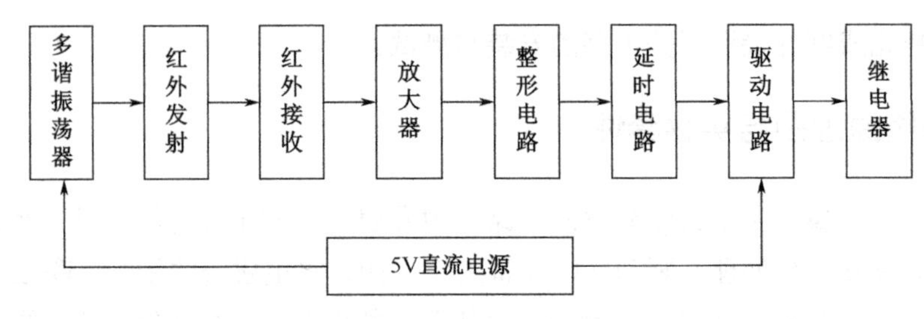

图 4.2.3　电路方框图

三、工作原理介绍

1．电源电路

模块工作电压 5～12V 均可，一般采用外部 5V 电源供电。LED1 为电源指示灯，C1、C2 为滤波电容。R12 与 C7 及 R6 和 C4 构成退耦电路，为红外接收放大电路供电。

2．红外发射电路

U1E、U1F、R1、R3、C3 组成多谐振荡器，产生的振荡脉冲经 R4 驱动 VT1，使红外发射二极管 HT1 不断发射红外脉冲。U1 为六反相器 CD4069。

3．红外接收电路

HR1 和 R8 构成红外接收电路，HR1 为红外接收二极管，它的反向电阻随红外光照的增加而减小，从而使 R8 的分压发生相应的变化，将接收到的红外光信号转变为电信号，通过 C5 送到红外放大电路进行放大。

4．红外信号放大电路

VT2 和 VT3 组成 2 级红外放大电路，把接收到的微弱红外信号进行放大，其中 VT2 的偏置可调电阻 RP1 用来调节信号接收的灵敏度。

5．脉冲整形电路

经放大后的信号送入 U1A 和 U1B 进行整形，把不规则的信号转变为矩形脉冲，便于延时触发电路的稳定工作。

6．延时电路

当接收到足够强度的红外信号时，整形电路便会输出矩形脉冲。矩形脉冲的高电平将使开关二极管 D1 导通，使 C8 两端的电压迅速上升变为高电平，C8 的放电电阻为 R13 和 RP2。即便接收到的红外信号过去了，C8 依然会保持一段时间的高电平，调节 RP2 可以调节保持高电平时间的长短，即调节触发延时时间。

7．驱动电路

U1C 和 U1D 并联组成驱动电路，驱动指示灯电路和继电器工作。

8．继电器输出控制电路

当 C8 两端因有信号的到来而成为高电平时，驱动电路便输出低电平，工作指示灯 LED2 点亮，VT4 导通，继电器得电吸合，控制端 J2 连通。

相关知识

一、特殊元器件介绍

1．红外发射与接收二极管

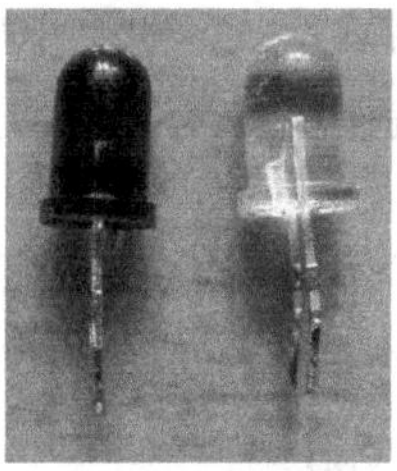

图 4.2.4　红外发射与接收二极管

（1）红外发射与接收二极管的外形如图 4.2.4 所示，从外观上看，红外发射二极管呈透明状，所以管壳内的电极清晰可见，内部电极较宽较大的一个为负极，较窄且小的一个为正极。红外接收二极管外观颜色呈黑色。识别引脚时，面对受光视窗，从左至右，分别为正极和负极。另外，在红外接收二极管的管体顶端有一个小斜切平面，通常带有此斜切平面一端的引脚为负极，另一端为正极。

（2）红外发射二极管的作用为将电信号转换为红外光信号，其波长通常有 850nm、870nm、880nm、940nm、980nm。红外线就是指频率低于红色可见光的信号，属于不可见光。红外接收二极管用于将红外线信号转换为电信号，工作时一般加反向偏置电压。

（3）检测。

① 红外发射二极管：将万用表置于 R×1k 挡，测量红外发射二极管的正、反向电阻，通常，正向电阻应在 40kΩ 左右，反向电阻要在 500kΩ 以上，这样的管子才可正常使用。要求反向电阻越大越好。

② 红外接收二极管：将万用表置于 R×1k 挡，用判别普通二极管正、负电极的方法进行检查，交换红、黑表笔两次，测量管子两引脚间的电阻值，正常时，所得阻值应为一大一小。以阻值较小的一次为准，红表笔所接的管脚为负极，黑表笔所接的管脚为正极。用万用表电阻挡测量红外接收二极管的正、反向电阻，根据正、反向电阻值的大小，即可初

步判断红外接收二极管的质量好坏。

2. 直流继电器

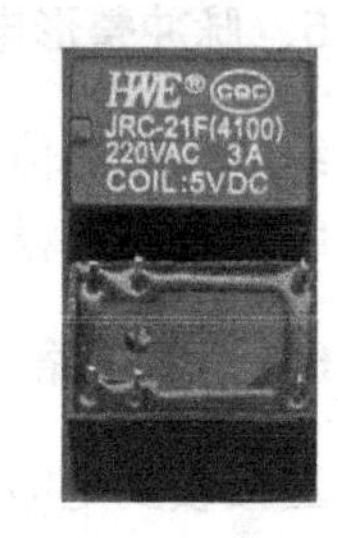

图 4.2.5 直流继电器

（1）外形。直流继电器的外形如图 4.2.5 所示。

（2）作用。直流继电器是一种当输入电信号达到一定值时，输出电信号将发生跳跃式变化的自动控制器件，具有动作快、工作稳定、使用寿命长、体积小等优点，通常应用于自动控制电路中，它实际上是用较小的电流去控制较大电流的一种“自动开关”。

（3）检测。将万用表置于合适的电阻挡，例如 R×10 挡或者 R×100 挡，两支表笔不分正负，连接到继电器线圈引出脚上进行测量。将测量结果与已知正常值比较（一般为几十 Ω），如果误差在±10%以内，则属正常；如果电阻值明显偏小，则说明线圈有局部短路性故障；如果电阻值为零，说明线圈短路；如果电阻值无穷大（不通），则说明线圈断路。

在线圈两端加上额定电压（本例为 DC5V），能听到内部开关跳动的声音。

3. 六反相器 CD4069

CD4069 由六个 COS/MOS 反相器电路组成，供电电压可从 3～18V，但大部分的运用都使用 5～15V 的供电电压。CD4069 内部结构如图 4.2.6 所示。应用时，未使用的反向器输入端接地，未使用的反向器输出端全部空接。

4. 接线端子

接线端子的作用为连接导线，其外形如图 4.2.7 所示。

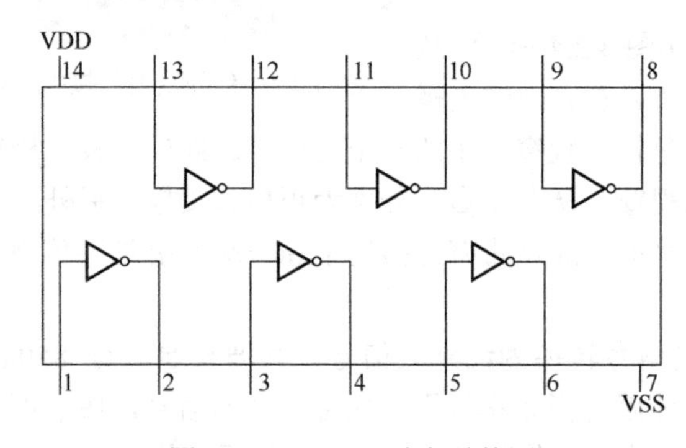

图 4.2.6 CD4069 内部结构图

图 4.2.7 接线端子

二、工艺要求

1. 元器件安装要求

（1）色环电阻的误差环的安装方向要统一。

（2）二极管的极性要正确，D1 和 D2 的位置不能装错。

（3）三极管的高度为 5～10mm，其余元件贴板安装。

（4）集成电路座子的安装方向应与 PCB 上的标注一致（要求座子缺口的方向朝向与 PCB

上标记的方向一致）。在对集成电路的引脚进行整形时，要注意引脚的一致性，必须将所有引脚均对准座子上的位置后，再稍稍用力，将集成电路压入座子中。

（5）直径 5mm 的二极管中，透明的是红外发射二极管，装在 HT1 处；不透明的是红外接收二极管，装在 HR1 处。安装一定不能装错，均采用贴板安装。LED2 采用绿色发光二极管，LED1 采用红色发光二极管。

（6）继电器和接线端子要求贴板安装，不能出现歪斜现象。

2. 焊接要求

（1）质量好的焊点应该是：焊点光亮、平滑；焊料层均匀薄润，且与焊盘大小比例合适，结合处的轮廓隐约可见；焊料充足，呈裙形散开；无裂纹、针孔，无焊剂残留物。

（2）焊盘不应脱落。

（3）元件修脚长度适当、一致、美观，不得损伤焊面。

任务分解

一、编写元器件明细表、检测并筛选元器件

根据图 4.2.1 编写元器件明细表，详情见表 4.2.1。

表 4.2.1　红外接近开关元器件明细表

元器件代号	名　称	规　格	数　量	备　注
R1	电阻器	10kΩ	1	
R2、R6、R14、R15	电阻器	1kΩ	4	
R3、R8	电阻器	47kΩ	2	
R4	电阻器	5.1kΩ	1	
R9、R11	电阻器	4.7kΩ	2	
R5	电阻器	200Ω	1	
R12	电阻器	100Ω	1	
R10	电阻器	1MΩ	1	
R7、R13	电阻器	470kΩ	2	
RP1	电位器	1MΩ	1	
RP2	电位器	2MΩ	1	
C4、C8	电解电容	10μF	2	
C2	电解电容	100μF	1	
C1	瓷片电容	0.1μF	1	
C3、C5、C6、C7	瓷片电容	1000pF	4	
LED1	发光二极管	红　ϕ3mm	1	
LED2	发光二极管	绿　ϕ3mm	1	
HT1	红外发射二极管	透明　ϕ5mm	1	

续表

元器件代号	名　称	规　格	数　量	备　注
TR1	红外接收二极管	黑色　φ5mm	1	
VT2、VT3	三极管	9014	2	
VT1	三极管	8050	1	
VT4	三极管	8550	1	
D1	二极管	1N4148	1	
D2	二极管	1N4001	1	
J	继电器	JRC－21F	1	
U1	集成电路	CD4069	1	

二、元器件的选择、测试

根据表 4.2.1，进行元器件的选择、测试，并将结果填入表 4.2.2 和表 4.2.3 中。

表 4.2.2　元器件的识别、检测（一）

序　号	名　称	识别及检测内容	得　分
1	电阻器 R3	标称值（含误差）：　测量值：　功率：	
2	电阻器 R9	标称值（含误差）：　测量值：　功率：	
3	电容器 C1	标称值：　介　质：	
4	电容器 C4	标称值：　介　质：	
5	发光二极管 LED1	导通电压（用数字万用表直接测量 LED，未装电路板之前）	

表 4.2.3　元器件的识别、检测（二）

<table>
<tr><th>元　器　件</th><th colspan="4">识别及检测内容</th><th>配　分</th><th>得　分</th></tr>
<tr><td rowspan="2">二极管 1 支</td><td></td><td>正向电阻
（数字表、指针表）</td><td colspan="2">反向电阻
（数字表、指针表）</td><td rowspan="2">2 分</td><td rowspan="2"></td></tr>
<tr><td>D1</td><td></td><td colspan="2"></td></tr>
<tr><td rowspan="2">三极管 1 支</td><td></td><td colspan="3">面对标注面，画出管外形示意图，标出管脚名称，画出电路符号</td><td rowspan="2">3 分</td><td rowspan="2"></td></tr>
<tr><td>Q3</td><td colspan="3"></td></tr>
<tr><td rowspan="2">继电器</td><td></td><td>画出管外形示意图，标出管脚名称</td><td>线圈阻值</td><td>电路符号</td><td rowspan="2">5 分</td><td rowspan="2"></td></tr>
<tr><td>K1</td><td></td><td></td><td></td></tr>
</table>

三、电路安装

1. 元器件安装

（1）安装并焊接固定电阻元件，安装完如图 4.2.8 所示。

图 4.2.8　完成固定电阻安装

（2）安装二极管、集成电路座子及瓷片电容，安装完如图 4.2.9 所示。

图 4.2.9　完成二极管、座子及瓷片电容安装

（3）安装红外发射与接收二极管、发光二极管、三极管、电解电容及可调电位器，安装完如图 4.2.10 所示。

图 4.2.10　完成三极管等元件的安装

（4）安装继电器、接线端子，最后将集成电路插入座子，完成电路的安装。如图 4.2.11 所示。

2. 导线的安装

先剥出 2～3mm 的导线，将其拧紧，直接接入电源的接线端子，注意电源正、负极性。

图 4.2.11　完成端子与继电器的安装

四、装配质量检查

（1）目测电路板中元件的极性是否装错，元器件安装及字标方向均应符合工艺要求，元件的参数选择是否装错。

（2）检查电路的焊点是否合格。

（3）检查接插件、紧固件安装是否可靠牢固，特别注意检查电源引线的极性是否正确。

（4）整机清洁无污物，无划伤和烫伤处。

五、通电试验及检测

1．测试 1——静态工作点部分

首先要求将稳压电源的输出电压调整为：+5V（±0.1V），分清正负极性后方可接入电路。

（1）调节 W2，让电路接收到的信号消失后，LED2 能点亮 3～5s，即将电路的触发延时时间调整为 5～10s。调节 W1，改变放大电路的灵敏度，让电路检测障碍物的距离大于 5～15cm。本次电路的延时时间为 8s 左右，检测障碍物的距离为 6cm 左右，调试好的电路如图 4.2.12 所示。

图 4.2.12　调试好的接近开关

（2）若不能实现检测障碍物的功能，则应分段调试。

① 先判断发射部分是否正常。方法一：用手机摄像头直接可以看到红外发射二极管所发出的光，具体方法为将手机的照相功能打开，将手机摄像头对准红外发射二极管，能看到其发出的光。如图 4.2.13 所示。方法二：直接测量红外发射二极管两端的电压，应为 0.8V 左右，如图 4.2.14 所示。

图 4.2.13　手机相机中的红外发射二极管

（a）表笔接在二极管两端　　（b）测量二极管两端电压

图 4.2.14　测量红外发射二极管两端的电压

② 可以用另一块电路的发射部分直接对准故障电路板的接收部分，看故障电路板接收电路能否接收到信号。若能则可判定故障在发射部分，若仍不能接收到信号，则可从接收二极管起逐级测量电压，在有无红外信号时是否有变化。这样，即可锁定故障的具体位置。

（3）测量三极管的参数并判断其工作状态，将结果记录在表 4.2.4 中。为了测量准确，应让放大电路的输入信号为 0，一般通过短路红外接收二极管的两只引脚来实现。

表 4.2.4　LED2 处于熄灭状态时各三极管的电压记录

	VT2	VT3	VT4	测 量 挡 位
u_{BE}				
u_{CE}				
状态				

（4）测量 LED 处于熄灭状态时，U1 部分引脚电压，将结果记录在表 4.2.5 中。

表 4.2.5　LED 处于熄灭状态时 U1 部分引脚电压记录

引脚	1	2	3	4	5	6	7	10	11	12	13	14
电压												

（5）测量流过 LED1 中的电流为____________mA，计算其功耗为____________W。（可以串联电流表测量，但最快的方法是采用测量电阻 R2 两端电压来计算电流。）

（6）测量继电器吸合时电流是_______mA，计算继电器的功耗为________W。（测量直流继电器的线圈电流可以采用串联电流表测量；也可以先测量继电器线圈的直流电阻，再测量继电器的线圈电压，利用欧姆定律来计算电流。但这种方法只能用于继电器的线圈通入直流电，因为只有通入直流电时线圈的感抗才为 0。）

2．测试 2——用示波器测量 VT1 的集电极电压波形

（1）先对示波器校准。本次测量采用的是数字示波器，生产厂家为普源精电，型号为 DS1072U。

（2）将示波器的拉钩接在 VT1 的集电极或电阻 R5 的右端（指原理图中 R5 的右端），将鳄鱼夹接电路的地（本例中的接在电源引线的负极上）。如图 4.2.15 所示。

图 4.2.15　示波器探头接入被测点

（3）调节示波器的水平扫描时间旋钮，让示波器在水平方向显示 2～5 个周期，调节示波器的电压衰减旋钮，让示波器在垂直方向显示 2～8 格。将所测波形记录在表 4.2.6 中。

本次测量中，所选用的通道为 CH1 通道，探头衰减为×1，垂直衰减调为 1V/DIV，水平时间调为 50μs/DIV。测量结果如图 4.2.16 所示。

3．测试 3——用示波器记录 VT2 集电极的波形

（1）调节 DDS 信号发生器，使其输出频率为 11kHz、峰-峰值为 0.55V 的矩形波信号，其占空比为 30%（本次所使用的信号发生器是普源精电生产的 DG1022U）。将 DDS 信号发生器信号由 HR1 的正极输入电路，其红色鳄鱼夹接 HR1 的正极或电阻 R8 的上端（指原理图中 R8 的上端，实测时先用导线焊接在 R8 的右端）。黑色鳄鱼夹接电路的地，如图 4.2.17 所示。

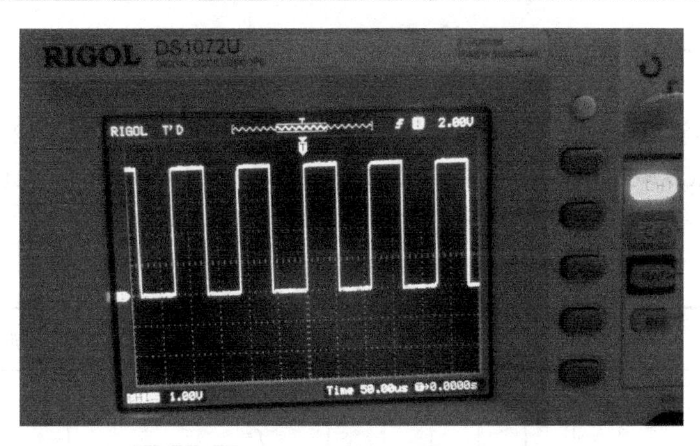

图 4.2.16　VT1 的集电极电压参考波形

表 4.2.6　记录 VT1 的集电极电压波形

<table>
<tr><th>波　形</th><th>波 形 频 率</th><th>波形的电压峰-峰值</th></tr>
<tr><td rowspan="3"></td><td>f=________
T=________</td><td></td></tr>
<tr><td></td><td>示波器 X、Y 轴量程挡位</td></tr>
<tr><td>占空比：________</td><td>Y 轴：________
X 轴：________</td></tr>
</table>

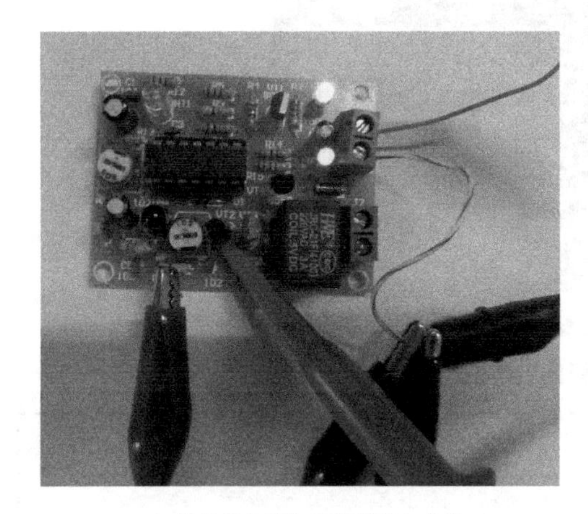

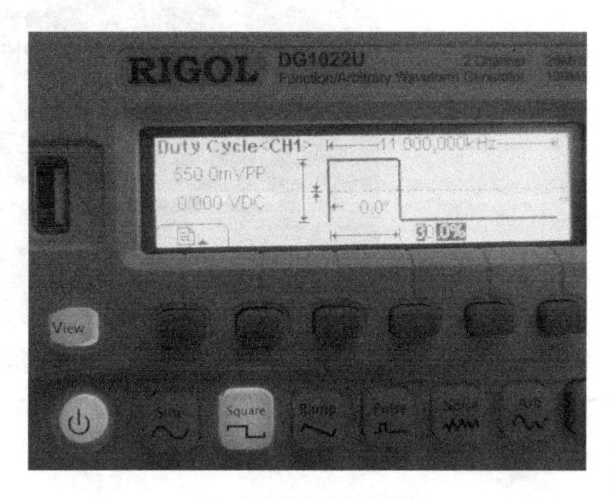

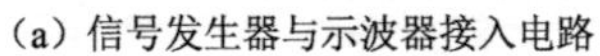
（a）信号发生器与示波器接入电路　　　　（b）信号发生器调节界面

图 4.2.17　仪器连接与调节

（2）拉钩接在 VT2 的 C 极或电阻 R9 的下端（原理图中 R9 的下端），将鳄鱼夹接电路的地。

（3）调节示波器的水平扫描时间旋钮，让示波器在水平方向显示 2～5 个周期，调节示波器的电压衰减旋钮，让示波器在垂直方向显示 2～8 格。将所测波形记录于表 4.2.7 中。

表 4.2.7　记录 VT2 集电极的波形

<table>
<tr><th>波　形</th><th>波 形 频 率</th><th>波形的电压（Vp-p）</th></tr>
<tr><td rowspan="3"></td><td>f=________
T=________</td><td></td></tr>
<tr><td>脉冲上升沿时间</td><td>示波器 X、Y 轴量程挡位</td></tr>
<tr><td>占空比：________</td><td>Y 轴：________
X 轴：________</td></tr>
</table>

本次测量中，所选用的通道为 CH1 通道，探头衰减为×1，垂直衰减调为 1V/DIV，水平时间调为 20μs/DIV。测量结果如图 4.2.18 所示。

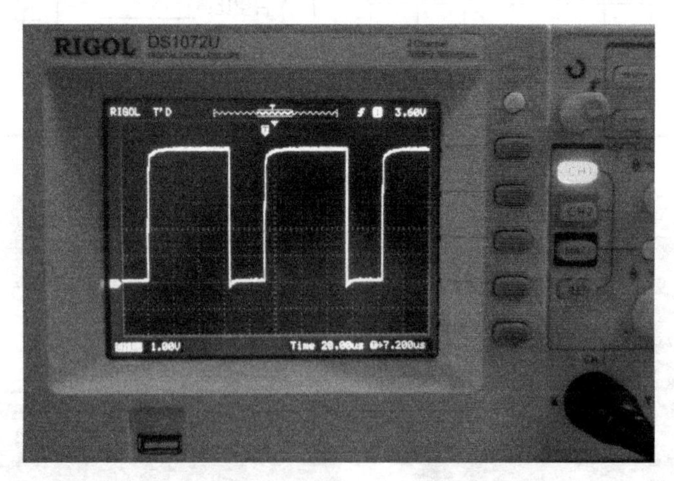

图 4.2.18　VT2 集电极的参考波形

【思考与提高】

1. VT4 的作用是__________，C7 的作用是______________，D2 的作用是_____________，D1 的作用是___________，HT1 的作用是___________，C5 的作用是_________________。

2. U1E、U1F及外围元件所构成的电路名称是____________________。

3. LED2点亮时，VT4工作于____________状态，继电器J处于______________状态。

4. U1C和U1D的连接关系是什么？这样连接有什么优点？

5. 试分析二极管D1负极电位与继电器工作状态的关系。

【助学网站推荐】

1．配套套件（编号704）电子表下载地址：http://00dz.com/00/00.xls

任务3　模拟摇奖器的安装与检测

任务目标

（1）了解555集成电路的内部组成，理解其工作原理。

（2）理解十进制计数器CD4017的工作原理。

（3）理解摇奖器电路的工作原理。

（4）会使用仪器进行相关测量。

（5）掌握基本故障的分析与排除方法。

任务描述

本任务是完成模拟摇奖器电路的安装与测试。

模拟摇奖器电路由555组成的多谐振荡器和CD4017十进制计数器 / 脉冲分配器组成。10颗LED模拟幸运物。当按下启动键1s以上，LED高速循环点亮，几秒钟后旋转速度越来越慢并最终随机停止于某颗LED上。

C1的电容值决定延迟时间，C2的电容值决定循环速度。电源供电电压为直流5V。

一、电路原理图与实物套件

1．电路原理图

模拟摇奖器的电路原理图如图4.3.1所示。

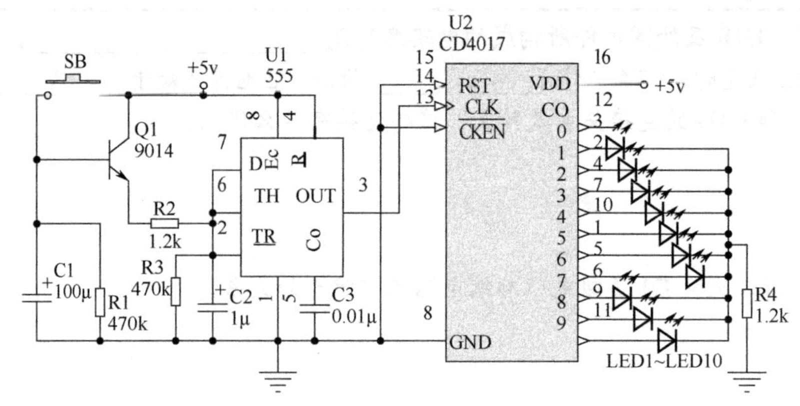

图 4.3.1　摇奖器电路原理图

2. 模拟摇奖器的实物套件

模拟摇奖器的实物套件如图 4.3.2 所示。

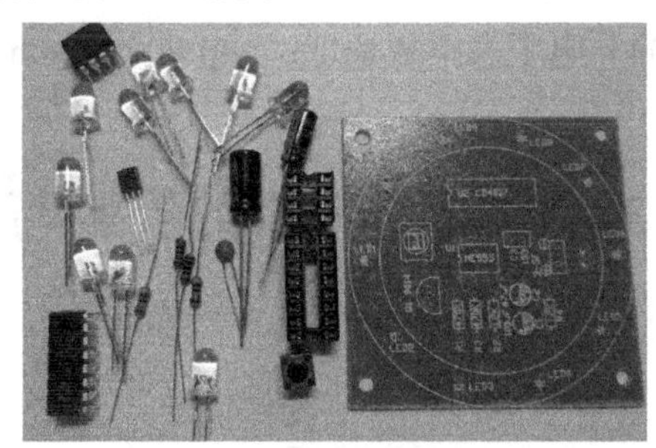

图 4.3.2　摇奖器电路套件

二、电路方框图

模拟摇奖器的电路方框图如图 4.3.3 所示。

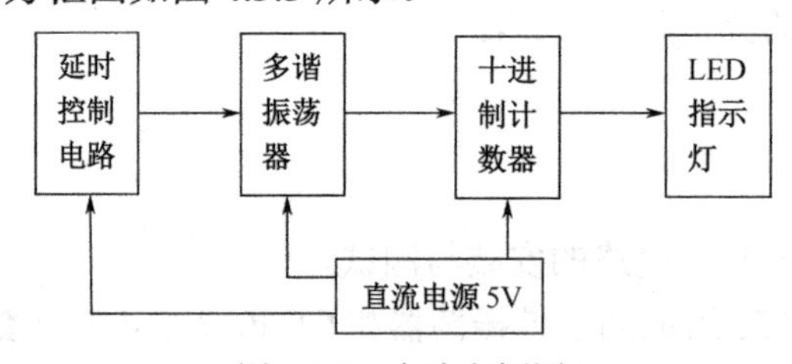

图 4.3.3　电路方框图

三、工作原理介绍

1. 延时控制电路

延时控制电路，主要由电阻 R1、电容 C1 及按键 SB 构成。当 SB 按下时，电源通过 SB 对 C1 充电，C1 的充电时间常数较小，快速充至电源电压，同时电源也为 Q1 提供基极电流。当 SB 释放后，C1 主要通过 Q1 的基极放电，为 Q1 提供基极电流，由于电容放电电流是先大后小，所以 Q1 的基极电流和集电极电流也是先大后小。当 C1 的电压不足以维持 Q1 的导通时，Q1 将处于截止状态。

2．多谐振荡器电路

555 集成电路的用途较多，此处将其 2 与 6 短接后，接在 RC 的中间点上，很显然构成一个多谐振荡器，但本电路也有所不同。典型的多谐振荡器，7 脚是通过电阻与 2、6 脚相连的，而此处是直接相连，这样的接法会导致 C2 的放电速度极快，影响输出振荡波形的对称性。但由于电路对波形对称性无要求，所以这种接法也无影响。由于 C2 的充电回路是由电源正极→Q1 的 C、E 极→R2→C2→电源负极，而放电回路是通过 555 的 7 脚到地释放。所以 Q1 的 I_C 大小就会影响到 C2 的充电速度，当 SB 按下或释放瞬间，Q1 的 I_C 最大，此时振荡频率较高，随着 C1 不断放电，Q1 的 I_C 逐渐减小直至为 0，电路的振荡频率下降直至停振。

3．十进制计数器/脉冲分配器电路

以 CD4017 为核心，16 脚为电源正极，8 脚为电源负极，15 脚为复位端，为高电平时复位，此处直接将其接地，会导致每次通电后，在按下按键之前，点亮的 LED 是随机的。13 脚为 INH，CP 脉冲输入端，脉冲下降沿有效。14 脚为 CP 脉冲输入端，脉冲上升沿有效。12 脚为 CO 进位端。其余引脚为十进制计数输出端，当输入脉冲有效时，输出端将依次输出高电平，将 LED 点亮。当输入脉冲频率较高时，LED 点亮的速度较快；当输入脉冲频率较低时，LED 点亮的速度较慢；当无输入脉冲时，LED 停在固定位置点亮，完成摇奖。

相关知识

一、特殊元件介绍

1．集成电路 555

（1）555 集成电路是一种模拟和数字功能相结合的中规模集成器件，它内部包括两个电压比较器，三个等值串联电阻，一个 RS 触发器，一个放电管 T 及功率输出级，其内部结构如图 4.3.4 所示。555 集成电路由于其内部有 3 个 5kΩ 的电阻而得名，应用广泛，只需要外接几个电阻、电容，就可以实现多谐振荡器、单稳态触发器及施密特触发器等脉冲产生与变换电路。

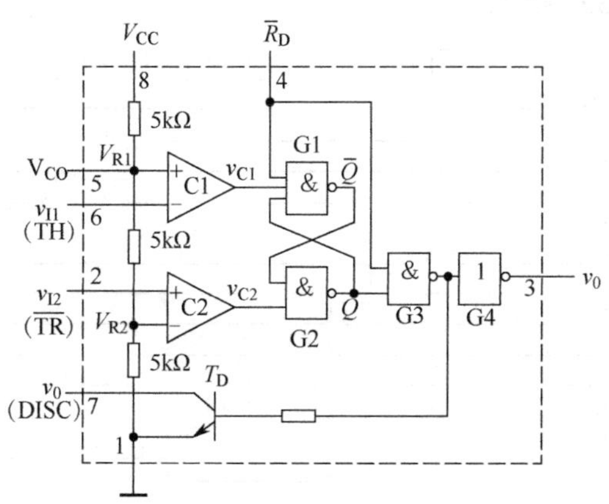

图 4.3.4　555 集成电路的内部结构

（2）各引脚名称，见表 4.3.1。

表 4.3.1　555 集成电路各引脚名称

引脚序号	名　称	引脚序号	名　称
1	接地端（GND）	5	调制端（VCO）
2	低触发端（TR）	6	高触发端（TH）
3	输出端（OUT）	7	放电端（DISC）
4	复位端（RD 或 REST）低电平有效	8	电源正端（VCC）

2．十进制计数器 CD4017

（1）十进制计数器 CD4017，其内部由计数器及译码器两部分组成，由译码输出实现对脉冲信号的分配。CD4017 有 10 个输出端，以及 1 个进位输出端。每输入 10 个计数脉冲，该进位输出信号可作为下一级的时钟信号。CD4017 有 3 个输入端，其引脚图如图 4.3.5 所示。

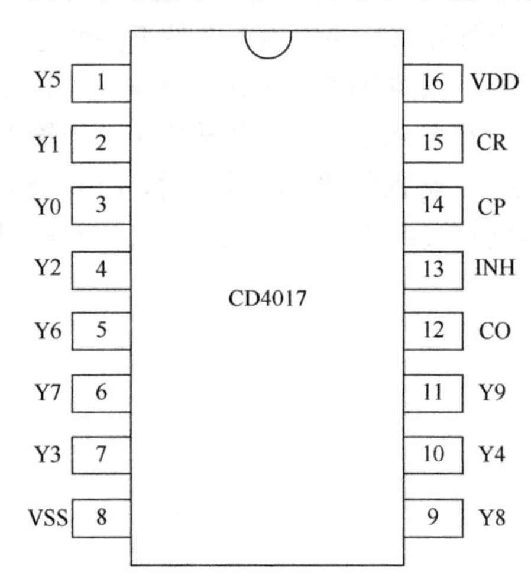

图 4.3.5　CD4017 引脚图

（2）引脚功能。CO：进位脉冲输出。CP：时钟输入端，上升沿有效。INH：时钟输入端，下降沿有效。每一次脉冲只能从 CP 或 INH 端输入，不能同时输入。Q0～Q9 计数脉冲输出端。VDD：正电源。VSS：地。

（3）波形图如图 4.3.6 所示。

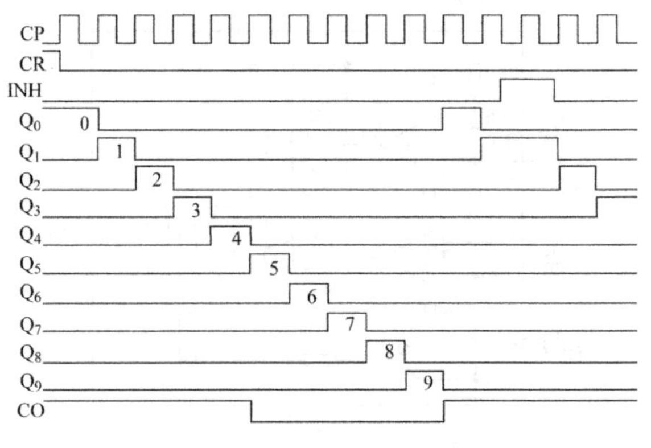

图 4.3.6　CD4017 波形图

（4）真值表如表 4.3.2 所示。

表 4.3.2　CD4017 真值表

<table>
<tr><th colspan="3">输　　入</th><th colspan="2">输　　出</th></tr>
<tr><td>CP</td><td>INH</td><td>CR</td><td>Q0~Q9</td><td>CO</td></tr>
<tr><td>×</td><td>×</td><td>H</td><td>Q0</td><td rowspan="7">计数脉冲为 Q0~Q4
____时：CO=H
计数脉冲为 Q5~Q9
____时：CO=L</td></tr>
<tr><td>↑</td><td>L</td><td>L</td><td rowspan="2">计数</td></tr>
<tr><td>H</td><td>↓</td><td>L</td></tr>
<tr><td>L</td><td>×</td><td>L</td><td rowspan="4">保持</td></tr>
<tr><td>×</td><td>H</td><td>L</td></tr>
<tr><td>↓</td><td>×</td><td>L</td></tr>
<tr><td>×</td><td>↑</td><td>L</td></tr>
</table>

二、安装工艺要求

1．元器件安装要求

（1）卧式电阻紧贴 PCB 插装焊接。安装色环电阻时，误差环的方向要统一，一般规定为从左到右、从上到下。

（2）发光二极管离开 PCB 2～3mm 插装焊接，其极性要正确。

（3）三极管离开 PCB 4～6mm 插装焊接。

（4）电容器的安装，瓷片电容器离 PCB 4～6mm 插装焊接，电解电容器应紧贴 PCB 插装焊接。

（5）集成电路插座紧贴 PCB 插装焊接，其安装方向应与 PCB 上的标注一致（要求基座的缺口方向要与 PCB 上丝印标记的方向一致）。在对集成电路的引脚进行整形时，要注意引脚的一致性。必须将所有引脚均对准座子上的位置后，再稍稍用力，将集成电路压入座子中。

2．焊点要求

（1）焊点大小适中，无漏、假、虚、连焊，焊点光滑、圆润、干净，无毛刺。

（2）焊盘不应脱落。

（3）修脚长度适当、一致、美观，不得损伤焊面。

任务分解

一、检测并筛选元器件

根据表 4.3.3 所示的元器件清单表，从元器件袋中选择合适的元器件。清点元器件的数量，目测元器件有无缺陷，也可用万用表对元器件进行测量，正常的在表 4.3.4 中的“清点结果”栏填上“ √”（参加技能竞赛或者考试时，不填写试卷“清点结果”的不得分）。目测 PCB 有无缺陷。

表 4.3.3　元器件清单

序　号	名　称	型 号 规 格	数　量	配 件 图 号	清 点 结 果
1	碳膜电阻器	RT-0.25W-470kΩ±1%	2	R1、R3	
2	碳膜电阻器	RT-0.25W-1.2kΩ±1%	2	R2、R4	
3	瓷片电容	CC1-40V-0.01μF	1	C3	
4	电解电容	CD11-25V-100μF	1	C1	
5	电解电容	CT4-25V-1μF	1	C2	
6	发光二极管	5mm（红）	10	LED1~LED10	
7	三极管	9014	1	Q1	
8	集成电路	NE555	1	U1	
	集成电路	CD4017	1	U2	
9	IC 插座	DIP16	1	配 U2	
10	IC 插座	DIP8	1	配 U1	
11	按键		1		
12	印刷电路板	配套	1		

表 4.3.4　元器件识别、检测

序　号	名　称	识别及检测内容	得　分
1	电阻器 R1	标称值：　　　　　　测量值：	
2	电容器 C2	标称值：　　　　　　介质：	
3	发光二极管 LED1	导通电压（用数字万用表直接测量 LED，未装电路板之前）	
4	电容器 C3	两端电阻：　　　　　（注明表型、量程）	
5	2kΩ±5%	色环：	

二、电路安装

1. 元件安装顺序

电子产品元器件安装的一般要求为：从低到高、从左到右，上道工序不能影响下道工序的开始，下道工序不能影响上道工序的结果。

根据电子产品元器件安装的一般要求，结合本电路 PCB 元器件分布情况，同学们可以按照以下顺序安装元器件。

（1）完成电阻的安装，如图 4.3.7 所示。

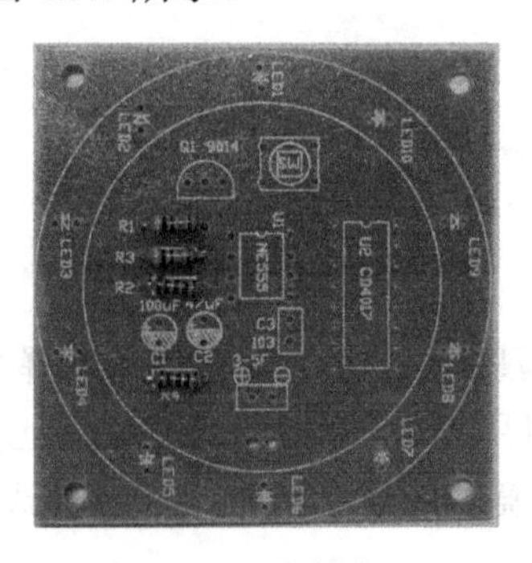

图 4.3.7　安装电阻

（2）完成集成电路基座、按键、瓷片电容的安装，如图 4.3.8 所示。

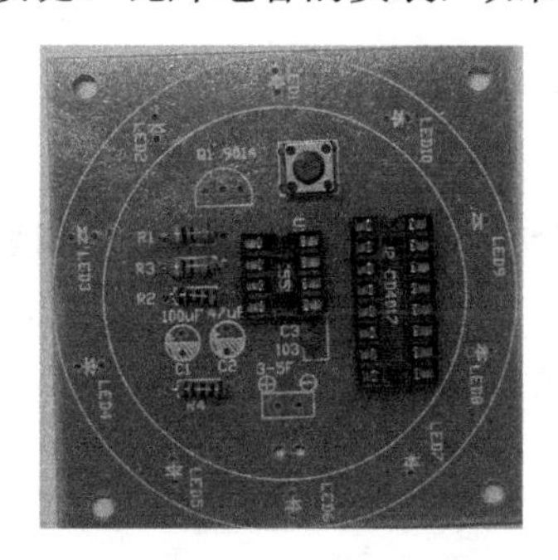

图 4.3.8　安装座子、按键和瓷片电容

（3）依次完成三极管、LED 的安装。特别注意，本电路的 LED 较多，要注意 LED 的极性不能出错，一定要看清楚 PCB 上的正、负极符号，如图 4.3.9 所示。由于 LED 的两个引脚之间的距离比较短，所以焊接时要注意不能把两个引脚短接。

图 4.3.9　安装 LED 和三极管

（4）电解电容与导线的焊接，先剥出 2～3mm 的导线，将其拧紧，上锡，穿孔焊接。若电路板的孔较小，上锡后的导线无法穿过电路板，也可以将拧紧后的导线直接穿孔焊接，但焊接时间应稍长，以便让熔化的焊锡能充分浸透导线内部。本电路板在安装导线时，为保证不让焊接导线的铜箔脱落，电路板上设计了 4 个孔，要求每根导线穿两个孔。至此电路的所有安装完成，如图 4.3.10 所示。

图 4.3.10　安装电解电容与电源导线

三、装配质量检查

（1）目测电路中的元件极性（在本电路中，要逐个检查发光二极管的极性）是否装错，元件的参数是否装错。

（2）检查电路的焊点是否合格。检查电路有无烫伤和划伤，整机应清洁无污物。

（3）检测元件是否松动。

（4）特别注意电源引线的极性。

四、通电试验及检测

1. 测试 1——静态工作点部分

首先要求将稳压电源的输出电压调整为+5.0V（±0.1V），此处电压以万用表监测值为准，分清正负极性后，接入电路。正常时，只有一个 LED 点亮。若有多个 LED 被点亮，则说明有 LED 的极性装反了。按下按键并松开，此时 LED 高速旋转点亮，随着时间延长，旋转速度下降直至停止转动，电路正常后测量如下值。

（1）测量三极管的工作状态并填入表 4.3.5，测量各电极电位时，可以采用单手操作，就是将黑表笔固定接在接地点，然后用红表笔去测量相应点。单手操作在测量时可提高设备与人身的安全性。

本例是在 SB 按下不放时，测量的是 Q1 的发射极电位，黑表笔接在电源负极的黑色鳄鱼夹上。如图 4.3.11 所示。

表 4.3.5　三极管状态测试表

	按键释放（且对 C1 短路放电）	按键按住不放	测 量 挡 位
Q1 的基极电位			
Q1 的发射极电位			
Q1 的集电极电位			
三极管的工作状态			

（a）线路连接

（b）Q1 的电位

图 4.3.11　测量 Q1 的发射极电位

（2）测量电路中只有一个 LED 发光时的电流是____________mA，测量被点亮 LED 两端的电压是____________V，计算出 LED 实际功率是____________W。（此处最好用间接测量，即测量 R4 两端电压，再用欧姆定律计算出电流。）

（3）测量 C3 的两端电压为____________V，C3 的作用是___________。电阻 R4 的主要作用是____________。

（4）当 SB 未按下时（且要求电路停振），测量 U1 各脚电压填入下表。

表 4.3.6　记录 555 集成电路各脚电压

检测点	1	2	3	4	5	6	7	8
电　压								

2. 测试 2

本电路采用了单电源供电，再次检查上述电源+5.0V（±0.1V）接入正常后，对整个电路进行如下测试。

（1）比较 U1 的 3 脚与 6 脚的波形。

① 按下 SB 不放（或短接 SB），本例中短接 SB。

② 先对示波器校准。用 CH1 通道测量 U1 的 3 脚波形，用 CH2 通道测量 U1 的 2 脚波形。本例中先用元件的引脚焊接在 555 集成电路的对应引脚上，再接示波器的拉钩，将示波器的鳄鱼夹直接接到电源的负极上，如图 4.3.12 所示。

图 4.3.12　示波器接 3 脚与 6 脚

③ 双踪比较，将示波器的垂直工作模式选为双踪方式。注意由于电路的振荡频率较低，建议选用数字示波器。若只有模拟示波器，则可以提高电路的工作频率来解决波形的闪烁感，如将电容器 C2 减小到 0.1μF。

④ 两个通道的输入耦合方式均选用 DC 耦合，并将两个通道的水平基线调到一起，以便于比较。

⑤ 调节示波器的水平扫描时间旋钮，让示波器在水平方向显示 2～5 个周期，调节示波器的电压衰减旋钮，让示波器在垂直方向显示 2～8 格。请将测量的波形画到表 4.3.7 中，本例的参考波形如图 4.3.13 所示。

表 4.3.7　记录 U1 的 3 脚与 6 脚的波形

波　　形	波 形 频 率	波形的最高电压
	T=__________ f=__________	U1 的 3 脚：__________ U1 的 2 脚：__________
	波形的最低电平	示波器 X、Y 轴量程挡位
	U1 的 3 脚：__________ U1 的 2 脚：__________	CH1 通道 Y 轴：__________ CH2 通道 Y 轴：__________ X 轴：__________

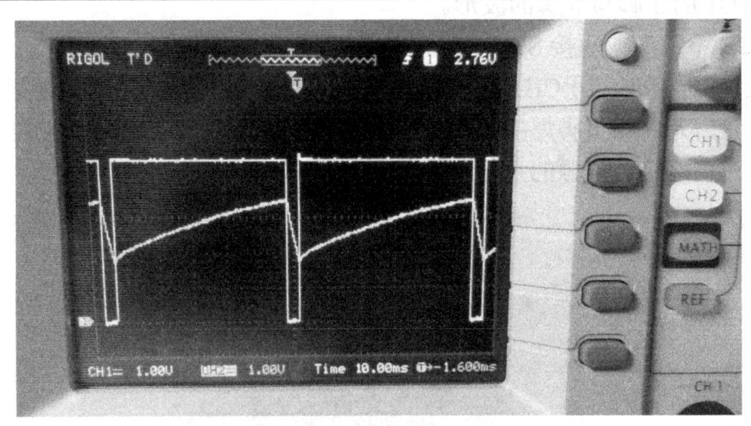

图 4.3.13　示波器显示的波形，矩形波是 3 脚的波形

（2）根据测量的波形，回答以下问题。

① 当 U1 的 6 脚电压为__________V 时，U1 的 3 脚电压将跳变为低电平；当 U1 的 6 脚电压为__________V 时，U1 的 3 脚电压将跳变为高电平。（此处的参考电压是 1/3VCC 和 2/3VCC。）

② U1 的 3 脚波形是__________波，其周期 T=__________，高电平时间 T_H=__________，脉冲占空比为______________。

③ 在比较这两个波形时，示波器的交替触发按键是否按下，为什么？

（3）按下 SB 不放（或短接 SB），用示波器或频率计测量 U2 的 8 脚的频率为______Hz，此处频率为 U2 的 14 脚（或 U1 的 3 脚）________倍。本例中采用示波器测量，测量的结果如图 4.3.14 所示。示波器的 CH1 通道显示的是 U2 的 8 脚波形，CH2 通道显示的是 U2

的 14 脚波形。

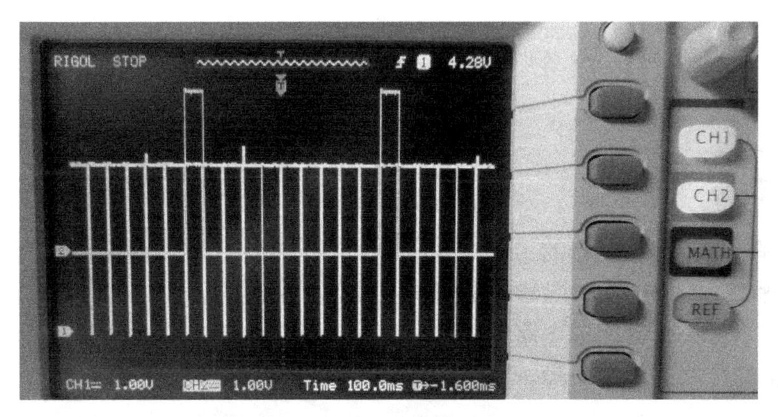

图 4.3.14　U2 的 8 脚与 14 脚波形

【思考与提高】

1．实际测量并计算出电阻 R4 的实际功率是________W，请判断这个电阻的工作是否安全，为什么？

2．按下 SB 然后松开，所有 LED 灯会继续旋转点亮，但持续一段时间后，会停止转动，请你找出电路中哪些元件可以影响 LED 灯持续转动的时间。

3．有同学不小心将某一只 LED 的极性装反了，其现象是当不按下 SB 时，会有两个 LED 同时被点亮，你能画出这种错误状态的等效图吗？能简单分析这是为什么吗？（本题的难度较大，建议作为思考题。）

【助学网站推荐】

1．配套套件（编号 614）电子表下载地址：http://00dz.com/00/00.xls

任务 4　抢答器的安装与检测

任务目标

（1）理解分立元件编码器的工作原理。

（2）理解 CD4511BCD 译码器的引脚功能及工作原理。

（3）会使用相关仪器完成电路测试。

（4）会检修电路的简单故障。

任务描述

本任务是完成抢答器的安装与检测。

一、电路原理图与实物套件

抢答器是一种应用广泛的设备，它在竞赛、抢答中能迅速、客观地分辨出最先获得发言权的选手。本电路以 CD4511 为核心，构成一款简单可靠的产品，能通过数码管的指示辨认出选手号码。CD4511 抢答器的电路原理图如图 4.4.1 所示。

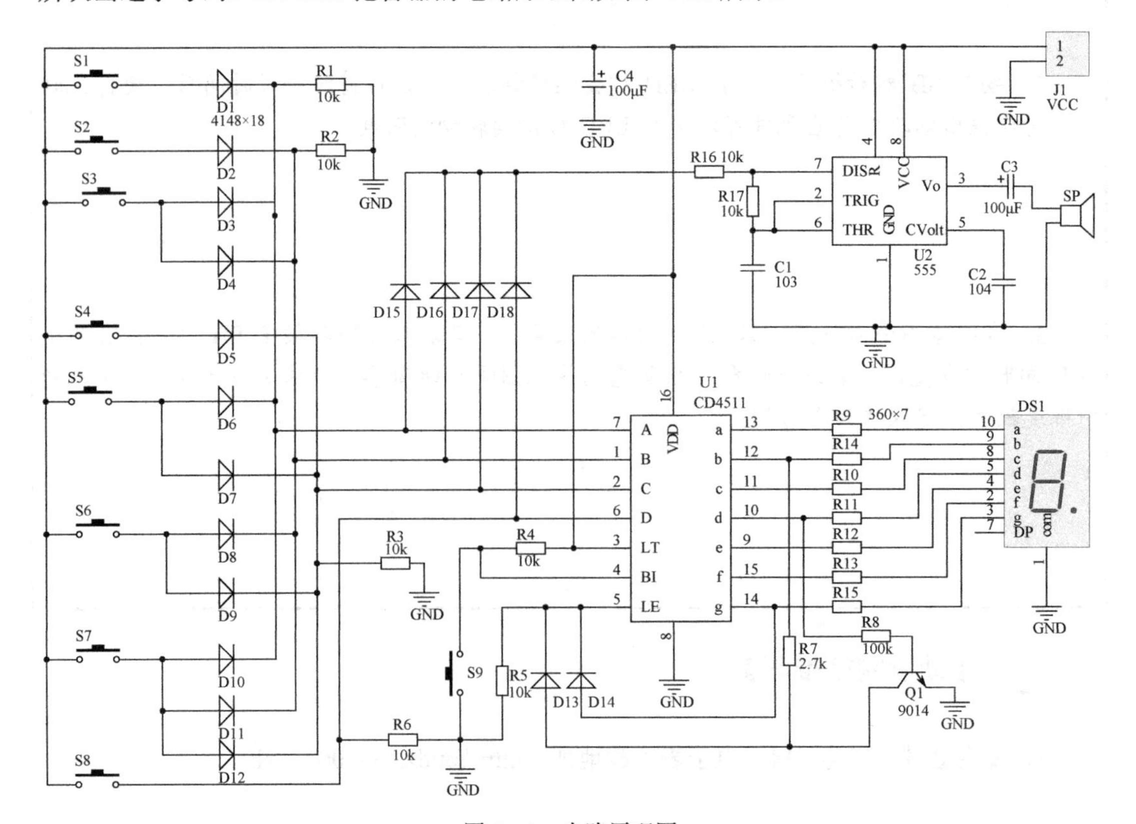

图 4.4.1　电路原理图

CD4511 抢答器的套件实物如图 4.4.2 所示。

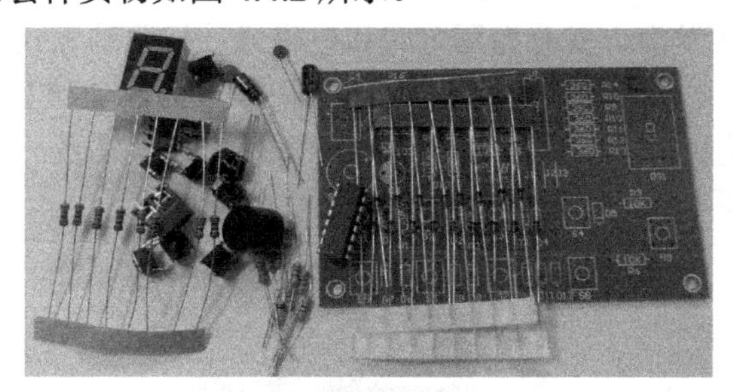

图 4.4.2　抢答器的套件

二、电路方框图

抢答器的电路方框图如图 4.4.3 所示。

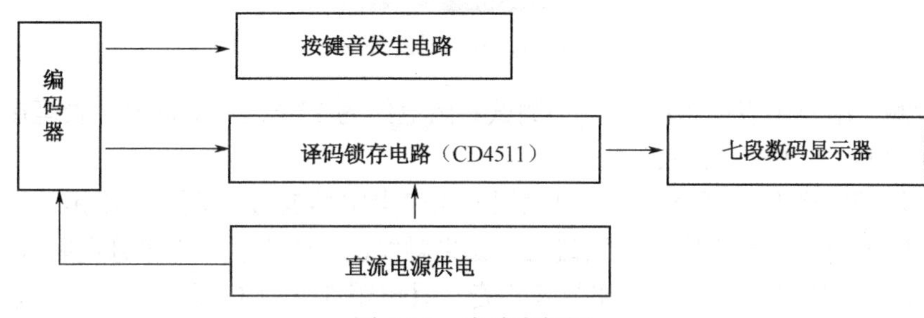

图 4.4.3　电路方框图

三、工作原理介绍

（1）编码器。由按键 S1～S8，二极管 D1～D12 及下拉电阻 R1～R3、R6 构成。这是一个以按键和二极管为核心的分立元件编码器，属于普通编码器。

（2）按键提示音发生电路。由二极管 D15～D18、集成电路 555 为核心的多谐振荡器构成，当有按键按下时，D15～D18 总有一只二极管会导通，经 R16、R17 对 C1 充电，在集成电路的配合下，产生矩形波信号，并驱动蜂鸣器发出声音。本电路所使用的蜂鸣器为电磁式蜂鸣器，其工作原理与普通扬声器相同。

（3）译码锁存电路。以集成电路 CD4511 为核心，该集成电路能将输入的 BCD 编码译为七段共阴型数码管能识别的编码，并能直接驱动数码管发光；同时利用锁存端（CD4511 第 5 脚）对输出进行锁存，当 5 脚为高电平时，输出的数据为锁存前的数据。

（4）七段数码显示器，将译码器的结果显示出来。

相关知识

一、特殊元器件介绍

1. 蜂鸣器

（1）作用。蜂鸣器是一种一体化结构的电子讯响器，采用直流电压供电。在本电路中用于将电信号转换为声信号，作为提示或报警的发声器件。

（2）分类.蜂鸣器按发声方式分为压电式和电磁式；按驱动方式分为有源式和无源式。本电路所选用的是无源电磁式蜂鸣器，其外形如图 4.4.4 所示。这里的“源”不是指电源，而是指振荡源。也就是说，有源蜂鸣器内部带振荡源，所以只要一通电就会发声；而无源蜂鸣器内部不带振荡源，所以如果用直流信号无法令其鸣叫。

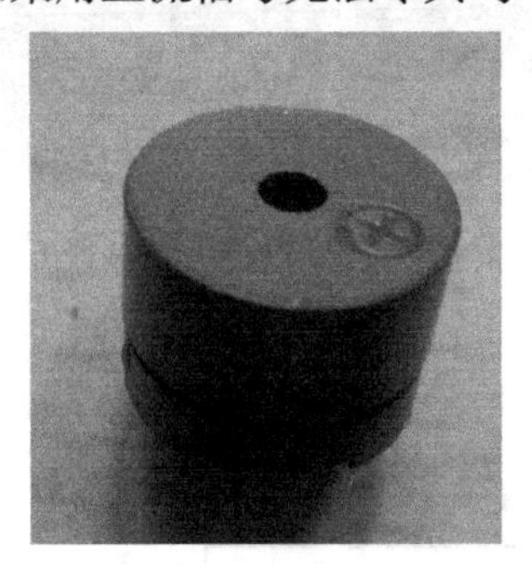

图 4.4.4　蜂鸣器的外形

（3）检测。用万用表电阻挡 R×1 档测试其阻值约为 15Ω 左右。同时，表笔接触和移开瞬间能听到“咯”、“咯”的声音。

判断有源蜂鸣器和无源蜂鸣器，可以用万用表电阻挡 R×1 挡测试：用黑表笔接蜂鸣器“-”引脚，红表笔在另一引脚上来回碰触，如果触发出“咯”、“咯”声且电阻只有 8Ω（或 16Ω）的是无源蜂鸣器；如果能发出持续声音，且电阻在几百 Ω 以上的，是有源蜂鸣器。

2．数码管

（1）结构。数码管是一种由多个 LED 封装在一起组成“8”字形的器件，引线已在内部连接完成，只须引出它们的各个笔画，公共电极。数码管实际上是由七个发光管组成 8 字形构成的，加上小数点就是 8 个。这些段分别由字母 A，B，C，D，E，F，G，DP 来表示。

（2）分类。按 LED 单元连接方式可分为共阳极数码管和共阴极数码管。共阳极数码管是指将所有 LED 的阳极接到一起形成公共阳极（COM）的数码管，共阳极数码管在应用时应将公共极 COM 接到+5V，当某一字段 LED 的阴极为低电平时，相应字段就点亮，当某一字段 LED 的阴极为高电平时，相应字段就不亮。共阴极数码管是指将所有 LED 的阴极接到一起形成公共阴极（COM）的数码管，共阴极数码管在应用时应将公共极 COM 接到地线 GND 上，当某一字段 LED 的阳极为高电平时，相应字段就点亮，当某一字段 LED 的阳极为低电平时，相应字段就不亮。本电路采用共阴极数码管，其外形如图 4.4.5 所示。

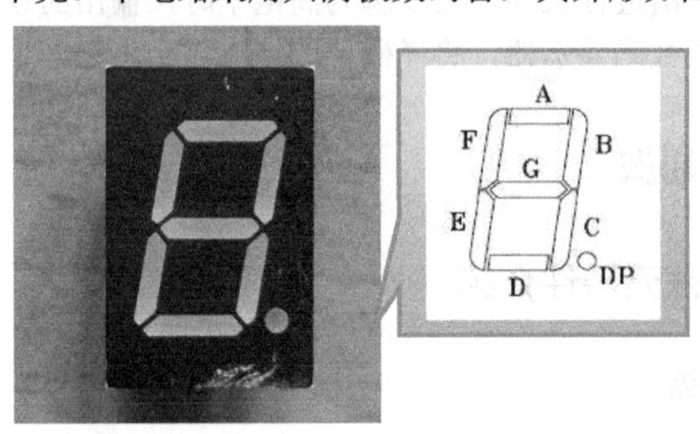

图 4.4.5　数码管

数码管按段数可分为七段数码管和八段数码管，八段数码管比七段数码管多一个LED单元DP（即多一个小数点显示）。

3. BCD—锁存/7段译码/驱动器CD4511

CD4511是一个用于驱动共阴极LED（数码管）显示器的BCD码—7段码译码器，具有BCD转换、消隐和锁存控制、7段译码等功能，驱动功能的CMOS电路可直接驱动LED显示器。

CD4511内部有上拉电阻，在输入端与数码管笔段端接上限流电阻就可工作，其引脚图如图4.4.6所示。其中，7、1、2、6分别表示A、B、C、D；5、4、3分别表示LE、BI、LT；13、12、11、10、9、15、14分别表示a、b、c、d、e、f、g。左边的引脚表示输入，右边表示输出，还有两个引脚8、16分别表示的是VSS、VDD。

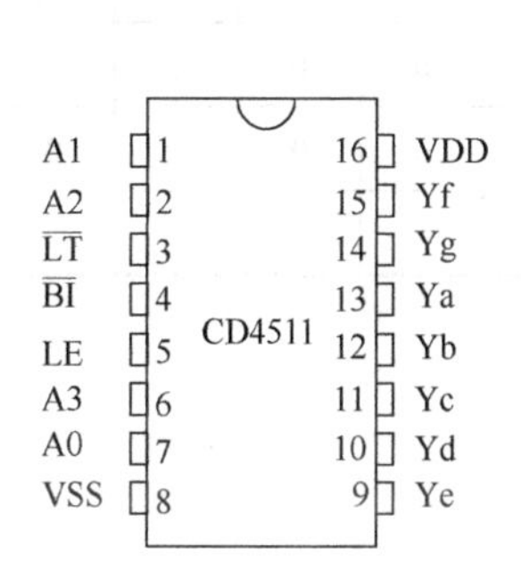

图4.4.6　CD4511引脚图

A0～A3：二进制数据输入端，6脚为BCD码的高位，高电平有效；BI：输出消隐控制端，低电平有效；LE：数据锁定控制端，高电平有效；LT：灯测试端，当此脚为低电平时，数码管的所有单元全亮，用于测试数码管的好坏；Ya～Yg：数据输出端；VDD：电源正极；VSS：接地。

CD4511真值表如表4.4.1所示。

表4.4.1　CD4511真值表

输　入							输　出							
LE	BI	LI	D	C	B	A	a	b	c	d	e	f	g	显示
X	X	0	X	X	X	X	1	1	1	1	1	1	1	8
X	0	1	X	X	X	X	0	0	0	0	0	0	0	消隐
0	1	1	0	0	0	0	1	1	1	1	1	1	0	0
0	1	1	0	0	0	1	0	1	1	0	0	0	0	1
0	1	1	0	0	1	0	1	1	0	1	1	0	1	2
0	1	1	0	0	1	1	1	1	1	1	0	0	1	3
0	1	1	0	1	0	0	0	1	1	0	0	1	1	4
0	1	1	0	1	0	1	1	0	1	1	0	1	1	5

续表

输　入							输　出							
LE	BI	LI	D	C	B	A	a	b	c	d	e	f	g	显示
0	1	1	0	1	1	0	0	0	1	1	1	1	1	6
0	1	1	0	1	1	1	1	1	1	0	0	0	0	7
0	1	1	1	0	0	0	1	1	1	1	1	1	1	8
0	1	1	1	0	0	1	1	1	1	0	0	1	1	9
0	1	1	1	0	1	0	0	0	0	0	0	0	0	消隐
0	1	1	1	0	1	1	0	0	0	0	0	0	0	消隐
0	1	1	1	1	0	0	0	0	0	0	0	0	0	消隐
0	1	1	1	1	0	1	0	0	0	0	0	0	0	消隐
0	1	1	1	1	1	0	0	0	0	0	0	0	0	消隐
0	1	1	1	1	1	1	0	0	0	0	0		0	消隐
	1	1	X	X	X	X	锁　存	锁存						

二、工艺要求

1．元器件安装要求

（1）电阻的安装方向要统一。

（2）二极管的极性要正确。

（3）三极管高度为5～10mm，其余元件贴板安装。

（4）集成电路在安装前应先装上座子。注意座子的方向，应让座子上的缺口与PCB上的符号对齐。在对集成电路的引脚进行整形时，要注意引脚的一致性，必须将所有引脚均对准座子上的位置后，再稍稍用力，将集成电路压入座子。

2．焊点要求

（1）焊点大小适中，无漏、假、虚、连焊，焊点光滑、圆润、干净，无毛刺。

（2）焊盘不应脱落。

（3）修脚长度适当、一致、美观，不得损伤焊面。

任务分解

一、编写元器件明细表、检测并筛选元器件

根据图4.4.1编写元器件明细表，详情见表4.4.2。

表 4.4.2　抢答器电路元器件明细表

元器件代号	名　称	规　格	数　量	备　注
R1、R2、R3、R4、R5、R6、R16、R17	电阻器	10kΩ	8	
R7	电阻器	2.2kΩ	1	
R8	电阻器	100kΩ	1	
R9、R10、R11、R12、R13、R14、R15	电阻器	360Ω	7	
C1	瓷片电容	0.01μF	1	
C2	瓷片电容	0.1μF	1	
C3、C4	电解电容	100μF	2	
D1～D18	二极管	1N4148	18	
S1～S9	按键		9	
Q1	三极管	9013	1	
U1	集成电路	CD4511	1	
U2	集成电路	NE555	1	
SP1	蜂鸣器	电磁式	1	
DS1	数码管	八段	1	
接线端子			1	

二、测试并填表

根据表 4.4.2，进行元器件的选择、测试，并将测试结果填到表 4.4.3 中。

表 4.4.3　元器件检测表

<table>
<tr><th colspan="2">元 器 件</th><th colspan="3">识别及检测内容</th><th>配　分</th><th>评 分 标 准</th><th>得　分</th></tr>
<tr><td rowspan="3">电阻器</td><td></td><td>标称值（含误差）</td><td>测量值</td><td>测量挡位</td><td rowspan="3">每只 1 分</td><td rowspan="3">错 1 项，该电阻不得分</td><td rowspan="3"></td></tr>
<tr><td>R1</td><td></td><td></td><td></td></tr>
<tr><td>R7</td><td></td><td></td><td></td></tr>
<tr><td rowspan="3">电容器</td><td></td><td>标称值（μF）</td><td>介质</td><td>质量判定</td><td rowspan="3">每只 1 分</td><td rowspan="3">错 1 项，该电容不得分</td><td rowspan="3"></td></tr>
<tr><td>C1</td><td></td><td></td><td></td></tr>
<tr><td>C3</td><td></td><td></td><td></td></tr>
<tr><td rowspan="2">三极管</td><td></td><td>画外形示意图，标出引脚名称，引脚向下</td><td>类型</td><td>电路符号</td><td rowspan="2">每只 1 分</td><td rowspan="2">错 1 项，该三极管不得分</td><td rowspan="2"></td></tr>
<tr><td>Q1</td><td></td><td></td><td></td></tr>
<tr><td rowspan="2">二极管</td><td>名称</td><td>正向电阻</td><td>反向电阻</td><td>质量判定</td><td rowspan="2">每只 1 分</td><td rowspan="2">错 1 项，该项不得分</td><td rowspan="2"></td></tr>
<tr><td>D1</td><td></td><td></td><td></td></tr>
<tr><td rowspan="2">蜂鸣器</td><td>名称</td><td>测量阻值</td><td colspan="2">测量挡位</td><td rowspan="2">每只 1 分</td><td rowspan="2">错 1 项，该项不得分</td><td rowspan="2"></td></tr>
<tr><td>SP</td><td></td><td colspan="2"></td></tr>
</table>

续表

元　器　件		识别及检测内容	配　　分	评 分 标 准	得　　分
数码管		画出数码管的俯视外形示意图，并标出引脚	3 分	错 1 只引脚，该项不得分	
	DS1				

三、电路安装

（1）先用万用表对所需元件的质量进行判定。

（2）依次完成电阻、跳线、二极管的安装。跳线用电阻或二极管剪下的引脚代替，注意二极管的极性应与电路板上的极性相符。安装完的实物如图 4.4.7 所示。

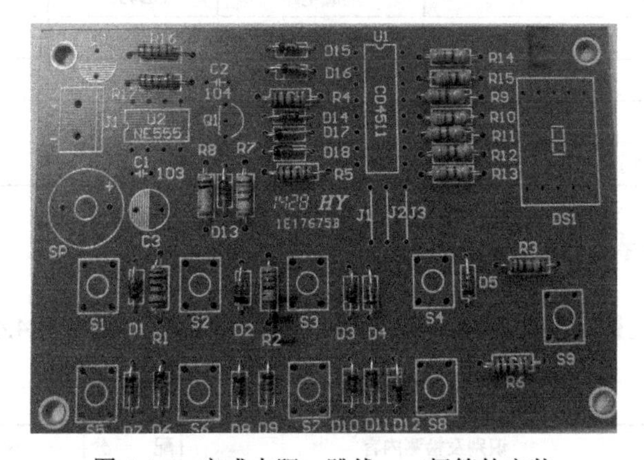

图 4.4.7　完成电阻、跳线、二极管的安装

（3）按键、集成电路的安装，本套件中没有配集成电路的座子，可以自行配置，也可以直接安装，本例中集成电路采用直接安装。如图 4.4.8 所示。

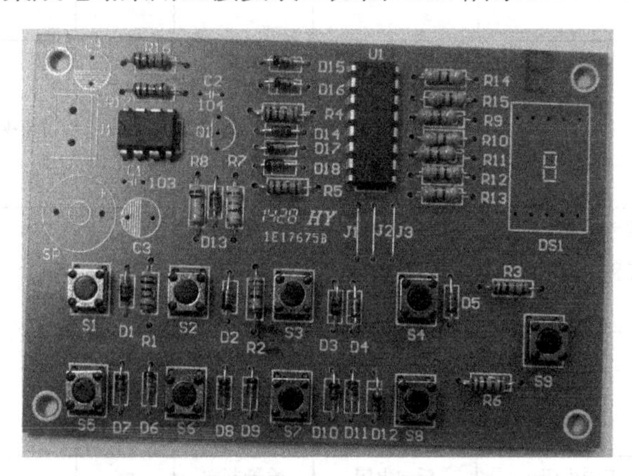

图 4.4.8　完成按键、集成电路的安装

（4）瓷片电容、LED 数码管、三极管、蜂鸣器、电解电容、接线端子的安装，如图 4.4.9 所示。

图 4.4.9　杂件的安装

（5）电源导线的连接，先剥出 2～3mm 的导线，将其拧紧，直接装入接线端子，注意分清正负极性。

四、装配质量检查

（1）目测电路中元件的极性是否装错，特别要注意数码管为紧贴 PCB 插装焊接，小数点的朝向为下方。一旦安装错误，会导致 DS1 显示不正常。

（2）检查电路的焊点是否合格。检查电路有无烫伤和划伤，整机应清洁无污物。

（3）轻触按键应安装端正，它有 4 个引脚，焊接时可分两次进行。第一次焊接对角的两个引脚，间隔 1min 左右，待其返回常温后再进行第二次焊接，将余下的两个引脚焊接好。如持续加热，将导致按键外部轮廓变形、性能受损。

（4）特别注意电源引线的极性。

五、通电试验及检测

1．电路功能调试

（1）电路完成装接后，再仔细检查并确认电路是否完成安装，是否安装正确。

（2）将电源调试为直流 5V，区分好正负极性后，方可接入电路。

（3）本电路接入电源后，无须调试。电路通电后，显示为“0”。除复位按键外其余的按键按下后，蜂鸣器均要发出声音，其中 S8 的声音与众不同。在按下 S1～S8 中任意一键时，数码管显示相应数字，释放按键后，数码管保持相应显示。此时若再按 S1～S8 中的按键，数码管显示内容不变，但按键提示音正常，则表明抢答成功。本电路易产生的故障如下：

① 有个别按键按下后，不能正常显示相应的键值，而其他按键正常，这说明故障在编码电路，是相应错误按键的编码有误，常见为对应的二极管极性接反或铜箔开路。

② 个别按键按下无任何反应，一般是这只按键损坏，可用镊子短路相应按键两端，若短路后显示正常，则可确认这只按键损坏。

③ 不能锁存，表现为按键按下后，有提示音，显示也正常，按键释放后，显示归零。常见为二极管 D13、D14 极性装反或相应铜箔开路。

2. 电路参数测量

检查电路无误后，接通电源，测量三极管 Q1 在下列情况下的 C、E 间的电压。

（1）S8 按下时，Q1 的 C、E 间的电压为__________V；

S8 未按下时，Q1 的 C、E 间的电压为__________V。

（2）按下 S5 时不放，D6 两端电压为___________V，D7 两端电压为_________V；松开 S5 时，D6 两端电压为____________V，D7 两端电压为______________V。

按下 S5 时不放，测量 D6 两端电压的过程如图 4.4.10 所示，红表笔接 D6 的正极，黑表笔接 D6 的负极。

（a）按下 S5 时不放

（b）测量 D6 两端电压

图 4.4.10　测量 D6 两端电压

（3）当 S7 按下时，二极管 D1～D18 中，导通的二极管有____________________，此时测量 U1 的 6，2，1，7 端电压，并将此时的代码填入表 4.4.4，此时 LED 显示为数字______________。

表 4.4.4　记录 U1 的 6，2，1，7 端电压

引　脚	6	2	1	7
电　压				
代码（用 0、1 表示）				

3. 测试 U2 的 6 脚波形

（1）先对示波器校准。

（2）按下 S6 不放（或短接 S6）。本例中采用按下 S6 不放。

（3）将示波器的拉钩接在 C1 上端或电阻 R17 的下端（指元件在电路原理图中的下端），将鳄鱼夹接电路的地，输入耦合方式选为直接耦合。如图 4.4.11 所示。

（4）调节示波器的水平扫描时间旋钮，让示波器在水平方向显示 2～5 个周期，调节示波器的电压衰减旋钮，让示波器在垂直方向显示 2～8 格。本例的参考波形如图 4.4.12 所示，请将你所测的波形记录于表 4.4.5。

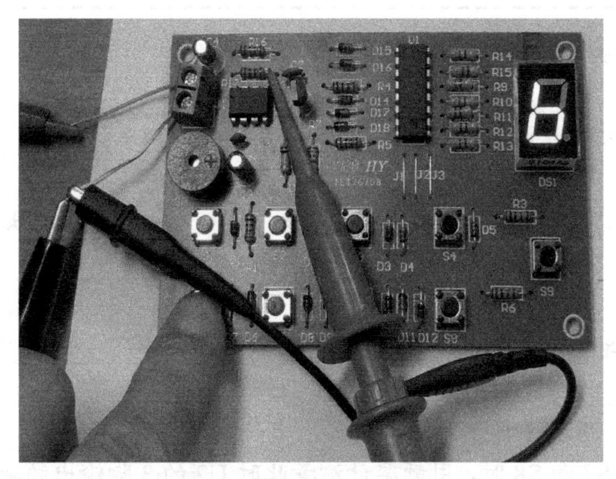

图 4.4.11　测量 U2 的 6 脚波形

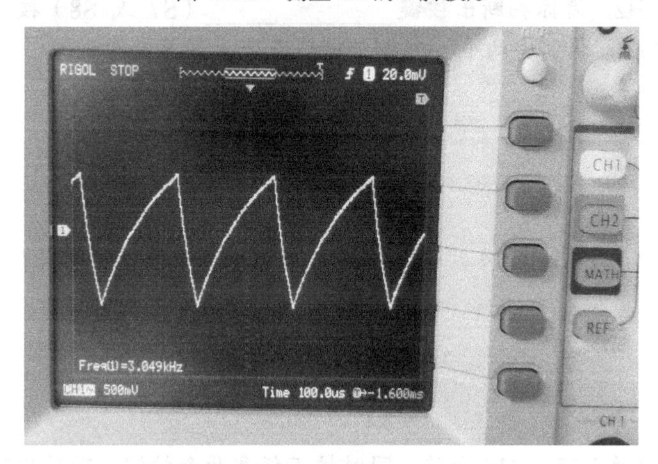

图 4.4.12　示波器显示 U2 的 6 脚波形

表 4.4.5　记录 U2 的 6 脚波形

<table>
<tr><th>波形（6 分）</th><th>波形频率（3 分）</th><th>波形的最高电压（4 分）</th></tr>
<tr><td rowspan="3"></td><td>T=________
f=________</td><td>U1 的 6 脚：________</td></tr>
<tr><td>波形的最低电平（4 分）</td><td>示波器 X、Y 轴量程挡位（2 分）</td></tr>
<tr><td>U1 的 3 脚：________
U1 的 6 脚：________</td><td>CH1 通道 Y 轴：________
CH2 通道 Y 轴：________
X 轴：________</td></tr>
</table>

【思考与提高】

1. 若电容 C2 容值增大，U2（555）3 脚输出波形的频率将__________（变大、变小、不变）。

2. 若断开 R17，U2（555）3 脚输出波形会____________（变大、变小、不变）。

3. 电容 C1 起____________________作用，C2 起________________作用，C3 起________________作用，C4 起________________作用。

4. 若 U1 的 4 脚电压为 0 时，会出现一直显示______________现象；若电阻 R6 短路，会出现________________现象。

5. 当按键 S1 ~ S8 均不按下时，编码器输出的编码为____________。

6. 当分别按下 S7 和 S8 时，用频率计测量此时 U2 的 3 脚输出频率分别为________Hz 和_____________Hz，请你判断出按键_____________（S7 或 S8）按下时输出的声音更尖，并仔细分析电路，找到这两个按键按下时声音产生差异的原因。

7. 请将电路中的 D13、D14 开路，此时电路还能实现抢答功能吗？为什么？

8. 请将电路中的 D13、D14 开路，同时按下任意两个按键，观察此时输出的显示还正常吗？由此分析，这个电路所使用的编码器是普通编码器还是优先编码器？

9. 按键为输入端，以 U1 的 7 脚为电路的输出端，请你画出 D1、D3、D7、D10 所构成的电路，并判断电路的名称和功能。

【助学网站推荐】

1. 配套套件（编号 C19）电子表下载地址：http://00dz.com/00/00.xls
2. 电子小制作网站_DIY 电子手工制作大全_手艺活网：http://www.shouyihuo.com/elec/

任务 5　亚超声控开关的安装与检测

任务目标

（1）理解亚超声控开关电路的工作原理，理解电路中各元件的作用。

（2）能根据电路图对亚超声控开关电路进行安装、调试，会使用万用表、示波器等仪器完成规定的测试任务。

（3）会分析电路和处理简单的故障。

任务描述

本任务是完成亚超声控开关电路的安装及检测。

亚超声控开关利用声波转换原理，以其独特的无源式控制方式受到人们的欢迎。只要用手捏一下带嘴的橡皮球（气囊），就可控制家用电器的“开”与“关”，达到家用电器的声控化目的。亚超声控开关可以应用在楼梯走道灯、台灯、电视机等家用电器设备上，具有体积小、工作稳定可靠、遥控距离不低于 10 米等优点，非常适合广大电子技术爱好者装配使用。

一、电路原理图和实物套件

亚超声控开关的电路原理图如图 4.5.1 所示。

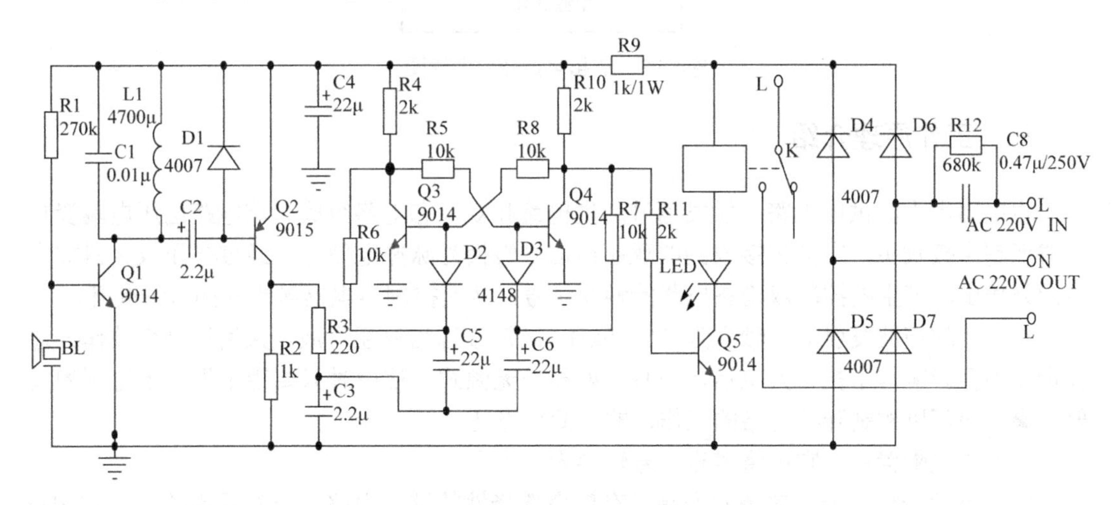

图 4.5.1　亚超声控开关电路原理图

亚超声控开关套件实物如图 4.5.2 所示。

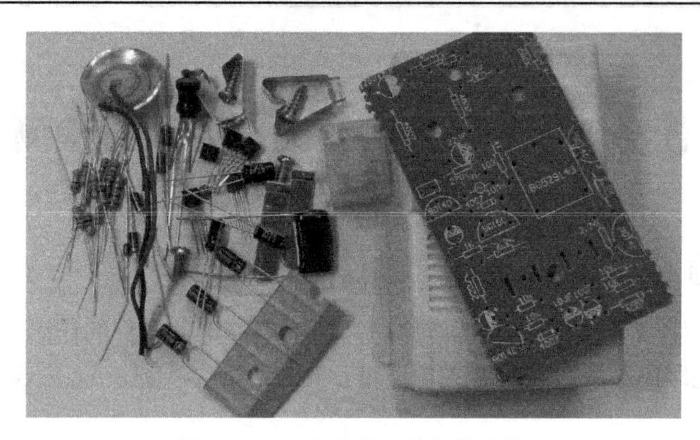

图 4.5.2　亚超声控开关套件实物

二、电路方框图

亚超声控开关电路方框图如图 4.5.3 所示。

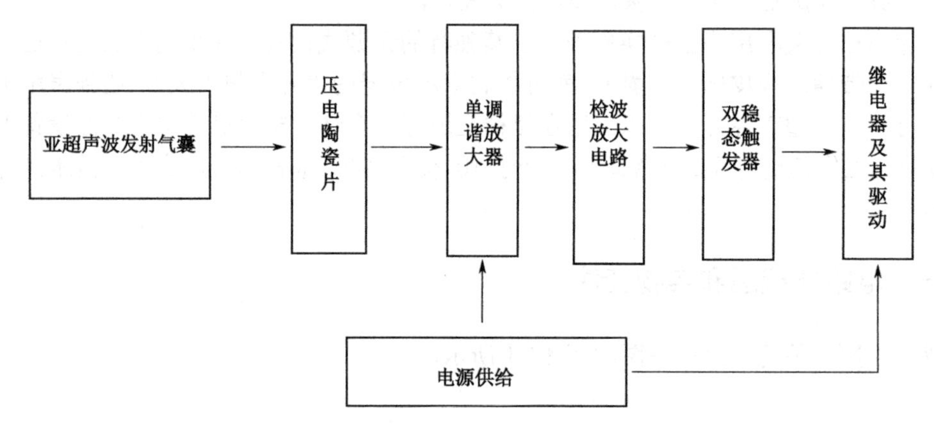

图 4.5.3　亚超声控开关方框图

三、工作原理介绍

本电路由直流供电电路、触发信号产生电路和双稳态电路组成。该电路由压电陶瓷片组成亚超声接收头，它能将接收到的亚超声信号转换为脉冲电信号，经过电压放大器放大后向外输出，产生能控制双稳态电路的触发信号，从而控制继电器触点的闭合与断开。

（1）亚超声波发射器。频率为 16~20kHz 的声波称为亚超声波，采用这种声波作为遥控指令不会影响与干扰他人生活，而且发射器是无源式，使用时只要用手捏一下特制的发射气囊，便可以控制开关电路的工作，非常简单方便。

（2）压电陶瓷片。它可将声音信号转换为电信号。

（3）单调谐放大器。它是本产品具有频率选择性的核心电路。仅对频率约为 23.2kHz 的信号放大倍数最大，其选频频率的计算公式为 $f=\dfrac{1}{2\pi\sqrt{LC}}$。

（4）检波放大器。D1 为检波二极管，将正半周信号短路，留下负半周信号去让 Q2 放大并输出高电平信号，并以此信号作为双稳态触发器的触发信号。

（5）双稳态触发器。有两个稳定的状态，具有记忆功能，触发信号每到来一次，触发器的状态变化一次。

（6）继电器驱动电路。在双稳态电路的作用下控制继电器吸合与释放，指示亮为继电器吸合。

（7）电源供给电路。本电路采用 220V 交流供电，属于电容限流降压电路，这种电路由电容器代替降压变压器，以降低成本，现已被小家电产品大量采用（如充电手电筒、遥控电风扇）。其缺点是与交流电不隔离，易触电，所以在实训中可以稍加改动，用 12V 直流电供电，方法是将电容器限流降压电容器 C8 短路，将直流电源直接接到原来交流电的位置。由于有桥式整流电路的存在，可以不分正负极性。

相关知识

一、特殊元器件介绍

1．压电陶瓷片

（1）作用。压电陶瓷片俗称蜂鸣片，如图 4.5.4 所示，它是一种声电可逆转换器件，利用压电效应，当有声波时，由于压电效应会产生电信号；若加上突变的电信号（如音频范围的方波信号）则会发出声音，我们可以由此判断压电陶瓷片是否正常。

压电陶瓷蜂鸣片一般工作在 18V 以下，电能机械能转换效率较高，其工作频率在 2500～4500Hz 之间，声音尖的一般是 4000Hz，功率大的产品往往选择频率低的 2500Hz，声音表现较为低沉些。

（2）检测。用万用表 R×10k 挡测其电阻值约为无穷大，然后轻轻敲击陶瓷片，万用表指针应略微摆动。该现象就像我们用指针式万用表测量小容量电容时的充放电。

2．高压涤纶电容器

（1）高压涤纶电容器的外形如图 4.5.5 所示。

图 4.5.4　压电陶瓷片

图 4.5.5　高压涤纶电容器

（2）作用，在本电路中利用其容抗降压。

（3）检测，用万用表 R×1k 挡测其两端时，指针微动后返回无穷大。

3．电感线圈

（1）电感线圈的外形如图 4.5.6 所示。

（2）作用，在本电路中构成 LC 并联谐振回路。

（3）检测，用万用表 R×1k 挡测其线圈的直流电阻，约为 30Ω。

4．输入插头

输入插头的外形如图 4.5.7 所示，其作用为接入交流电源。

图 4.5.6　电感线圈

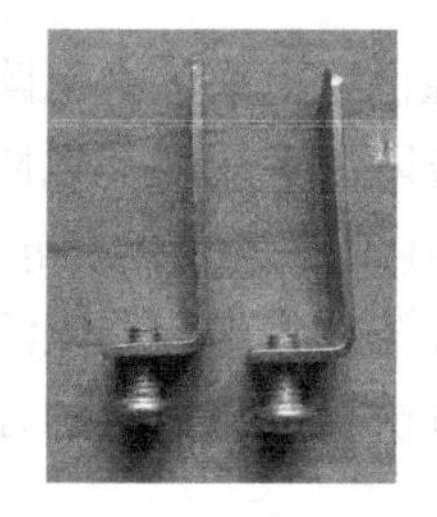

图 4.5.7　输入插头

5．输出插座

输出插座的外形如图 4.5.8 所示，其作用为输出交流电源。

6．气囊

气囊的外形如图 4.5.9 所示，其作用为捏压时产生超声波信号。

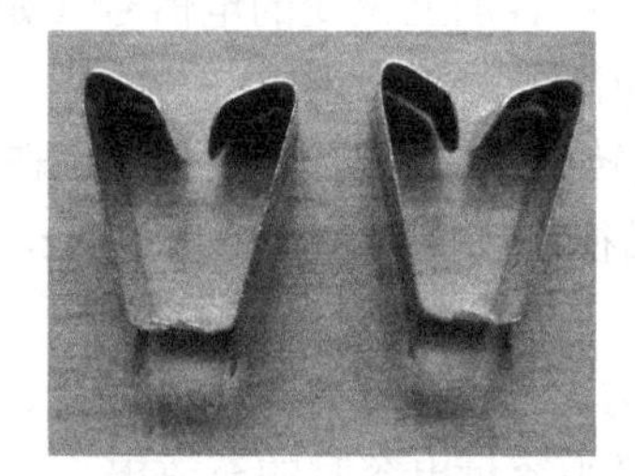

图 4.5.8　输出插座

图 4.5.9　气囊

二、工艺要求

1．元器件安装要求

首先对照元件清单认真查对元件及配件的数量，并用万用表检测阻容元件、二极管、三极管等元件的质量。然后看懂原理图，熟悉 PCB 图。除了二极管 D1～D7 采用卧式安装外，其余阻容元件、三极管等元件采用立式安装，并紧靠 PCB。安装电解电容器、LED、整流二极管、三极管等有极性元件时注意方向，千万不要插反装错。继电器的焊接时间不要过长，否则会损坏开关触点。压电陶瓷片可以不分极性，用导线与电路相连，注意压电陶瓷片最后要用热熔胶装在外壳上，导线的长度要足够。

本产品的电压输出插座簧片，为防止调试过程中短路，建议在电路调试成功后再进行焊接。本产品的电压输入插头，用螺钉紧固。若采用直流电供电，此处可输入直流电，若采用交流电供电，此处直接插入市电的插座。

2．焊点要求

（1）焊点大小适中，无漏、假、虚、连焊，焊点光滑、圆润、干净，无毛刺。

（2）焊盘不应脱落。

（3）修脚长度适当、一致、美观，不得损伤焊面。

任务分解

一、编写元器件明细表、检测并筛选元器件

根据图 4.5.1 编写元器件明细表，具体情况详见表 4.5.1。

表 4.5.1　亚超声控开关元器件明细表

元器件代号	名　称	规　格	数　量	备　注
R1	电阻器	270kΩ	1	
R2	电阻器	1kΩ	1	
R3	电阻器	220Ω	1	
R4、R10、R11	电阻器	2kΩ	3	
R5、R6、R7、R8	电阻器	10kΩ	4	
R9	电阻器	1kΩ/1W	1	
R12	电阻器	680kΩ	1	
C1	电容器	0.01μ	1	
C2、C3	电容器	2.2μ	2	
C4、C5、C6	电容器	22μ	3	
C8	高压涤纶电容器	0.47μ/250V	1	
D1、D4、D5、D6、D7	二极管	1N4007	3	
D2、D3	二极管	1N4148	2	
LED	发光二极管	红　ϕ3mm	1	
Q1、Q3、Q4、Q5	NPN 型晶体管	9014	4	
Q2	PNP 型晶体管	9015	1	
BL	压电陶瓷片		1	
K	直流继电器		1	
输入插头			1 对	
输出插座			1 对	

根据表 4.5.1，进行元器件的选择、测试，并将结果填入表 4.5.2 和表 4.5.3 中。

表 4.5.2　元器件识别、检测（一）

序　号	名　称	识别及检测内容	得　分
1	电阻器 R1	标称值：　　测量值：　　功率：	
2	电阻器 R9	标称值：　　测量值：　　功率：	
3	电容器 C1	标称值：　　　　介质：	
4	电容器 C3	标称值：　　　　介质：	
5	二极管 D1	导通电压	
6	电感 L	标称电感量：　　线圈电阻值：	

表 4.5.3　元器件识别、检测（二）

<table>
<tr><th>元器件</th><th colspan="5">识别及检测内容</th><th>配分</th><th>评分标准</th><th>得分</th></tr>
<tr><td rowspan="2">二极管
1 只</td><td></td><td colspan="2">正向电阻
数字表、指针表</td><td colspan="2">反向电阻
数字表、指针表</td><td rowspan="2">2 分</td><td rowspan="2">检测错不得分</td><td rowspan="2"></td></tr>
<tr><td>D2</td><td colspan="2"></td><td colspan="2"></td></tr>
<tr><td rowspan="2">三极管
1 只</td><td></td><td colspan="4">面对标注面，画出管外形并示意图标出管脚名称，画出电路符号</td><td rowspan="2">共计 3 分</td><td rowspan="2">检测错不得分</td><td rowspan="2"></td></tr>
<tr><td>Q3</td><td colspan="4"></td></tr>
<tr><td rowspan="2">继电器</td><td></td><td>画出管外形示意图，标出管脚名称</td><td colspan="2">电路符号</td><td>线圈阻值</td><td>4 分</td><td></td><td></td></tr>
<tr><td>K1</td><td></td><td colspan="2"></td><td></td><td></td><td></td><td></td></tr>
</table>

二、电路安装

1. 安装穿孔元件

（1）首先完成电阻的安装，由于 R9 的功率较大，可安排在最后安装，如图 4.5.10 所示。

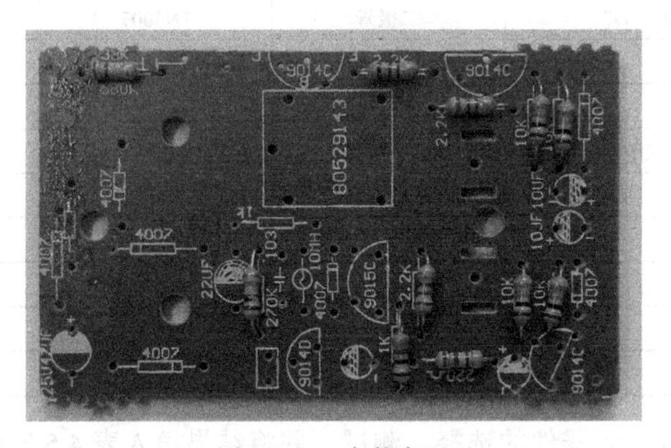

图 4.5.10　安装电阻

（2）安装二极管、功率电阻 R9、瓷片电容、三极管。电阻的功率若较大时，为有利于散热，不能贴板安装，但本例中电阻 R9 的功率不大，所以仍采用贴板安装。如图 4.5.11 所示。

（3）安装电解电容、电感线圈、继电器、LED、输入插头和压电陶瓷片，注意二极管的引脚长度，应保证二极管的引脚足够长，能伸出塑料外壳。输入插头采用螺钉拧紧即可，如图 4.5.12 所示。

图 4.5.11　安装二极管等元件

（4）输出插座和高压电容 C8 的安装。为保证安全，应将本电路调试并完成检测后再完成这一步的安装。输出插座采用焊接，安装后如图 4.5.13 所示。

图 4.5.12　杂件安装

图 4.5.13　输出插座的安装

三、装配质量检查

（1）目测电路中元件的极性是否装错，特别是三极管的类型和极性，元件的参数是否装错。

（2）检查电路的焊点是否合格。检查电路有无烫伤和划伤，整机应清洁无污物。

（3）检测元件是否有松动，螺钉是否到位。

（4）特别注意电源引线的极性。

四、通电试验及检测

1. 测试 1——静态工作点部分

首先，为保证调试的安全，本电路先采用直流 12V 供电（将电容 C8 用导线短接），然后将稳压电源的输出电压调整为+12 V（±0.3V），接到电路中的输入插头。待调试检测完成后再恢复 220V 交流电供电。

（1）通电后电路能正常工作。捏压一次气囊，LED 的状态改变一次，同时能听到继电器吸合与释放的声音。此时要注意，由于实训人数较多，相邻同学捏压气囊会相互干扰。

（2）本电路的故障分析，可以分三个部分来进行判定。

① 声波接收、选频放大及检波放大部分。判定方法：用万用表测量 Q2 的集电极电压，没有捏压气囊时，Q2 应处于截止状态，Q2 集电极对地电压为 0V 左右；当捏压一次气囊时，Q2 会瞬间进入饱和状态，Q2 的集电极电压将瞬间达到 2V 左右，能看到指针式万用表的指针大幅度右偏，则证明这部分电路是正常的。

② 双稳态电路。可以将三极管 Q2 的 CE 瞬间短路，为双稳态电路输入一高电平，用万用表测量 Q4 的集电极对地电压，瞬间短路一次 Q2 的 CE，此处电压将由高电平变为低电平或由低电平变为高电平。

③ 驱动电路。短路 Q4 的 BE 极，让 Q4 截止，Q3 饱和，Q4 截止后集电极输出高电平，让 Q5 饱和，此时继电器将吸合，LED 点亮。短路 Q3 的 BE 极，会让 Q3 截止，Q4 饱和，Q4 饱和后集电极输出低电平，让 Q5 截止，此时继电器将释放，LED 熄灭，则此部分电路正常工作。

（3）测量三极管的工作状态，在测量前为避免干扰，可以捏压气囊将 LED 点亮或熄灭，然后在不断电的情况下将 BL 开路。或将 BL 开路后，直接短接 Q4 的 BE 极让 LED 点亮；直接短路 Q3 的 BE 极，让 LED 熄灭。本例中测量 LED 处于点亮状态时，Q4 的 CE 电压如图 4.5.14 所示。请将测试结果记录于表 4.5.4 和 4.5.5 中。

（a）线路连接

（b）测得 Q4 的 CE 电压

图 4.5.14　测量 Q4 的 CE 电压

表 4.5.4　记录 LED 处于点亮状态时的三极管电压

	Q3	Q4	Q5	检测挡位
U_{BE}				
U_{CE}				
状态				

表 4.5.5　记录 LED 处于熄灭状态时的三极管电压

	Q3	Q4	Q5	检测挡位
U_{BE}				
U_{CE}				
状态				

（4）测量流过 R9 的电流为________________mA，计算其功耗为____________W。（最快的方法是测量 R9 两端的电压来计算电流，同时也计算功率，也可以直接串联电流表测量电流。）

（5）测量继电器吸合时，电路的总电流是_______mA，计算电路的总功耗为________W。测量直流继电器的线圈电流可以采用串联电流表测量，也可以先测量继电器线圈的直流电阻，再测量继电器的线圈电压，利用欧姆定律来计算电流。但这种方法只能用于继电器的线圈通入直流电，只有通入直流电，线圈的感抗才为 0。在本电路中若采用交流供电时，由于电路滤波不佳，电压中的交流成分过重，只能采用直接测量电流。

2．测试 2——用示波器测量 Q5 的基极电压波形

（1）先对示波器校准。

（2）在测量过程中为避免干扰，用气囊将 LED 状态调好后，可将 BL 开路，断开 BL 的过程中电路不能断电，也可以直接短接 Q4 的 BE 点亮 LED。

（3）将示波器的拉钩接在 Q5 的基极或电阻 R11 的下端，将鳄鱼夹接电路的地，本例中示波器的拉钩接在输入耦合 Q5 的基极，鳄鱼夹夹在 Q4 的发射极。示波器的输入方式选为直接耦合，如图 4.5.15 所示。

图 4.5.15　测度 Q5 的基极电压

（4）调节示波器的电压衰减旋钮，让示波器在垂直方向显示 2～8 格。请将所测波形记录于表 4.5.5 中。本例的参考波形如图 4.5.16 所示，在测试时请注意示波器输入为 0 时水平基线所处的位置。

3．测量单调谐放大器的谐振点的放大倍数 A_U（此题难度较大，选作）

（1）将电路中的 BL 开路，在 Q1 的基极接上一个 1μF 的电容，其正极接基极，负极悬空。

（2）将信号发生器调节为正弦波输出，其幅度为 10mV，频率为 23kHz 左右。将信号发生器输出的红色鳄鱼夹接 Q1 的基极电容的负极，黑色鳄鱼夹接电路的地。

表 4.5.5　记录 Q5 的基极电压波形

<table>
<tr><th>波形（2 分）</th><th>波形频率（2 分）</th><th>波形的电压（2 分）</th></tr>
<tr><td rowspan="3"></td><td rowspan="3">f=__________</td><td></td></tr>
<tr><td>示波器 X、Y 轴量程挡位（1 分）</td></tr>
<tr><td>Y 轴：__________
X 轴：__________</td></tr>
</table>

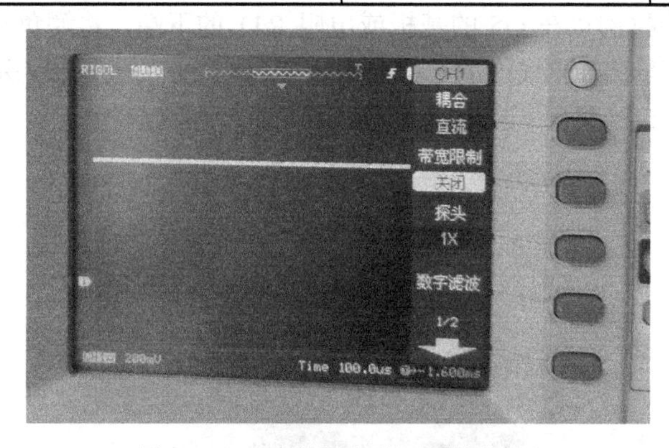

图 4.5.16　示波器显示 Q5 基极波形

（3）将示波器的 CH1 通道测量 Q1 的基极信号，示波器的 CH2 通道接 Q1 的集电极。示波器的输入耦合方式均选为 AC 方式，触发源选 CH1 或 CH2 均可，交替触发按键不能按下。

（4）调节示波器水平扫描时间旋钮，让波形在水平显示 2～5 个周期。调节 CH1 通道的电压衰减旋钮，让波形在垂直方向上约为 4 格左右，调节 CH2 通道的电压衰减旋钮，让波形在垂直方向上约为 4～8 格。

（5）细调信号发生器的输出幅度和频率，监视示波器上 CH2 通道的波形，让其处于最大且不失真，直至找到波形的最大点，这点所对应的频率即是电路的谐振点。找 Q1 输出波形的最大点，还可用毫伏表来测试，但也要用示波器监视其波形，不能让波形产生失真，否则毫伏表测量就没有意义。将测试的两个通道的波形画在下表。

（6）CH1 与 CH2 通道信号的相位关系是____________。

（7）电压放大倍数 A_U=___________。可以用两个信号的峰-峰值相比，也可以是两个通道信号峰值或有效值之比。

4．亚超声控开关的通断电实验

上述调试与检测完成后，恢复交流供电（去掉 C8 的短接线，接上电容器 C8）；将输出插座接到电路中，最后将电路装入到外壳中。将负载接到亚超声控开关的输出插座上，试验本产品能否成功。当亚超声控开关处于开通状态时，台灯点亮，亚超声控开关上的LED也点亮，如图4.5.17所示。当亚超声控开关处于关闭状态时，台灯熄灭，亚超声控开关上的LED也熄灭，如图4.5.18所示。

表4.5.6　记录电路发生谐振时Q1基极与集电极的波形

<table>
<tr><th>波形（2分）</th><th>波形频率（2分）</th><th>波形的电压（2分）</th></tr>
<tr><td rowspan="3"></td><td rowspan="3">T=________
f=________</td><td>CH1 的 U_{PP}：________
CH2 的 U_{PP}：________</td></tr>
<tr><td>示波器 X、Y 轴量程挡位（1分）</td></tr>
<tr><td>CH1　Y轴：________
CH2　Y轴：________
X轴：________</td></tr>
</table>

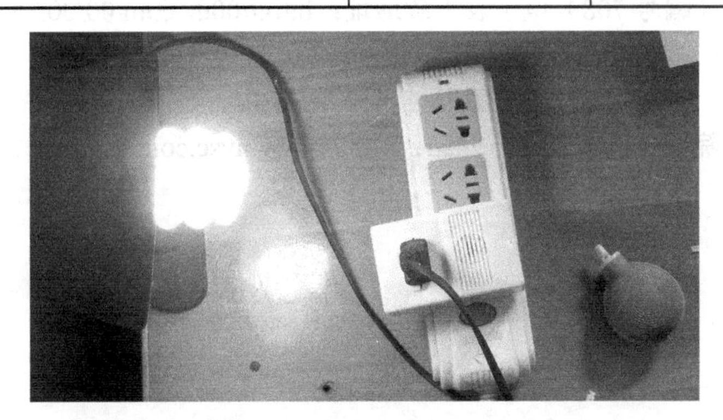

图4.5.17　亚超声控开关接通

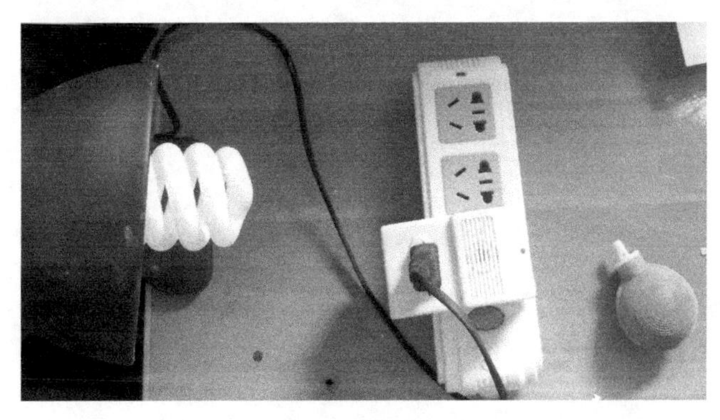

图4.5.18　亚超声控开关关闭

【思考与提高】

1. C4 的作用是______________，C2 的作用是______________。
D1 的作用是______________，BL 的作用是______________。

2. Q1、L1、C1 所构成的电路名称是______________________。D4~D7 所构成的电路名称是____________________，其作用是____________________________________。

3. 若测得 Q4 的基极电压为 0.75V，则 Q4 工作于_________状态，Q5 工作于_________状态。

4. 捏动气囊______次，LED 的状态变化一个周期，说明 Q3、Q4 所组成的电路是_______（多谐振荡器/单稳态触发器/双稳态电路）。

5. 请你画出单调谐放大器（以 Q1 为核心）的交、直流通路。

【助学网站推荐】

1. 配套套件（编号 708）电子表下载地址：http://00dz.com/00/00.xls
2. 百度文库：电子产品装配工艺
3. 百度文库：工艺标准 1-PCBA 及装配工艺指引
4. 全国职业院校技能大赛官方网站：http://www.nvsc.com.cn/

项目五　电路原理图绘制与 PCB 设计基础

Altium Designer 是原 Protel 软件开发商 Altium 公司推出的一体化的电子产品开发系统，主要运行于 Windows 操作系统，现已推出多个版本，可以根据自己的条件和需要选用。这套软件通过把原理图设计、电路仿真、PCB 绘制、自动布线、设计输出等技术完美融合，为设计者提供了全新的设计解决方案，使设计者可以轻松进行设计，熟练使用这一软件必将使电路设计的质量和效率大大提高。通过本项目的学习，使学生掌握利用计算机辅助进行电子线路设计的方法和技巧，为学生毕业后进行 PCB 设计打下良好的基础。

任务目标

（1）了解 Altium Designer 运行环境与基本使用方法。

（2）掌握 PCB 工程项目及各种设计文档的创建方法。

（3）掌握原理图的绘制与原理图元件库的编辑方法。

（4）掌握 PCB 的设计与 PCB 封装库的编辑方法。

（5）学会 Altium Designer 的基本功能操作方法。

（6）能够正确创建与保存 PCB 工程文件。

（7）能够正确创建与保存原理图设计文档、原理图元件库文件、PCB 文件、PCB 封装库文件。

（8）能够熟练绘制原理图。

（9）能够正确绘制与使用原理图元件库符号。

（10）能够熟练绘制 PCB 图。

（11）能够正确绘制与使用 PCB 封装库符号。

任务 1　电路原理图的绘制

任务描述

正确规范地绘制电路原理图是 PCB 设计的基础，原理图由若干元件符号和连线组成，需要的元件符号由原理图元件库提供，因此正确绘制与使用原理图元件库符号是绘制原理图的基础。

本任务流程如图 5.1.1 所示。

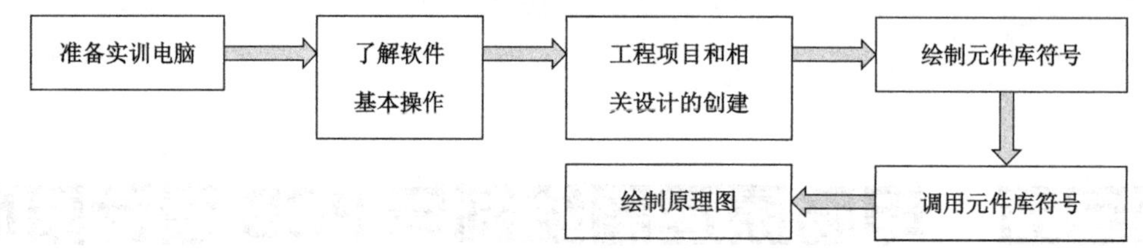

图 5.1.1　任务流程图

任务分解

一、实训电脑及软件的准备

Altium Designer 目前有多个版本，可以根据实训电脑的配置条件和对功能的需要进行选用。这里为大家推荐一款比较方便的 AD6.8 的免安装精简版，解压后可以直接使用，其基本功能比较全面，较低的电脑配置也能运行。

参考下载地址：http://00dz.com/Soft/ShowSoft.asp?SoftID=113

该版本仅用于学习交流，熟练后请使用正版软件。

二、软件基本功能操作

1. 软件的安装与启动

该软件下载后是一个压缩包，解压后会产生一个文件夹，名称为“Altium Designer 6.8 精简版（硬盘版）AD6”，打开文件夹，双击“DXP.exe”的图标即可启动软件。

图 5.1.2　软件的安装与启动

2. 中英文界面的切换

启动后系统默认为英文界面，点左上角“DXP→Preferences…”可以进入中文设定界面，勾选“使用经本地化的资源”，点“确定”，然后关闭程序，再次启动软件即可看到汉化后的界面。

3. 创建工程项目文件

执行“文件→新建→工程→PCB 工程”，即可创建工程项目文件，如图 5.1.4 所示。

4. 创建各种设计文档

在“文件→新建”菜单下包含有创建各种设计文档的命令，选择相应的命令即可创建不同的设计文档。最常见的是创建原理图和 PCB 图。在一般工程项目中，新建的原理图和 PCB 文档会自动加入到项目中。同理，执行“文件→新建→库→原理图库”，即可创建原理图符号库，执行“文件→新建→库→PCB 元件库”，即可创建 PCB 元件封装符号库。

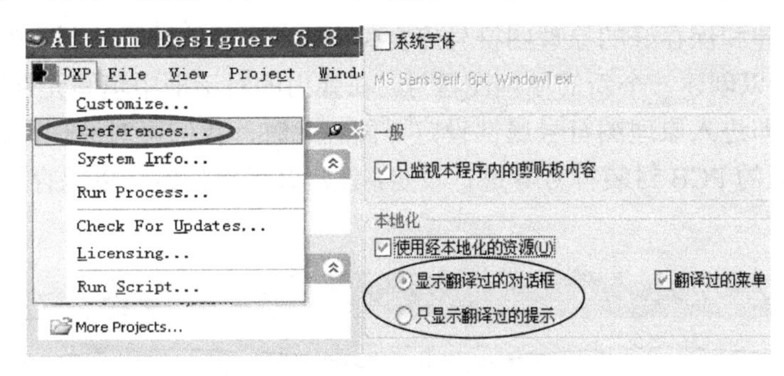

图 5.1.3　进入中文界面的设定

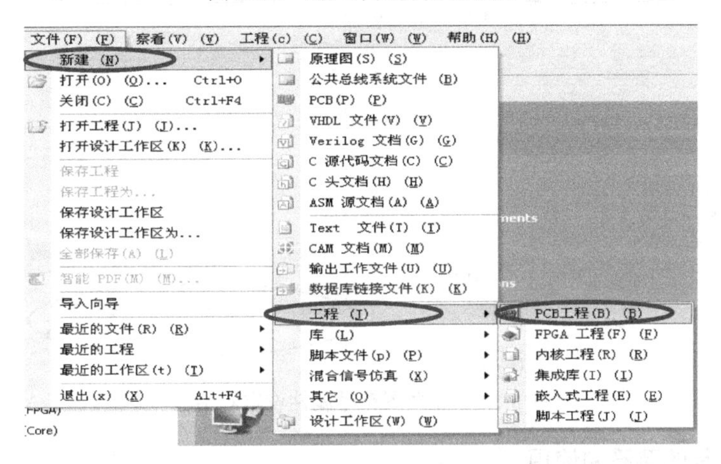

图 5.1.4　工程项目文件的创建

5. 项目文件与设计文档的保存

单击新建好的相关文件，然后单击保存，即会弹出相应保存对话框，填写好相应的文件名，选择好文件的存盘地址，即完成相关的保存任务，如图 5.1.5 所示。

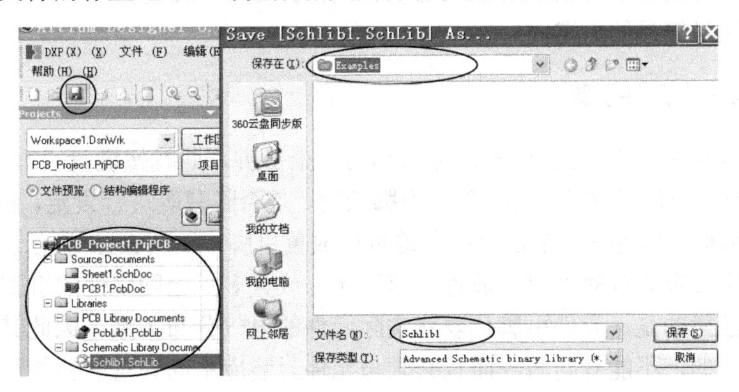

图 5.1.5　项目与设计文档的保存

三、原理图元件符号的创建与使用

1. 创建元件符号

单击已经创建和保存好的原理图符号库文件，即出现元件符号绘制工作界面，执行“工具→新器件”，可以创建一个新的原理图符号，在弹出的对话框中填写元件符号名称，然后双击符号名称，即进入原理图符号属性设定界面。此时，我们可对原理图符号的标识符、注释、参数、对应的 PCB 封装符号等进行设定，设定好后点确定可以保存和退出设定界面，如图 5.1.6 所示。

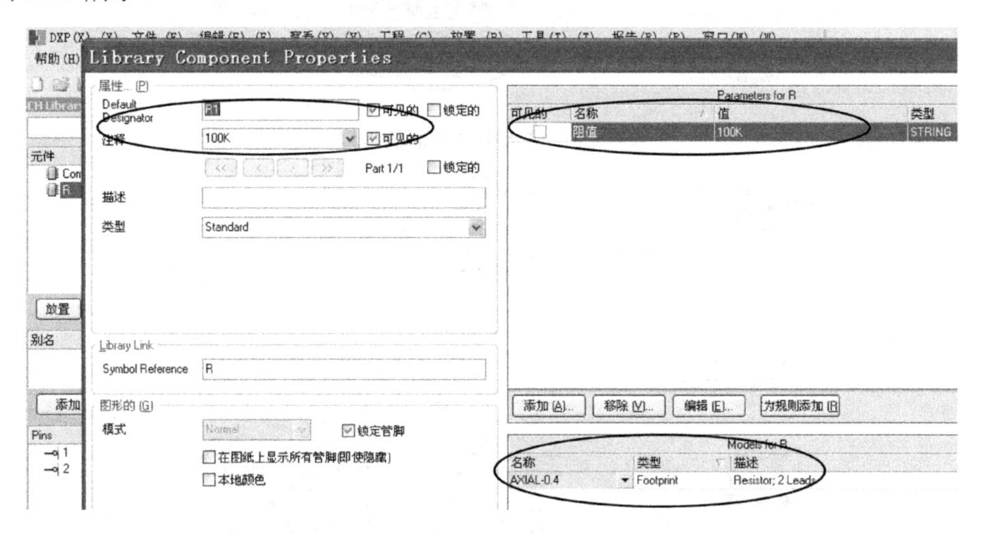

图 5.1.6　原理图符号属性设定对话框

2. 绘图工具的熟悉和使用

原理图符号创建好后，请探索工具栏中的各种绘图工具的使用，也可以点击菜单“放置”各种图形，比如画直线、椭圆、曲线等，绘制你需要的各种符号的轮廓，如图 5.1.7 所示。

绘制元件符号的轮廓时请注意其尺寸和比例，并尽量以坐标原点为中心绘制，同时请养成使用国标图形符号的习惯。

3. 放置与设定元件引脚

执行“放置→引脚”，会出现随鼠标移动的一个引脚，此时按键盘“Tab”键，可以进入引脚编辑界面，可以对名称、标志符、引脚长度、是否隐藏等进行设定，设定好后点“确定”可以返回鼠标放置界面，单击鼠标左键可以放置引脚，如图 5.1.8 所示。引脚名称和标识符如果是数字，则会自动“+1”放置，该程序为放置多只相同属性的引脚提供了方便。

需要特别注意的是，元件引脚代表着实际元件的电气分布关系，因此其标志符每个脚的名称都是唯一的，不能有同名，而且必须与元件封装库中的焊盘名称相同，只有这样才能实现 PCB 设计的自动化。

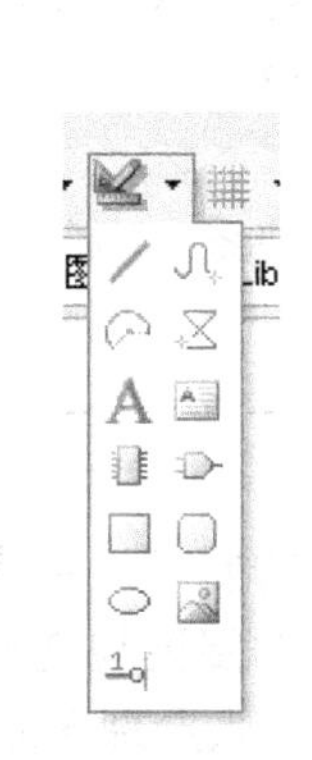

图 5.1.7　绘图工具栏

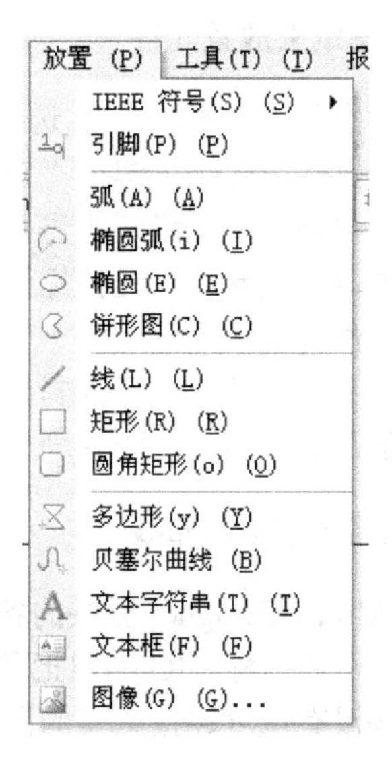

图 5.1.8　放置与设定元件引脚

四、原理图的绘制

1. 原理图元件库的安装与使用

单击已经创建和保存好的原理图文档，进入原理图编辑界面，单击右侧“器件库→安装→找到需要的元件库”，如图 5.1.9 所示。Altium Designer 为使用者提供了大量的元件集成库，存放于软件所在目录的“Library”文件夹中，其中“Miscellaneous Devices.IntLib”和“ Miscellaneous Connectors.IntLib”是最常用的集成库，同时也可以在网上搜索下载你喜欢的元件库，或是自己绘制你喜欢的元件库。安装好后，单击“关闭”即可退出设定，进入原理图绘制界面。

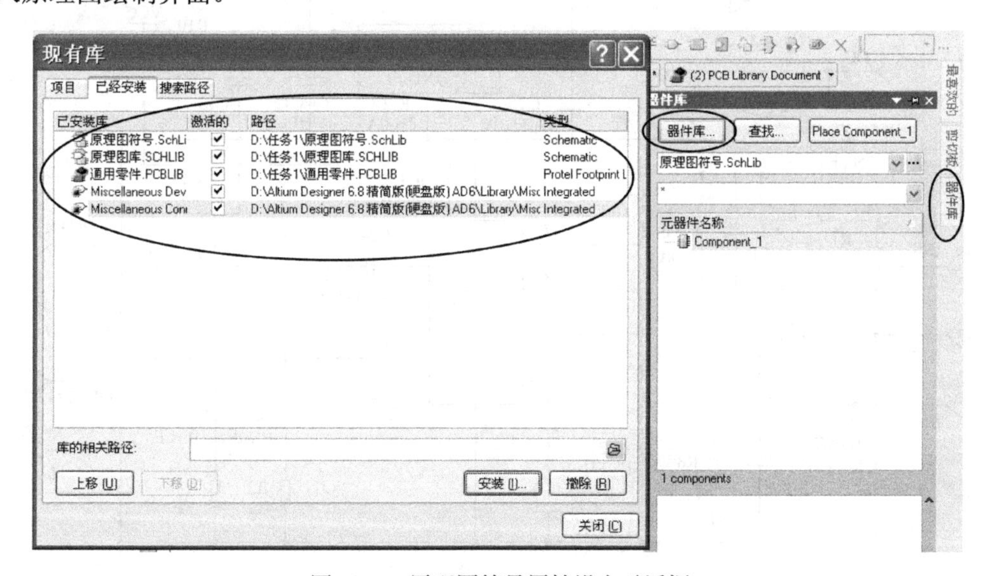

图 5.1.9　原理图符号属性设定对话框

2. 在图纸上放置元件

单击右上角的“器件库”，选择已安装的元件库，双击需要放置的元件，会出现随鼠标移动的一个元件，此时按键盘“Tab”键，可以进入元件编辑界面，可以对标志符、注释、元件参数、封装、是否隐藏等进行设定，设定好后点“确定”可以返回鼠标放置界面，点鼠标左键可以放置元件。元件标识符如果是数字，则会自动“+1”放置，这为放置多只相同属性的元件提供了方便。

需要特别注意的是，元件封装代表着实际元件的电气分布关系，因此其标志符每个元件的名称都是唯一的，不能有同名，而且必须选择正确式封装。

3. 电路原理图的布线

利用 Altium Designer 提供的各种连线工具，根据电路设计的要求，用具有电气连接意义的导线、网络名称、IO 端口把各元件连接起来。为便于图纸的阅读与交流，还需要在图纸上加一些没有电气连接意义的图像、符号、文字等。这样，一张原理图就画好了。

4. 编译与保存电路原理图

原理图绘制完毕，通常要对电路图进行电气规则检查。Altium Designer 提供了多种多样的电气规则检查，几乎涵盖了在电路设计过程中出现的所有错误。确认原理图绘制正确后，再保存电路原理图。

【思考与提高】

1. 下载 Altium Designer 软件，在计算机上进行安装，练习绘制如图 5.1.10 所示原理图。

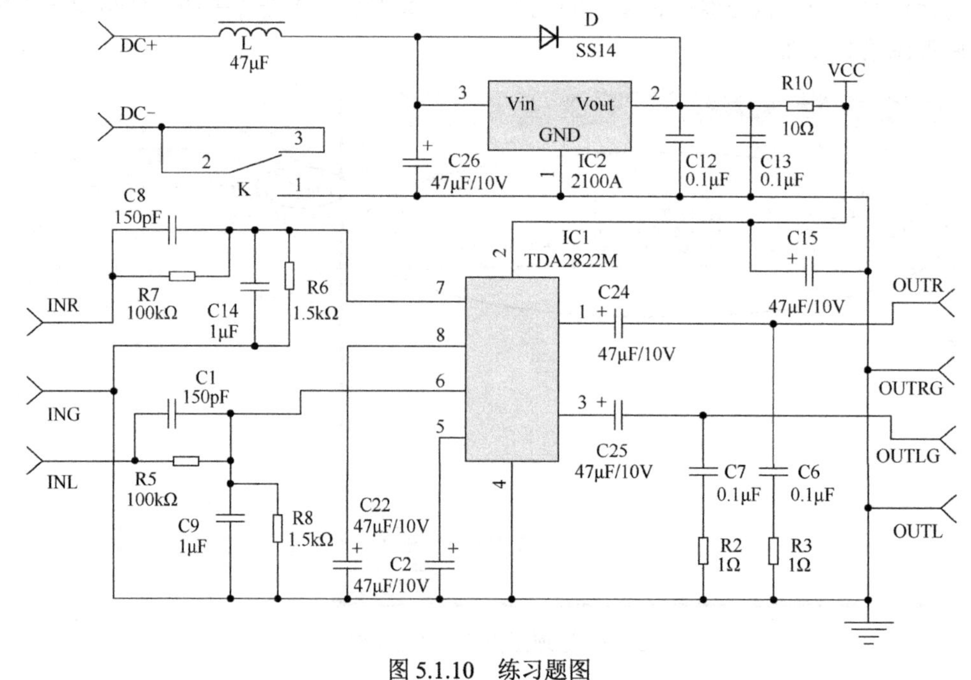

图 5.1.10 练习题图

2. 你在绘制原理图的过程中，遇到了哪些困难，是如何解决的？有何心得体会，请与同学交流与分享。

任务2　PCB的设计

任务描述

原理图的绘制与PCB设计将通过网络表联系在一起，PCB设计是所有设计的最终环节，它是电路板加工生产的原始依据。熟练掌握PCB设计是一项重要的电子专业技能。

本任务流程如图5.2.1所示。

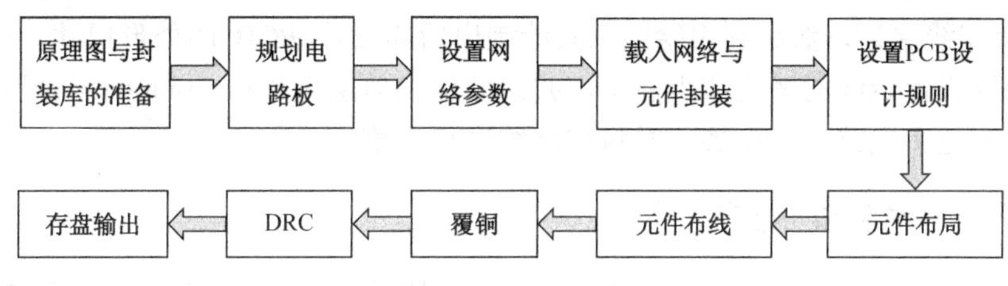

图5.2.1　任务流程图

任务分解

一、PCB封装库的绘制与使用

该操作类似于原理图元件库的操作，大家可以举一反三地进行探索学习。

1. 绘制PCB封装库元件符号

PCB封装库是PCB设计的基本元素，它代表着实际元件在PCB上的装配位置，熟悉PCB封装库的绘制与使用是PCB设计的基础。单击已经创建和保存好的PCB封装库文件，即可出现元件封装绘制工作界面，执行“工具→新的空元件”可以创建一个新的封装库符号，双击符号名称可对元件封装符号的名称进行重命名。

2. 绘图工具的熟悉和使用

元件封装符号创建好后，类似原理图符号库的操作方法，请探索实用工具栏中的各种绘图工具的使用，也可以单击菜单“放置”各种图形，比如画直线、圆环、字符串等，绘制你需要的各种符号的轮廓和文字。同样，绘制封装库符号的轮廓时请注意其尺寸和实际元件一致，并尽量以坐标原点为中心绘制。

3. 放置与设定焊盘

执行“放置→焊盘”，会出现随鼠标移动的一个焊盘，此时按键盘“Tab”键，可以进入焊盘编辑界面，可以对焊盘名称、大小、孔径、形状、板层等进行设定，设定好单击“确定”可以返回鼠标放置界面，点鼠标左键可以放置焊盘。如果焊盘名称是数字，则会自动“+1”放置，这为放置多只相同属性的焊盘提供了方便。

需特别注意的是，焊盘对应原理图的元件引脚，因此其名称是唯一的，不能有同名，而且必须与原理图中的元件引脚名称相同。

二、PCB 的设计

1. PCB 封装库的载入与使用

该操作与原理图元件库的操作大体一致，请同学们参考任务一的相关操作进行。

2. 规划电路板

单击已经创建和保存好的 PCB 文档，进入 PCB 编辑界面，点击板层切换标签“Keep-Out Layer（禁止布线层）”，然后利用绘图工具绘制出所需设计 PCB 的外形尺寸，绘图时按下“Tab”键可以设置走线的宽度和当前层，并请确认当前层为“Keep-Out Layer”，系统默认该层颜色为紫色。电路板厂在加工时将按此线进行切割。

3. 载入元件封装和网络表文件

执行此步骤之前，必须保证原理图已经绘制完毕并已存盘，原理图文件和 PCB 设计文件同属一个工程项目内并已存盘，PCB 封装库已经载入并包含所需的全部封装符号。如果没有这些条件，将无法正确载入元件封装和网络表文件。

Altium Designer 采用真正的双向同步设计，既可以在原理图编辑器中更新 PCB 编辑器中的设计，也可在 PCB 编辑器中载入原理图设计更新的结果。因此，元件封装和网络表文件载入的方法也有两种。

在原理图设计界面执行“设计→Updata PCB Document *.PcbDoc”，或是在 PCB 编辑界面执行“设计→Import Changes From *.PrjPcb”，均会弹出工程变化订单对话框，如图 5.2.2 所示。

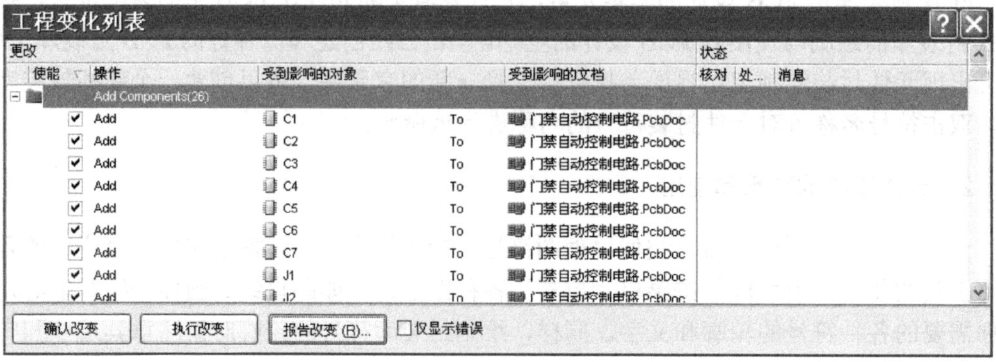

工程变化列表

更改					状态		
使能	操作	受到影响的对象		受到影响的文档	核对	处...	消息
	Add Components(26)						
✔	Add	C1	To	门禁自动控制电路.PcbDoc			
✔	Add	C2	To	门禁自动控制电路.PcbDoc			
✔	Add	C3	To	门禁自动控制电路.PcbDoc			
✔	Add	C4	To	门禁自动控制电路.PcbDoc			
✔	Add	C5	To	门禁自动控制电路.PcbDoc			
✔	Add	C6	To	门禁自动控制电路.PcbDoc			
✔	Add	C7	To	门禁自动控制电路.PcbDoc			
✔	Add	J1	To	门禁自动控制电路.PcbDoc			
✔	Add	J2	To	门禁自动控制电路.PcbDoc			

确认改变　执行改变　报告改变(R)...　☐仅显示错误

图 5.2.2　工程变化订单对话框

单击“确认改变”按钮，在状态栏的“核对”项中可以看到载入元件是否正确，对于有错误标识的元件，可以返回原理图编辑器，检查相关连接是否正确。

在确认元件封装和网络都正确的情况下，单击“执行变化”按钮，即可载入元件封装和网络表文件。

4．元件布局

元件载入 PCB 编辑器后，需对元件进行布局，即元件在 PCB 上的位置进行合理的布置。元件的布局有自动布局、手动布局、自动手动混合布局，设计者可以根据自己的实际情况灵活选用。

在自动布局之前需先设定自动布局的参数，执行“设计→规则”，在弹出的对话框中双击“Placement”（元件布局）选项，即进入元件布局对话框的设置，共包含 5 个子项。分别是块定义、元件安全间距设定、元件方位设定、允许元件放置的工作层面、忽略的网络标号。

设置好相关参数后，执行“工具→器件布局→自动布局”，会弹出自动布局方式对话框。一般元件少时选用“分组布局”， 元件多时选用“统计布局”。

电路板自动布局完成后，一般都不能满足设计者的要求，需要进行手动布局调整，即对元件和图件进行移动、旋转、显示与隐藏标注等。

5．电路板布线

电路板的布线有自动布线、手动布线、自动手动交互布线三种。在自动布线前需先设定自动布线的参数，执行“设计→规则”，在弹出的对话框中可对当前电路板的设计规则进行设置。

其中最常用的设置有安全间距（Clearance）、导线宽度（Width）、布线板层（Routing Layers）等，图 5.2.3 为布线板层设置对话框，如果布线为单面板，只需要勾选顶层或底层之一即可；如果布线为双面布线，则两项均需勾选。

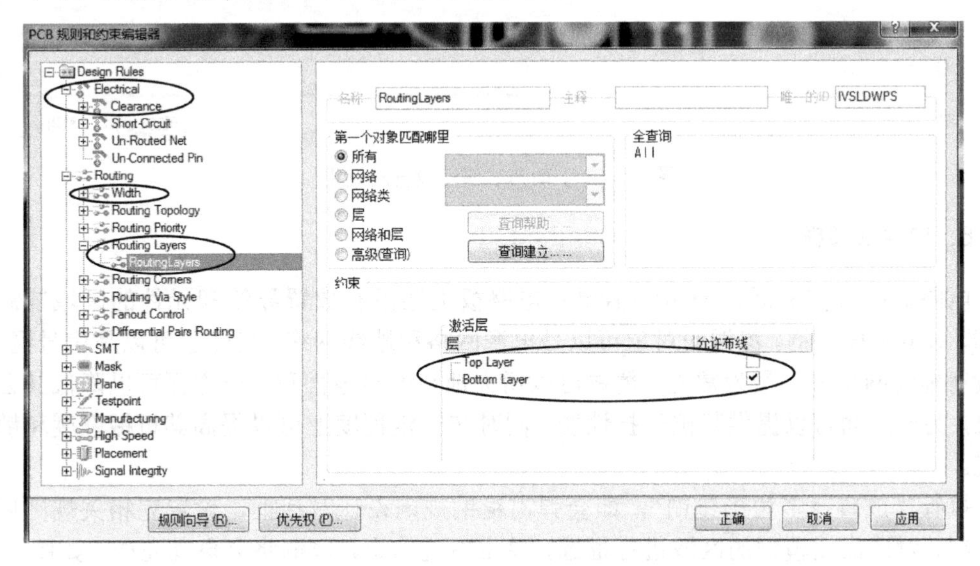

图 5.2.3　布线规则设置对话框

布线规则设置好以后，执行“自动布线→全部”便可弹出布线策略对话框，这时可以再次操作布线规则，如果没问题的话就点击“Route All”按钮进行自动布线，布线完成后会提示自动布线的结果，一般简单电路均可以获得100%的布通率。如果没有完全布通，请检查相关网络或适当调整元件布局后再次执行自动布线。

自动布线完成后，一般还需要对不满意的布线进行手动布线，可以点选不满意的布线，进行单独删除或移动操作，然后放置手工布线。放置手工布线时，按下“Tab”键同样可以对布线属性进行设置，如图5.2.4所示。

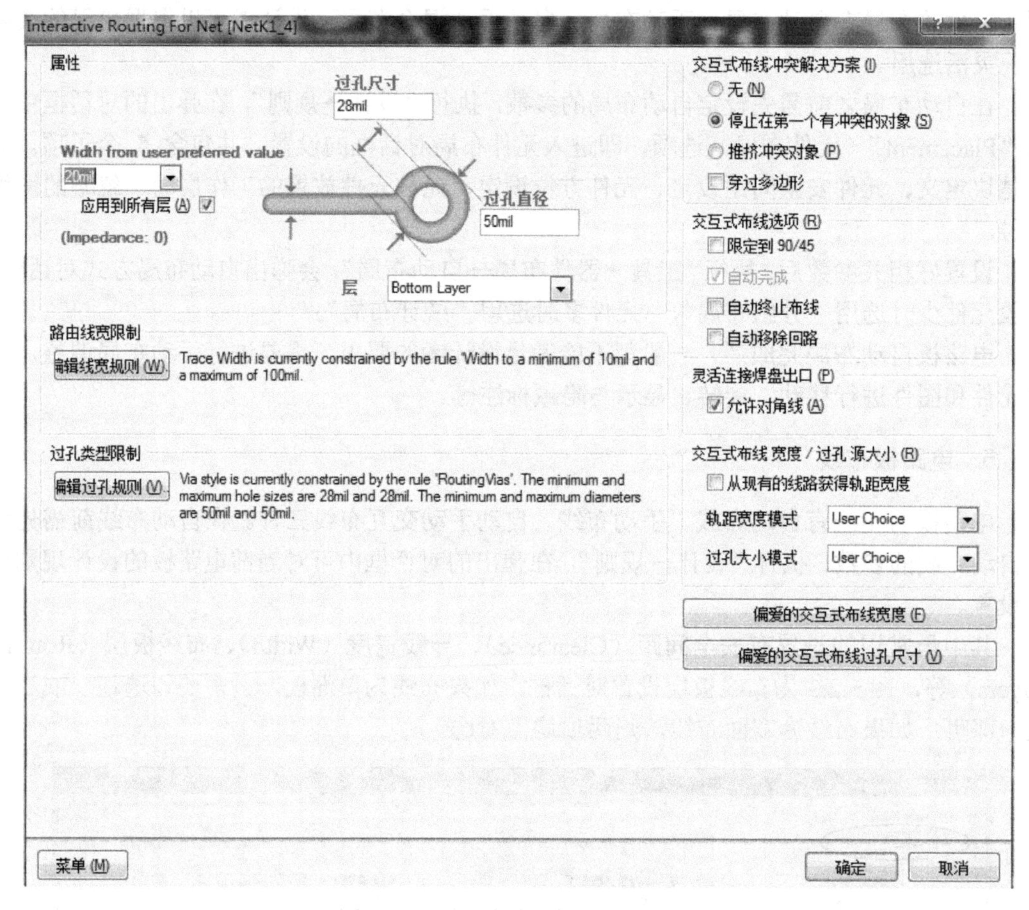

图 5.2.4　手动布线属性设置对话框

6. 电路板覆铜

电路板布线完成后，通常还需要对电路板上还没有放置导线和元件的区域铺满铜箔，即对电路板覆铜。覆铜的对象可以是电源网络和地线网络，当然也可以是信号网络。一般对地线网络覆铜最为常见，覆铜可以增大地线的导电面积，一方面可以降低其公共电阻，另一方面可以提供其抗干扰性能，同时在一定程度上可以提高其机械强度和散热性能。

执行“放置→多边形覆铜”，即会弹出覆铜规则设计对话框，设置完相关规则后点“确定”，对所需要覆铜的区域进行框选，单击右键结束，覆铜将会自动完成，如图5.2.5所示。

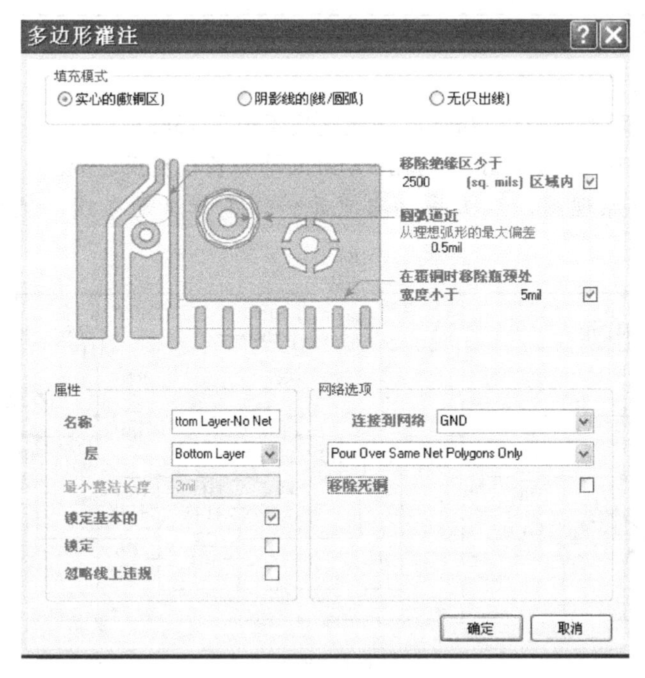

图 5.2.5　覆铜规则设置对话框

三、存盘与 PCB 的加工

Altium Designer 有自动存盘的功能，但最好养成绘图过程经常存盘的习惯，确保劳动成果不会丢失。当然，最后设计完成后也需点存盘，将所设计的“*.PcbDoc”文件发送给电路板加工厂，工厂即会按你的设计加工出漂亮的 PCB 了。

【思考与提高】

1. 如何制作单面 PCB？请写出其操作步骤及方法。

2. 原理图与 PCB 图中的元件有何不同？

3. 布线时，为什么有时要对电源线和地线的线宽进行加宽处理？

4. 试画出如图 5.2.6（a）所示的拍手开关电路，要求：

（1）PCB 要求单面布线，顶层字符要求显示元件标号，可以不显示标称值，如

图 5.2.6（b）所示。

（2）全部采用直插元件。

（3）导线安全距离不小于 10mil，导线宽度不小于 15mil。

（4）板子尺寸不大于 50mm×50mm，4 角设计安装孔直径 3mm。

（5）要求画出原理图，人工手动布置元件，先行自动布线，然后手动修改布线。

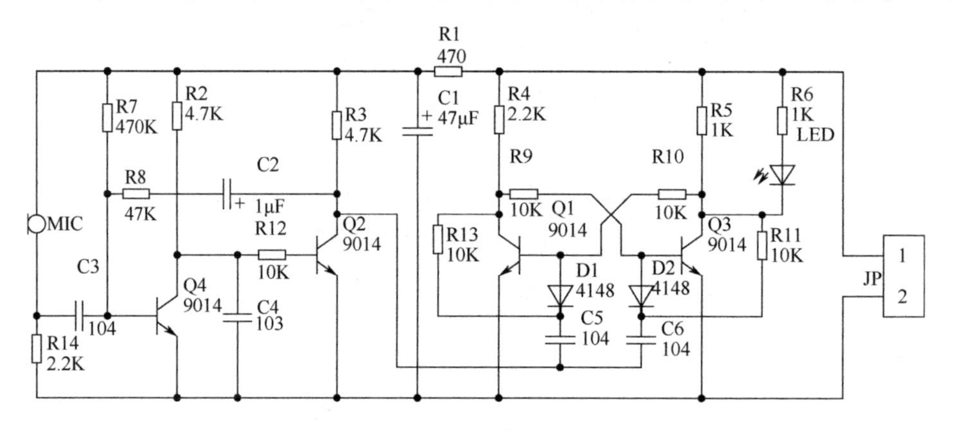

（a）原理图

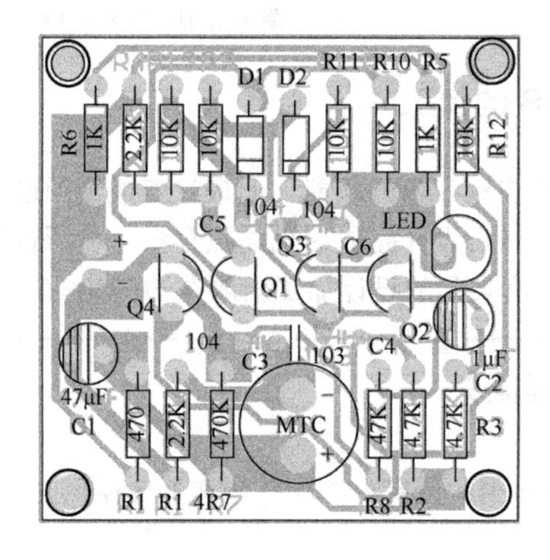

（b）PCB 参考图

图 5.2.6　练习题图

【助学网站推荐】

1. Altium Designer （protel 教程）
2. altium designer 视频教程

项目六　对口高考技能考试模拟训练

对口高考技能考试模拟训练题（一）

（总分 150 分，时间 90 分钟）

考生姓名_________　　工位号________　　　得分___________

一、电路介绍

（1）本电路由串联稳压电源、运放构成方波振荡器和运放构成反相比例运算放大器所组成。当电路工作正常后，连接 JP1 可以为放大器和振荡器供电。方波振荡器电路，当 JP2 断开时，此时振荡频率较高，LED 由于闪烁较快而常亮；当 JP2 接通时，此时振荡频率较低，LED 闪烁。在电路的 Vin 处输出信号，在 J4 处将得到一个放大后的信号。

（2）电路原理图。

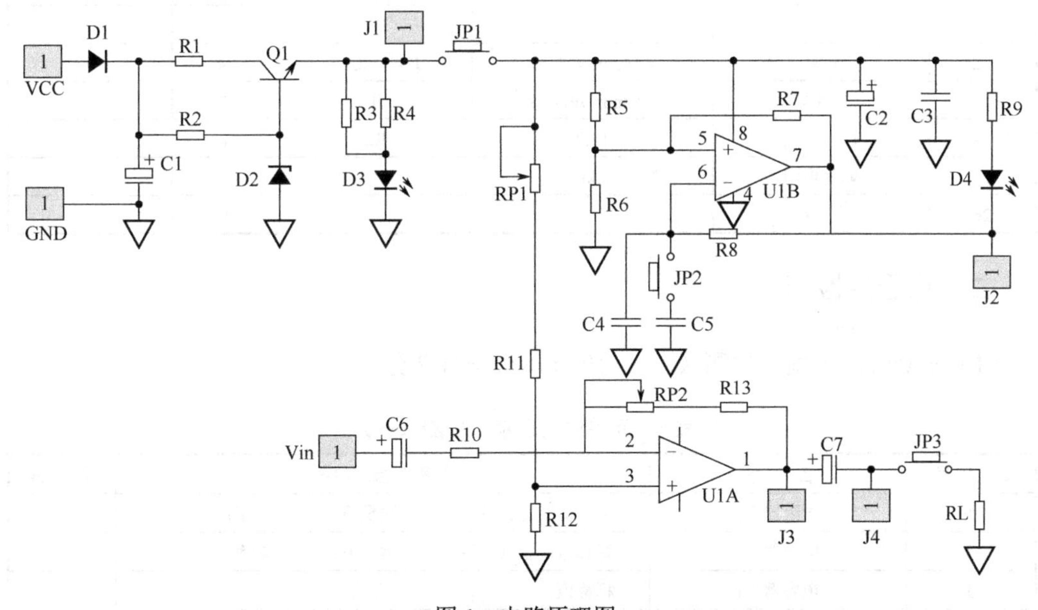

图 1　电路原理图

（3）元器件清单。根据下列的元器件清单表，从元器件袋中选择合适的元器件。用万用表对电阻进行测量，将测得阻值填入表中“测试结果”栏。用万用表测试、检查电

容、二极管、三极管，正常的在表格的“测试结果”栏填上“√”。目测 PCB 无缺陷。（10 分）

序　号	元件名称	型号参数	标　号	数　量	确认正常
1	瓷片电容	0.1μF	C3	1	
2	独石电容	1μF（独石）	C5	1	
3	瓷片电容	0.01μF	C4	1	
4	电解电容	10μF	C2	1	
5	电解电容	220μF	C1	1	
6	电解电容	100μF	C6、C7	2	
7	电阻	10Ω	R1	1	
8	电阻	330Ω	R9	1	
9	电阻	2.2kΩ	R3、R4	2	
10	电阻	4.7kΩ	RL	1	
11	电阻	5.1kΩ	R7、R10、R11	3	
12	电阻	10kΩ	R5、R6、R12	3	
13	电阻	51kΩ	R8	1	
14	二极管	1N4001	D1	1	
15	发光二极管	3mm 绿色	D3、D4	2	
16	三极管	C9013	Q1	1	
17	稳压二极管	5V1	D2	1	
18	微调电位器	10k 蓝白	RP1	1	
19	微调电位器	20k 蓝白	RP2	1	
20	集成电路	LM358	U1	1	
21	IC 插座	8pin	U1	1	
22	排针	2.54mm 单排针	J1-6、K1-3	14	
23	短路帽	2.54mm 短路帽	JP	3	
24	贴片电阻	1kΩ	R2	1	
25	贴片电阻	10kΩ	R13	1	
26	电路板			1	

二、元器件检测

（1）元器件的识别、检测（一）（10 分，每条目 2 分）

表 1　元器件的识别、检测（一）

序　号	名　称	识别及检测内容	得　分
1	电阻器 R1	标称值（含误差）：　　测量值：　　功率：	
2	电阻器 R9	标称值（含误差）：　　测量值：　　功率：	
3	电容器 C1	标称值：　　介质：	
4	电容器 C4	标称值：　　介质：	
5	二极管 D1	正向电阻（R×1k 挡）	

（2）元器件的识别、检测（二）（7分）

表2 元器件的识别、检测（二）

元器件	识别及检测内容			配分	评分标准	得分
稳压二极管 1只		正向电阻 （数字表、指针表）	反向电阻 （数字表、指针表）	3分	检测错不得分	
	D1					
三极管 1只		面对标注面，画出管外形示意图，标出管脚名称，画出电路符号		共计4分	检测错不得分	
	Q1					

（3）元器件的识别、检测（三）（3分）

判断出元件盒内元件（自制）的类别、类型及引脚。（此处的做法是：将元件放入封闭的盒中，如香皂盒，类别指元件是二极管、三极管、电阻。类型是指三极管PNP或NPN，其他元件无。）

表3 元器件的识别、检测（三）

元件	类别	类型	引脚排列图
（1）			

三、焊接装配

根据电路原理图进行焊接装配。要求不漏装、错装，不损坏元器件，无虚焊、漏焊和搭锡，元器件排列整齐并符合工艺要求。（50分）

内容	技术要求	配分	评分标准	得分
元器件引脚	1．各发光二极管、三极管的高度统一，约为5~10mm 2．其余元件贴板安装	10	1．检查成品，不符合要求的，每处每件扣0.5分	
元器件安装	1．电阻的第一环方向要统一，无极性电容的标注方向要统一 3．集成电路必须安装在座子上 4．器件装错一个扣5分	10		
焊点	5．焊点大小适中，无漏、假、虚、连焊，焊点光滑、圆润、干净，无毛刺 6．焊盘不应脱落 7．修脚长度适当、一致、美观	15		
安装质量	8．集成电路，二、三极管等及导线安装均应符合工艺要求 9．元器件安装牢固，排列整齐 10．无烫伤和划伤，整机清洁无污物	10	2．根据监考记录，工具的不正确操作，每次扣0.5分	
常用工具的使用和维护	11．电烙铁的正确使用 12．钳口工具的正确使用和维护 13．万用表的正常使用和维护 14．毫伏表的正常使用和维护 15．示波器的正常使用和维护	5		

四、电路知识问答（12 分，填空题每空 2 分）

（1）二极管 D1 的作用是____________。（整流、检波、防接反、开关）

（2）三极管 Q1 的作用是____________。（放大、开关、降压）

（3）RP2 的作用是调节电路的______________。

（4）U1A 组成的放大器___________（能/不能）放大直流信号，写出其电压放大倍数的计算公式_____________________。

（5）运放 U1B 的接法是_____________。（放大器、比较器）

五、通电试验及检测（45 分）

1．测试 1——静态工作点部分（10 分）

首先要求将稳压电源的输出电压调整为：+8V（±0.1V），接入电路。

（1）测量并判断三极管 Q1 的工作状态。（5 分）

	U_{BE}	U_{CE}	状　态
Q1			

（2）二极管 D2 的阴极电位为___________V，D1 的阴极电位为___________V。（2 分）

（3）D3 的阳极电压为______________V，D3 中的电流是______________mA，计算出 D3 消耗的功率为___________mW。（3 分）

2．测试 2——方波振荡器部分（20 分）

（1）当 JP2 闭合时，观察 D4 为何状态：___________（长亮、闪烁或长暗）。（1 分）

（2）测量 JP2 断开时示波器 J2 点的波形，示波器的输入耦合方式采用交流耦合并记录在下表中。

（3）根据测量结果回答问题：

① 波形的周期是________________，高电平时间 T_H 是_________________，波形的占空比是_________________。（6 分）

② 示波器的输入耦合方式采用交流耦合。则波形的最高电平是_________V，最低电平是________V，波形的峰-峰值是_________V。（6 分）

波形（4 分）	波形频率（2 分）
	f=__________
	示波器 X、Y 轴量程挡位（1 分）
	Y 轴：__________ X 轴：__________

3．测试 3——信号放大电路部分（15 分）

（1）静态工作点调试：断开 JP3，将 RP2 调到最大值。当调节 RP1 时，用示波器观察 J3 点的直流电位会发生变化。当 Vin 输入 1kHz 的正弦信号，幅度逐渐加大时，J3 点的正弦信号要么顶部，要么底部先进入失真状态，调节 RP1（RP2 应调到最大值）使顶部和底部刚好同时进入失真状态，此时放大器的不失真的动态范围最大，撤去 1kHz 的输入信号，用万用表测得 J3 点的直流电位为______________V。（5 分）

（2）保持 RP1 不变，JP3 处于接通状态。调节信号发生器，让输出频率为 2kHz 的正弦信号。调节 RP2 至最大，调节信号发生器的输出幅度，用示波器监测 J4 的波形最大且不失真，记录下此时输入信号的幅度为_________mV，输出信号 J4 处的幅度为______mV，此时电路的电压放大倍数是_________________倍。（10 分）

六、安全文明操作要求（12 分）

（1）严禁带电操作（不包括通电测试），保证人身安全。

（2）工具摆放有序。不乱扔元器件、引脚、测试线。考试完后工作台要清理干净。

（3）使用仪器仪表，应选用合适的量程，防止损坏。

（4）放置电烙铁等工具时要规范，避免损坏仪器设备和操作台。

（5）电烙铁通电前应检测，不能出现通电短路。

【助学网站推荐】

1．实训套件（编号 B02）电子表：http://00dz.com/00/00.xls

2．参考答案：http://00dz.com/00/61.doc

对口高考技能考试模拟训练题（二）

（总分 150 分，时间 90 分钟）

考生姓名________ 工位号_______ 得分__________

一、电路原理图

本电路中，U1A 和 U1B 及外围电路构成方波振荡器，经 Q1 放大后输出，由 S1 或 S2 将信号送到两级放大器（Q2 和 Q3 及外围），经 U1E 和 U1D 整形后，当波形中的低电平来时 Q4 饱和，D1 点亮，高电平时 Q4 截止，D1 熄灭但由于信号频率较高，所以只要当 S1 或 S2 接通时，D1 会点亮，S1 和 S2 均断开时，D1 熄灭。

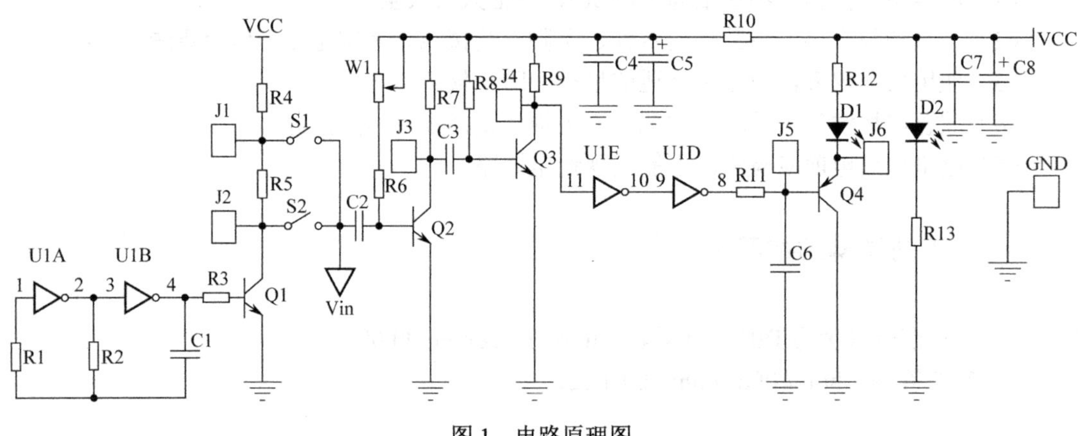

图 1 电路原理图

二、元器件的选择、测试

根据下列的元器件清单表，从元器件袋中选择合适的元器件。清点元器件的数量、目测元器件有无缺陷，亦可用万用表对元器件进行测量，正常的在表格的“清点结果”栏填上“√”（不填写试卷“清点结果”的不得分）。目测 PCB 有无缺陷。（5 分）

表 1 元器件清单（一）

序 号	名 称	型 号 规 格	数 量	配 件 图 号	清 点 结 果
1	碳膜电阻器	RT-0.25W-5.1kΩ±5%	5	R2、R3、R7、R9、R11	
2	碳膜电阻器	RT-0.25W-100Ω±5%	1	R4	
3	碳膜电阻器	RT-0.25W-51Ω±5%	2	R5、R10	
4	碳膜电阻器	RT-0.25W-510kΩ±5%	2	R6、R8	
5	碳膜电阻器	RT-0.25W-1kΩ±5%	2	R12、R13	
6	电位器	205(2MΩ)	1	W1	
7	瓷片电容	CC1-40V-15pF	1	C6	

续表

序　　号	名　　称	型号规格	数　　量	配件图号	清点结果
8	电解电容	CD11-10V-100μF	2	C5、C8	
9	独石电容	CT4-40V-0.1μF	2	C4、C7	
10	瓷片电容	CT4-40V-1000pF	2	C2、C3	
12	发光二极管	3mm（红）	1	D1	
13	发光二极管	3mm（绿）	1	D2	
14	三极管	9014	3	Q1、Q2、Q3	
15	三极管	9012	1	Q4	
16	集成电路	CD4069	1	U1	
17	IC 插座	DIP14	1	配 U1	
18	单排针	2.54mm 直	15	J1-6，S1-2，VCC，Vin，GND	
19	短路帽	2.54mm	1	S	
20	贴片电阻	10k	1	R1	
21	贴片电容	1000pF	1	C1	
22	印刷电路板	配套	1		

（1）元器件识别、检测（一）（10 分，每条目 2 分）。

表 2　元器件识别、检测（一）

序　　号	名　　称	识别及检测内容	得　　分
1	电阻器 R1	标称值：　　　　测量值：	
2	电容器 C6	标称值：　　　　介　质：	
3	发光二极管 D1	导通电压：	
4	电容器 C7	两端正向漏电电阻：　　（注明表型、量程）	
5	RT-0.25W-75Ω±1%	色环（标为五环）：	

（2）元器件识别、检测（二）（6 分）。

表 3　元器件识别、检测（二）

<table>
<tr><th>元　器　件</th><th colspan="4">识别及检测内容</th><th>配　　分</th><th>评分标准</th><th>得　　分</th></tr>
<tr><td rowspan="3">三极管</td><td></td><td colspan="3">面对标注面，画出管外形示意图
标出管脚名称，画出电路符号</td><td rowspan="3">各 3 分</td><td rowspan="3">检测错不得分</td><td rowspan="2"></td></tr>
<tr><td>Q3</td><td></td><td></td><td></td></tr>
<tr><td>Q4</td><td></td><td></td><td></td><td></td></tr>
</table>

（3）元器件识别、检测（三），判断出元件盒内元件的类别、类型及引脚。（9 分）

表 4　元器件识别、检测（三）

元　件	类　型	类　别	引脚排列图
（1）			
（2）			
（3）			

三、测量仪器检验

对工位上提供的测量仪器进行检验，并填写下表。（3 分）

仪　器		功能测试	确认正常 （测试正常，填写“正常”）
名称	型号		
示波器		利用示波器的标准信号源， 对示波器进行校准，同时进行必要的功能检测	
直流稳压电源		能将输出电压调整到+5.0V	
DDS 信号发生器		能产生正弦、方波、三角波信号，幅度和频率可调，利用示波器观测	

四、焊接装配

根据电路原理图进行焊接装配。要求不漏装、错装，不损坏元器件，无虚焊、漏焊和搭锡，元器件排列整齐并符合工艺要求。（50 分）

<table>
<tr><th>内　容</th><th>技 术 要 求</th><th>配　分</th><th>评 分 标 准</th><th>得　分</th></tr>
<tr><td>元器件引脚</td><td>1. 各发光二极管、三极管的高度统一，为 5~10mm
2. 其余元件贴板安装</td><td>10</td><td rowspan="4">1. 检查成品，不符合要求的，每处每件扣 0.5 分

2. 根据监考记录，工具的不正确操作，每次扣 0.5 分</td><td></td></tr>
<tr><td>元器件安装</td><td>3. 电阻的第一环方向要统一，无极性电容的标注方向要统一
4. 集成电路必须安装在座子上
5. 器件装错一个扣 2 分</td><td>10</td><td></td></tr>
<tr><td>焊点</td><td>6. 焊点大小适中，无漏、假、虚、连焊，焊点光滑、圆润、干净，无毛刺
7. 焊盘不应脱落
8. 修脚长度适当、一致、美观</td><td>15</td><td></td></tr>
<tr><td>安装质量</td><td>9. 集成电路，二、三极管等及导线安装均应符合工艺要求
10. 元器件安装牢固，排列整齐
11. 无烫伤和划伤，整机清洁无污物</td><td>10</td><td></td></tr>
</table>

续表

内　容	技术要求	配　分	评分标准	得　分
常用工具的使用和维护	12．电烙铁的正确使用 13．钳口工具的正确使用和维护 14．万用表的正常使用和维护 15．毫伏表的正常使用和维护 16．示波器的正常使用和维护	5		

五、测试1——静态工作点部分（12分，每空2分）

首先要求将稳压电源的输出电压调整为：+5.0V（±0.1V），接入电路后测量如下值（S1、S2应断开，即不插上短路帽）：

（1）三极管Q3的基极电位是________V，三极管Q3的集电极电位是________V。（此处测量时，应用镊子短路Vin与地。）

（2）流经二极管D2的电流是__________mA。

（3）测量C4的两端电压为___________V，电阻R10两端电压是___________V。

（4）测量Q3的I_C是____________mA。

六、测试2（30分，未标注分值的每项2分）

本电路采用了单电源供电，再次检查上述电源+5.0V（±0.1V）接入正常后，对整个电路进行如下测试：

（1）本电路由振荡电路、前置放大电路、整形电路、积分电路、功放电路等部分电路组成。首先检查S1、S2应断开（即不插上短路帽），用示波器观察J2点的波形的占空比为___________，根据下表的要求绘制J2点的波形并填写相关参数。（注意参数需有单位）

<table>
<tr><td rowspan="4">波形（2分）</td><td>波形频率（2分）</td><td>波形的最高电平（2分）</td></tr>
<tr><td></td><td></td></tr>
<tr><td>波形的最低电平（2分）</td><td>示波器X、Y轴挡位（2分）</td></tr>
<tr><td></td><td></td></tr>
</table>

（2）上述电路中的Q1、Q2构成前置放大电路，电位器W1用于调节灵敏度，注意在调试过程中请将电位器W1置于合适的位置。

再次检查 S1、S2 应断开（即不插上短路帽），用信号源从 Vin 送入频率为 60kHz、峰-峰值为 500mV 的方波信号，用示波器观察 J3 点的波形为__________，J3 点波形的峰-峰值为________V，三极管 Q2 工作在________状态（线性或非线性）。

（3）撤去从 Vin 送入的信号源信号，将 S2 闭合（即插上短路帽），用示波器观察 J2、J3、J4、J5、J6 点的波形，J6 点波形的频率和 J2 点波形的频率________（相同或不同）。根据下表的要求绘制 J6 点的波形并填写相关参数。（注意参数需有单位）

波形（2 分）	波形周期（2 分）	波形的上升沿时间（2 分）
	波形的最低电平（2 分）	示波器 X、Y 轴挡位（2 分）

七、电路知识问答（10 分）

（1）电阻 R10 的作用是_______________，R8 的作用是_______________。

（2）电容 C1 的作用是_______________，D2 的作用是_______________。

（3）R11、C6 的作用是_______________。

八、安全文明操作要求（15 分）

（1）严禁带电操作（不包括通电测试），保证人身安全。

（2）工具摆放有序，不乱扔元器件、引脚、测试线。

（3）使用仪器仪表，应选用合适的量程，防止损坏。

（4）放置电烙铁等工具时要规范，避免损坏仪器设备和操作台。

**【助学网站推荐】**

1．实训套件（编号 B06）电子表：http://00dz.com/00/00.xls

2．参考答案：http://00dz.com/00/62.doc

对口高考技能考试模拟训练题（三）

（总分 150 分，时间 90 分钟）

考生姓名________　　工位号_______　　　得分__________

一、电路原理图

单元电路的电路原理图如图 1 所示，装配图如图 2 所示。

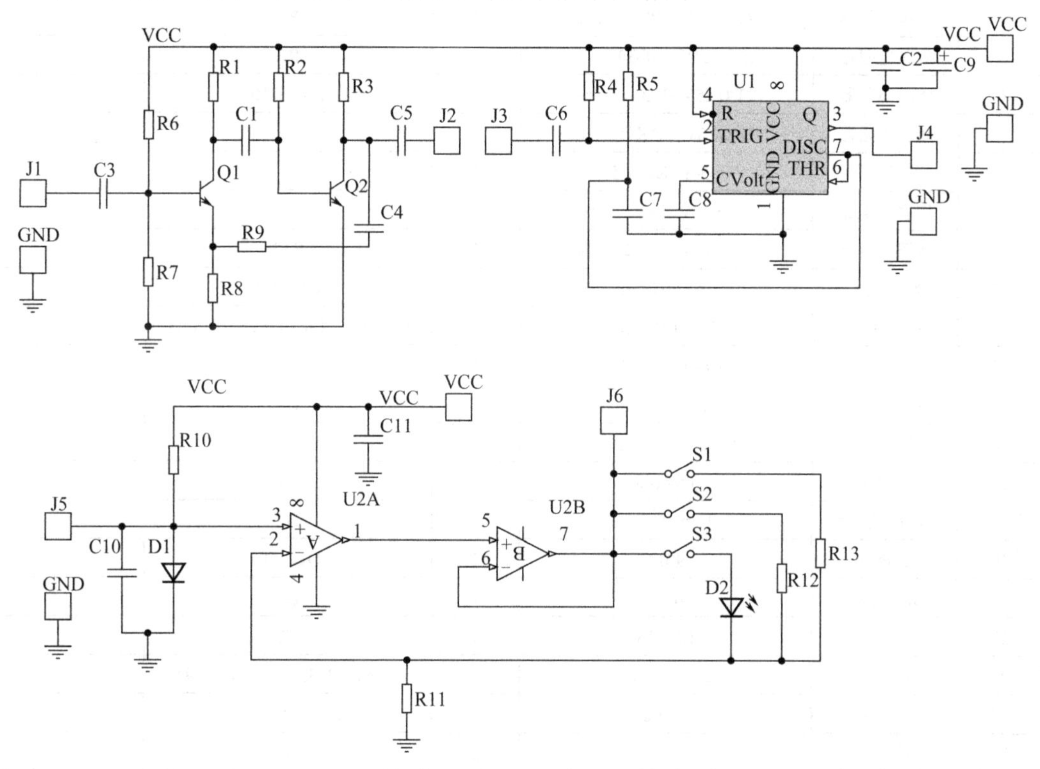

图 1　单元电路电路原理图

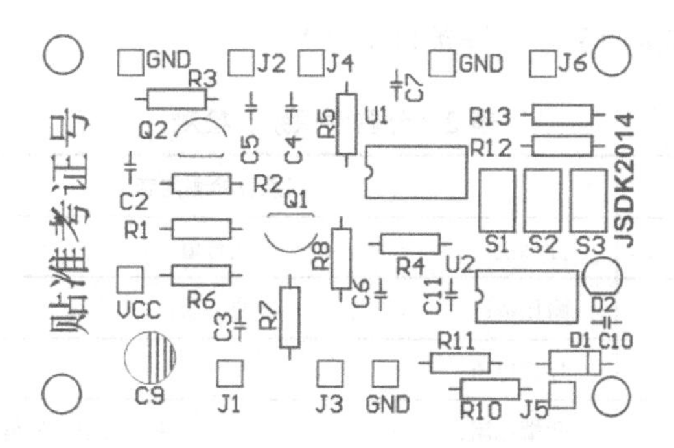

图 2　单元电路装配图

二、元器件的选择、测试

根据下列的元器件清单表，从元器件袋中选择合适的元器件。清点元器件的数量，目测元器件有无缺陷，亦可用万用表对元器件进行测量，正常的在表格的“清点结果” 栏填上“√”（不填写试卷“清点结果”的不得分）。目测 PCB 有无缺陷。（10 分）

表 1　元器件清单

序　号	名　　称	型 号 规 格	数　量	配 件 图 号	清 点 结 果
1	碳膜电阻器	RT-0.25W-1KΩ±5%	3	R1、R8、R12	
2	碳膜电阻器	RT-0.25W-1MΩ±5%	1	R2	
3	金属膜电阻器	RJ-0.25W-2KΩ±1%	1	R3	
4	碳膜电阻器	RT-0.25W-20KΩ±5%	1	R4	
5	碳膜电阻器	RT-0.25W-100KΩ±5%	1	R5	
6	碳膜电阻器	RT-0.25W-10KΩ±5%	2	R6、R10	
7	碳膜电阻器	RT-0.25W-5.1KΩ±5%	1	R7	
8	贴片电阻	0805-8.2KΩ±5%	1	R9	
9	碳膜电阻器	RT-0.25W-330Ω±5%	1	R11	
10	碳膜电阻器	RT-0.25W-510Ω±5%	1	R13	
12	贴片电容	0805-0.01μF	2	C1、C8	
13	独石电容	CT4-40V-0.1μF	6	C2、C3、C4、C5、C6、C11	
14	独石电容	CT4-40V-0.022μF	1	C7	
15	电解电容	CD11-25V-100μF	1	C9	
16	瓷片电容	CC1-50V-1000pF	1	C10	
18	二极管	1N4148	1	D1	
19	发光二极管	3mm（红）	1	D2	
20	三极管	9014	2	Q1、Q2	
21	集成电路	NE555	1	U1	
22	集成电路	LM358	1	U2	
23	单排针	2.54mm-直	16	J1-6、S1-S3、VCC、GND	
24	短路帽	2.54mm	2	S1、S2、 S3	
25	接插件	IC8	2	U1 、U2	
26	印制电路板	配套	1		

元器件的识别。（检测 15 分，每条目 1 分）

表 2　元器件识别、检测

序　号	名　　称	识别及检测内容	得　　分
1	电阻器 R1	标称值：　　　　测量值：	
2	电容器 C6	耐压值：　　　　介　质：	
3	二极管 D1	导通电压：	
4	电容器 C7	两端电阻：　　　　（注明表型、量程）	
5	RJ-0.25W-2KΩ±1%	色环：	

三、测量仪器检验

对工位上提供的测量仪器进行检验，并填写下表。（10 分）

仪　　器		功 能 测 试	确认正常（测试正常，填写“正常”）
名　　称	型　　号		
示波器		利用示波器的标准信号源，对示波器进行校准，同时进行必要的功能检测	
直流稳压电源		能将输出电压调整到+5.0V	
低频信号源（低频信号发生器）		能产生正弦、方波、三角波、TTL 信号，幅度和频率可调，利用示波器观测	

四、焊接装配

根据电路原理图和装配图进行焊接装配。要求不漏装、错装，不损坏元器件，无虚焊、漏焊和搭锡、元器件排列整齐并符合工艺要求。（50 分）

注意：必须将集成电路插座 IC8 焊接在电路板上，再将集成电路插在插座上。

五、通电试验

装接完毕，检查无误后，将稳压电源的输出电压调整为：+5.0V（±0.1V）。加电前向监考老师举手示意，经监考老师检查同意后，方可对电路单元进行通电试验，如有故障应进行排除。（10 分）

六、测试 1——静态工作点部分（10 分，每空 2 分）

首先要求将稳压电源的输出电压调整为：+5.0V（±0.1V），接入电路后测量如下值（S1、S2、S3 应断开，即不插上短路帽）：

（1）三极管 Q1 的发射极电位是________V，三极管 Q2 的集电极电位是________V。

（2）流经电阻 R6 的电流是______________mA。

（3）测量电容 C11 两端的电压为________V，电阻 R10 的主要作用是___________。

七、测试 2——动态参数测试部分（40 分，未标注分值的每项 4 分）

本电路采用了单电源供电，再次检查上述电源+5.0V（±0.1V）接入正常后，对整个电路进行如下测试：

（1）本电路由放大电路、单稳态、恒流源等电路构成。首先对 Q1、Q2 组成的放大电路进行测试：J1、J2 分别为放大电路的输入、输出点，此放大电路的放大倍数为___________，放大电路的下限截止频率为____________，画出输入为 2kHz 正弦信号时三极管 Q2 的集电极最大不失真波形，填入下表中。（注意参数需有单位）

波形（2分）	波形峰-峰值（2分）	波形的最高电平（1分）
	波形的最低电平（1分）	示波器 Y 轴量程挡位（2分）

（2）本电路中的U1（NE555）构成单稳态电路，J3、J4分别为单稳态电路的输入、输出点，从J3送入一频率为100Hz的TTL信号，用示波器观察测试点J4的波形周期为__________ms，占空比为__________。根据下表的要求将J3点和J4点的相关波形和参数填入下表中。（输入、输出波形分别画在图的上、下部分，注意参数需有单位）

波形（2分）	J4点波形脉宽（2分）	J4点波形常态电平（1分）
	J4点波形暂态电平（1分）	示波器 X 轴量程挡位（2分）

（3）本电路中的U2（LM358）构成恒流源电路：首先检查S1、S2、S3应断开（即不插上短路帽），仅将S1闭合，测量流过R13的电流为__________mA；S1、S2断开，仅将S3闭合，测量流过D2的电流为__________mA。

八、安全文明操作要求（15分）

（1）严禁带电操作（不包括通电测试），保证人身安全。
（2）工具摆放有序，不乱扔元器件、引脚、测试线。
（3）使用仪器仪表，应选用合适的量程，防止损坏。
（4）放置电烙铁等工具时要规范，避免损坏仪器设备和操作台。

【助学网站推荐】

1. 实训套件（编号B07）电子表：http://00dz.com/00/00.xls
2. 参考答案：http://00dz.com/00/63.doc

对口高考技能考试模拟训练题（四）

（总分 150 分，时间 90 分钟）

考生姓名________　　工位号_______　　　得分__________

一、电路原理图

波形发生器电路由一块集成芯片 LM324 和外围电路组成，原理图中 ICA、B、C 分别为 LM324 中三个集成运算放大器，由 IC B 组成的电路为比较器；由 IC C、C1 组成的相关电路为积分电路；由 R6b、C2 和 R7、C3 组成的滤波器电路，把三角形转换成近似的正弦波；由 IC A 组成的电路是电压放大器，RP2 用于调节输出幅度，R8 和 R9 用于限制最大和最小输出信号幅值。波形发生器电路在跳线帽开关 S 与不同接触点接通时，U0 波形不一样。当触点与 1 接通时（原理图中 S 左端依次往下为 1、2、3），U0 输出矩形波；当与 2 接通时，U0 输出三角波，当与 3 接通时，U0 输出正弦波。

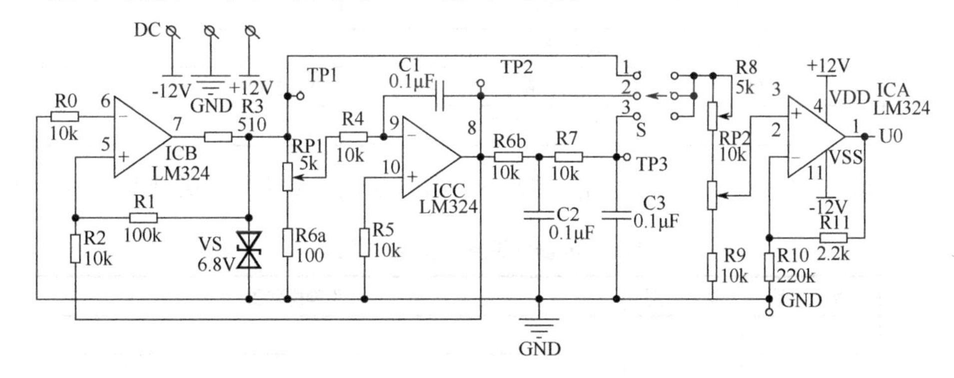

二、元器件的选择、测试

根据下列的元器件清单表，从元器件袋中选择合适的元器件。清点元器件的数量，目测元器件有无缺陷，亦可用万用表对元器件进行测量，正常的在表格的“清点结果”栏填上“√”(不填写试卷“清点结果”的不得分)。目测 PCB 有无缺陷。(6 分)

表 1　元器件清单

名　称	规格型号	编　号	数　量	清点结果
瓷片电容	104	C1、C2、C3	3	
3P 单排针	3P 单排针	DC	1	
单排针	单排针	GND、TP1、TP2、TP3、U0	5	
集成电路	LM324	IC	1	
14P IC 座	14P	IC	1	
电阻	10k	R0、R2、R4、R5、R6b、R7、R9	7	
电阻	100k	R1	1	

续表

名　称	规格型号	编　号	数　量	清点结果
电阻	510	R3	1	
电阻	100	R6a	1	
卧式蓝白可调	5k	R8、RP1	2	
电阻	220k	R10	1	
电阻	2.2k	r11	1	
卧式蓝白可调	10k	RP2	1	
3P 双排针	K1-3	S	1	
2P 跳线帽	K1-3	S	1	
双向瞬态二极管	6.8V	VS	1	

元器件识别、检测（一）（12 分，每条目 2 分）

表 2　元器件识别、检测（一）

序　号	名　称	识别及检测内容	得　分
1	电阻器 R5	标称值：　　　　测量值：	
2	电阻器 R6a	标称值：　　　　测量值：	
3	电阻器 R11	标称值：　　　　测量值：	
4	电容器 C1	标称值：　　　　介　质：	
5	VS	两端阻值：　　　　（R×10k 测量）	
6	51Ω±1%	色环（标为五环）：	

元器件识别、检测（二）判断出元件盒内元件（自制）的类别、类型及引脚。（12 分）

表 3　元器件识别、检测（二）

元　件	类　型	类　别	引脚排列图
（1）			
（2）			
（3）			

三、测量仪器检验

对工位上提供的测量仪器进行检验，并填写下表。（3 分）

仪　器		功能测试	确认正常 （测试正常，填写“正常”）
名　称	型　号		
示波器		利用示波器的标准信号源，对示波器进行校准，同时进行必要的功能检测	
双路直流稳压电源		能将输出电压调整到±12.0V	

四、焊接装配

根据电路原理图进行焊接装配。要求不漏装、错装、不损坏元器件，无虚焊、漏焊和

搭锡，元器件排列整齐并符合工艺要求。（50 分）

<table>
<tr><th>内　容</th><th>技术要求</th><th>配　分</th><th>评分标准</th><th>得　分</th></tr>
<tr><td>元器件引脚</td><td>1．各发光二极管、三极管的高度统一，为5~10mm
2．其余元件贴板安装</td><td>10</td><td rowspan="5">1．检查成品，不符合要求的，每处每件扣 0.5 分

2．根据监考记录，工具的不正确操作，每次扣 0.5 分</td><td></td></tr>
<tr><td>元器件安装</td><td>3．电阻的第一环方向要统一，无极性电容的标注方向要统一
4．集成电路必须安装在座子上
5．器件装错一个扣 2 分</td><td>10</td><td></td></tr>
<tr><td>焊点</td><td>6．焊点大小适中，无漏、假、虚、连焊，焊点光滑、圆润、干净，无毛刺
7．焊盘不应脱落
8．修脚长度适当、一致、美观</td><td>15</td><td></td></tr>
<tr><td>安装质量</td><td>9．发光二极管、三极管等及导线安装均应符合工艺要求
10．元器件安装牢固，排列整齐
11．无烫伤和划伤，整机清洁无污物</td><td>10</td><td></td></tr>
<tr><td>常用工具的使用和维护</td><td>12．电烙铁的正确使用
13．钳口工具的正确使用和维护
14．万用表的正常使用和维护
15．毫伏表的正常使用和维护
16．示波器的正常使用和维护</td><td>5</td><td></td></tr>
</table>

五、测试 1——静态工作点部分（11 分）

电路安装完成后，将第一个故障点：R8 和 RP2 之间连接上，仔细观察 R8 和 RP2 之间的连接铜箔没有完全连通，用导线将它们之间的铜箔连通即可。将第二个故障点：R6b 和 R7 之间连接上，仔细观察 R6b 和 R7 之间的连接铜箔没有完全连通，由于两点相隔很近，用焊锡直接搭接两点即可。（2 分）

稳压电源的输出电压调整为：±12.0V（±0.1V）。

测量集成电路的各脚电位，并记录于下表。（每空 1 分）

	1	2	4	5	6	7	8	9	10
电压（V）									

六、测试 2（30 分，未标注分值的每项 2 分）

（1）将短路帽接在 3 处，调节 R8 与 RP2，用示波器测量 U0 的波形，将输出信号 UPP 调为 8V；调节 RP1 让输出信号的频率为 2kHz。并将测量波形记录于下表。（调节正确 3 分）

波形（4分）	波形频率（2分）	波形的最高电压（2分）
	波形的最低电压（2分）	示波器 X、Y 轴挡位（1分）

（2）比较 TP1 与 TP2 的波形，示波器的 CH1 通道接 TP1 处，示波器的 CH2 通道接 TP2 处。

波形（8分）	波形周期（2分）	TP2 峰-峰值（2分）
	TP1 的占空比（2分）	示波器 X、Y 轴挡位（2分）
		X 轴________ CH1 的 Y 轴________ CH2 的 Y 轴________

七、电路知识问答（10分）

（1）VS 的作用是________（正向限幅、负向限幅、双向限幅）。

（2）TP1 的电压理论参考值是________V。

（3）IC A 及外围电路的名称是________，本电路的电压放大倍数 A_u 是________。

（4）R6b、C2、R7、C3 所组成的电路名称是________（双积分电路、双微分电路、低通滤波器、高通滤波器、带通滤波器）。

八、安全文明操作要求（15分）

（1）严禁带电操作（不包括通电测试），保证人身安全。

（2）工具摆放有序，不乱扔元器件、引脚、测试线。
（3）使用仪器仪表，应选用合适的量程，防止损坏。
（4）放置电烙铁等工具时要规范，避免损坏仪器设备和操作台。

【助学网站推荐】

1．实训套件（编号 616）电子表：http://00dz.com/00/00.xls
2．参考资料：http://00dz.com/00/64.zip

对口高考技能考试模拟训练题（五）

（总分 150 分，时间 120 分钟）

考生姓名________ 工位号_____ 得分___________

一、电路原理图

物体流量计数器组成框图如图 1 所示，该电路主要由红外线对射、放大整形、计数显示、计满输出和直流稳压电源等电路组成。电路通电后红外发射二极管发射的红外线直接射入红外接收二极管中，此时红外接收二极管导通。当有物体经过时光线被遮挡，红外接收二极管截止，此信号通过由 Q5 组成的放大电路，对信号进行放大处理。经过处理的信号送入由 U1 组成的施密特触发电路，将模拟的信号转化为脉冲信号。BCD 码加法计数器接收到此信号后，对脉冲上升沿进行加法计数处理，计数电路输出 Q1—Q4 信号，分别送入译码显示电路和计满输出电路。译码显示电路由 U3 和 7 段 LED 数码管组成，U3 将接收到的 BCD 码经过译码后驱动 LED 数码管，使其显示当前计数值。计满输出电路，该电路由 D6、D7、Q3、Q4、R6、R7、K1 等元件组成，当 BCD 码输出为 1001 时继电器 K1 吸合，从而证明已经计数 10 件，该信号输出用于启动自动封箱设备。直流稳压电路主要由整流滤波电路和串联式稳压电路组成。

注意：在本次模拟考试中，直流稳压电源可以不装。调试时由直流稳压电源调到+5V 供电。在电路板上用元件脚焊接在 Q1 的 E 极，作为+5V 电源正极引入点，在电路板上用元件脚焊接在 D3 的负极，作为+12V 电源正极引入点，在电路板上用元件脚焊接在 C4 的负极，作为电源负极引入点。

二、元器件的选择、测试（30 分）

1. 元件筛选（5 分）

清点套件中的元件，并进行测试筛选。套件中直插电阻共______________个，挑出适用的电阻________个；贴片电阻共________个，挑出适用的贴片电阻_______个；选出需要的三极管共_________个，还包括_______________等元件。

2. 元件测试（19 分）

将表 1 中所列元器件的检测结果填入表 2 中，“质量判定”栏填写“可用”、“断路”、“短路”、“漏电”等。所使用的万用表型号为：____________________________

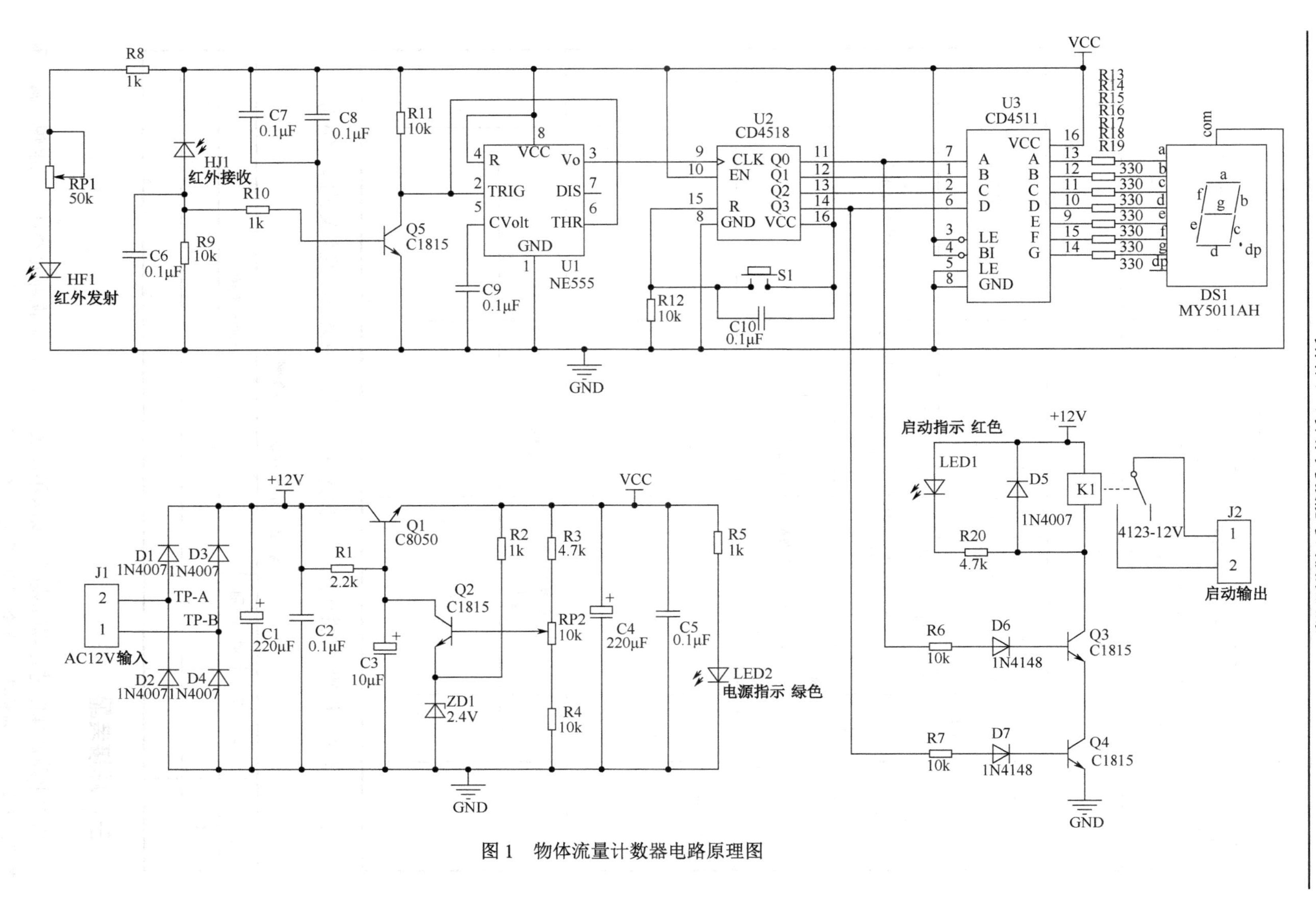

图1　物体流量计数器电路原理图

表 1　元器件测试

<table>
<tr><th>元 器 件</th><th colspan="4">识别及检测内容</th><th>配 分</th><th>评 分 标 准</th><th>得 分</th></tr>
<tr><td rowspan="2">电阻器
1 只</td><td></td><td>标称值（含误差）</td><td>测量值</td><td>挡位</td><td rowspan="2">1 分</td><td rowspan="2">检测错不得分</td><td rowspan="2"></td></tr>
<tr><td>R9</td><td></td><td></td><td></td></tr>
<tr><td rowspan="2">电容器
1 只</td><td></td><td>容量值（μF）</td><td>介质</td><td>质量</td><td rowspan="2">2 分</td><td rowspan="2">检测错不得分</td><td rowspan="2"></td></tr>
<tr><td>C2</td><td></td><td></td><td></td></tr>
<tr><td rowspan="2">二极管
1 只</td><td></td><td>正向电阻
（数字表、指针表）</td><td colspan="2">反向电阻
（数字表、指针表）</td><td rowspan="2">2 分</td><td rowspan="2">检测错不得分</td><td rowspan="2"></td></tr>
<tr><td>D2</td><td></td><td colspan="2"></td></tr>
<tr><td rowspan="2">三极管
1 只</td><td></td><td colspan="3">面对标注面，画出管外形示意图， 标出管脚名称，画出电路符号</td><td rowspan="2">共计 4 分</td><td rowspan="2">检测错不得分</td><td rowspan="2"></td></tr>
<tr><td>Q3</td><td colspan="3"></td></tr>
<tr><td rowspan="2">继电器</td><td></td><td>画出管外形示意图，标出管脚名称</td><td>电路符号</td><td>线圈阻值</td><td></td><td></td><td></td></tr>
<tr><td>K1</td><td></td><td></td><td></td><td>4 分</td><td></td><td></td></tr>
<tr><td rowspan="2">数码管</td><td></td><td colspan="2">画出管外形示意图，标出管脚名称</td><td>质量</td><td></td><td></td><td></td></tr>
<tr><td></td><td colspan="2"></td><td></td><td>6 分</td><td></td><td></td></tr>
</table>

元器件识别、检测，判断出元件盒内元件（自制）的类别、类型及引脚。（6 分）

表 2　元器件识别、检测

元　　件	类　　型	类　　别	引脚排列图
（1）			
（2）			

三、焊接装配

根据电路原理图进行焊接装配。要求不漏装、错装，不损坏元器件，无虚焊、漏焊和搭锡，元器件排列整齐并符合工艺要求。（50 分）

内　容	技 术 要 求	配　分	评 分 标 准	得　分
元器件引脚	1．红外发射二极管的管头应对准接收二极管的管头，管头与管头的间距应不低于 5mm，发射和接收二极管均需卧式安装，但不能将发射/接收二极管贴着 PCB 安装，间距应不小于 5mm 2．各发光二极管、三极管的高度统一，为 5~10mm。其余元件贴板安装	10	1．检查成品，不符合要求的，每处每件扣 0.5 分 2．根据监考记录，工具的不正确操作，每次扣 0.5 分	
元器件安装	3．电阻的第一环方向要统一，无极性电容的标注方向要统一 4．集成电路必须安装在座子上 5．器件装错一个扣 2 分	10		
焊点	6．焊点大小适中，无漏、假、虚、连焊，焊点光滑、圆润、干净，无毛刺 7．焊盘不应脱落 8．修脚长度适当、一致、美观	15		
安装质量	9．发光二极管、三极管等及导线安装均应符合工艺要求 10．元器件安装牢固，排列整齐 11．无烫伤和划伤，整机清洁无污物	10		
常用工具的使用和维护	12．电烙铁的正确使用 13．钳口工具的正确使用和维护 14．万用表的正常使用和维护 15．毫伏表的正常使用和维护 16．示波器的正常使用和维护	5		

四、电路功能及要求（9 分）

（1）排除 PCB 故障，PCB 上 U1（NE555)的第 2、6 脚没有与 Q5（1815）的 C 脚相连，需用一短导线将 U1 的第 2 脚与 Q5 的中间脚连通即可。

（2）调节 RP1 测量 HF1 两端电压为 1V 左右。

（3）实现当物件通过红外线对射电路后，计数器加 1，当数码管显示“9”时，继电器吸合，LED1 点亮。

五、测试 1——静态工作点部分（41 分）

（1）当 K1 未闭合时，测量整机工作电流为＿＿＿＿＿＿＿＿mA。（4 分）

（2）测量继电器 K1 的吸合电流为＿＿＿＿＿＿＿＿＿＿mA。（4 分）

（3）二极管 D5 的作用是＿＿＿＿＿＿＿＿＿＿＿＿。（2 分）

（4）电路中 U1 所构成的电路的名称是＿＿＿＿＿＿＿＿＿＿（多谐振荡器、单稳态触发器、施密特触发器）。（2 分）

（5）三极管 Q3、Q4 的输出与输出的逻辑关系为＿＿＿＿（与、或、非、异或）。（3 分）

（6）测量三极管 Q5 的电压，并记录于下表。（12 分）

	挡住 HJ1 的红外光线	HJ1 接收到红外光线
U_{BE}		
U_{CE}		
状态		

（7）当数码管显示为“7”时，测量 U2 的引脚电压，并记录于下表。（12 分）

	11	12	13	14
电压				
用 0、1 表示				

（8）当挡住 HJ1 的红外光线时，测量 U1 的各脚电压，并记录于下表。（12 分）

	1	2	3	4	5	6	7	8
电压								

六、电路知识问答（10 分）

（1）在电路中 Ql 的作用是什么？根据电路的实测参数，计算三极管 Q1 实际的耗散功率为多少 W。（5 分）

（2）电路中 S1、R12、C10 的作用是什么？C10 开路后会出现什么现象？（5 分）

附：十进制同步加法计数器 CD4518

CD4518/CC4518 是二、十进制（8421 编码）同步加法计数器，内含两个单元的加法计数器，其功能表如真值表所示。每单个单元有两个时钟输入端 CLK 和 EN，可用时钟脉冲的上升沿或下降沿触发。由表可知，若用 ENABLE 信号下降沿触发，触发信号由 EN 端输入，CLOCK 端置“0”；若用 CLOCK 信号上升沿触发，触发信号由 CLOCK 端输入，ENABLE 端置“1”。RESET 端是清零端，RESET 端置“1”时，计数器各端输出端 Q1～Q4 均为“0”，只有 RESET 端置“0”时，CD4518 才开始计数。

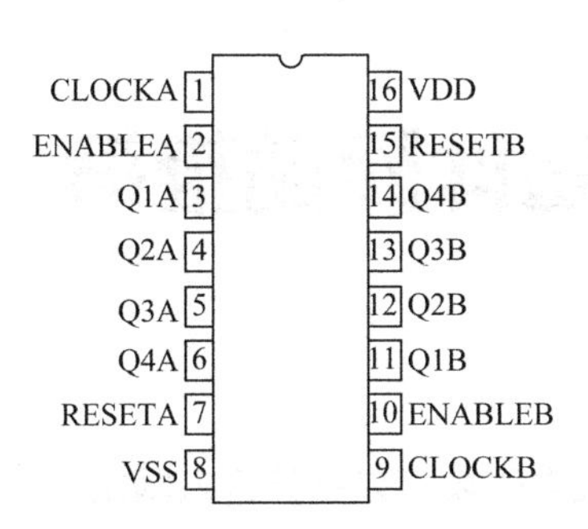

图 2　引脚功能

CLOCK	ENABLE	RESET	ACTION
上升沿	1	0	加计数
0	下降沿	0	加计数
下降沿	X	0	不变
X	上升沿	0	不变
上升沿	0	0	不变
1	下降沿	0	不变
X	X	1	Q0～Q4=0

图 3　真值表功能

【助学网站推荐】

1．实训套件（编号 C10）电子表：http://00dz.com/00/00.xls
2．参考竞赛试题与资料：http://00dz.com/00/65.pdf

附录　电子制作套件网站推荐

聚零电子套件及材料推荐简表（下载电子表可以链接进入网站）

说明：不断更新的具有链接功能的电子表请到“http://www.00dz.com/00/00.xls”下载。大量免费资源请登录“00dz.com”查看，购买商品可直接进入淘宝店“00dz.taobao.com”。

点击下载最新电子表			进入电子资源网站			进入专业套件网站		
分类	编号	名称	分类	编号	名称	分类	编号	名称
初学推荐	101	面包板入门套件	振荡电路	601	多谐振荡器	高频电路	A01	调频无线话筒
	102	面包板制作元件包		602	双闪烁灯		A02	FM 收音机
	103	单片机面包板入门套件		603	三循环灯（万能板）		A03	半双工对讲机
	104	初学电子元件包		604	加工版三循环闪烁灯		A04	2008 调幅收音机
	105	MF-47 指针万用表套件		605	双色心形音乐闪灯		A05	6 管收音机
	106	830 数字万用表		606	贴片 18LED 心形闪灯		A06	遥控赛车
常用材料	201	各种常用元件包		607	蝶形音乐闪灯	高考套件	B01	2008 江苏对口套件
	202	新奇电子玩具		608	双色爆闪灯		B02	2009 江苏对口套件
	203	传感器		609	九路流水灯		B03	2010 江苏对口套件
	204	技能大赛材料		610	10.1 路流水灯		B04	2011 江苏对口套件
	205	电磁器件		611	声控流水灯		B05	2012 江苏对口套件
	206	电声器件		612	六路开屏流水灯		B06	2013 江苏对口套件
	207	插件与端子		613	蓝色 12LED 循环灯		B07	2014 江苏对口套件
	208	半导体器件		614	电子幸运转盘	技能大赛套件	C01	电机控制电路
	209	开关器件		615	4060 梦幻灯		C02	电机正反转控制电路
	210	显示器件		616	波形发生器		C03	环境湿度控制器
	211	成品与半成品		617	双音频振荡电路		C04	自适应烘干系统
	212	保险元件		618	贴片练习板套件		C05	单片机自适应烘干系统
	213	电位器	自动控制相关电路	701	典型单稳态电路		C06	4553 数字温度计套件
	214	可调电阻		702	双稳态电路		C07	UPS 不间断电源
	215	稳压器件		703	点动触摸振动开关		C08	无线防盗报警器
	216	集成电路		704	红外接近开关		C09	智能分区播放器
	217	晶体管		705	特色声光控开关		C10	物体流量计数器
	218	电容		706	低压型声光控开关		C11	7135 数字温度仪
	219	电阻		707	触摸延时开关		C12	多用途密码锁
	220	工具耗材		708	亚超声遥控开关		C13	温度控制系统
	221	电感		709	分立件声光控灯头		C14	遥控风扇电路

续表

点击下载最新电子表			进入电子资源网站			进入专业套件网站		
分类	编号	名称	分类	编号	名称	分类	编号	名称
放大电路	301	单管低频放大电路		710	4011 声光控灯头		C15	红外探测雷达
	302	音频电平指示器		711	拍手开关		C16	恒温控制与声光控电路
	303	声控 LED 旋律灯		712	独立可调定时开关		C17	多路程控万年历
	304	呼吸灯		713	光控自动开关		C18	遥控旋转电子钟
	305	经典运放电路		714	光控心形循环灯		C19	八路抢答器
	306	耳聋助听器		715	声光控楼道灯		C20	红外探测自动门
电源电路	401	简易串稳电源		716	声控延时小夜灯		C21	汽车倒车测距电路
	402	实用串稳电源		717	触摸报警器		C22	32 故障声光实用抢答器
	403	LM317 简易稳压电源		718	停电报警器		C23	多功能实用控制器
	404	LM317 实用电源		719	触摸振动报警器	编程控制类	D01	1632 双色点阵
	405	LM2596 开关稳压电源		720	水箱水位自动控制器		D02	中英文烧录闪字风扇
	406	5V 足 800mA 开关电源		721	八路抢答器		D03	遥控音乐桃心
	407	M34063 降压型电源		722	四人抢答器		D04	48 路模拟打铃器
	408	M34063 升压型电源		723	32 故障声光实用抢答器		D05	新奇循迹小车
	409	钱包移动电源		724	74HC00 三人表决器		D06	单片机循迹小车
	410	1.5-9V 升压电源		725	74LS20 三人表决器		D07	新版智能循迹小车
	411	精密自恢复稳压电源		726	电子骰子		D08	16LED 摇摇棒
	412	不间断电源		727	24 秒倒计时器		D09	新型单片机学习板
	413	七彩手机万能充	节能照明	801	充电台灯		D10	2003 步进驱动器
	414	透明方形万能充		802	LED 小夜灯		D11	单片机交通灯控制
功放电路	501	OTL 分立元件功放		803	38LED 灯		D12	单片机密码锁
	502	LM386 功放		804	60LED 灯		D13	遥控音乐蝴蝶
	503	TDA2030 单功放		805	球泡灯套件		D14	60 秒旋转电子钟
	504	TDA7297 功放		806	台灯调光电路		D15	简易数字电子钟
	505	TDA2030 双功放	语音电路	901	6 秒录音机芯		D16	数字电压表+温度计
	506	TDA1521 功放		902	“欢迎光临”迎宾器		D17	实用数字温度控制器
	507	2822BTL 双功放		903	20 秒录音电路		D18	4 位单片机电子钟
	508	8403 数字功放		904	叮咚门铃电路		D19	贴片 4 位电子钟
	509	苹果音箱		905	电子音乐门铃		D20	多路程控万年历

反侵权盗版声明